[百年哈佛的顶级创意智慧
塑造大脑潜能的开发课]

受益一生的
哈佛创意课

| 盛安之 ◎ 著 |

创意，向平庸的人生宣战！
上完这堂课，你的思维可以飞！

ShouYi Yisheng De
HaFo Chuangyi ke

图书在版编目（CIP）数据

受益一生的哈佛创意课 / 盛安之著. —上海：立信会计出版社，2015.3

（去梯言）

ISBN 978-7-5429-4427-6

Ⅰ.①受… Ⅱ.①盛… Ⅲ.①创造性思维—通俗读物 Ⅳ.①B804.4-49

中国版本图书馆CIP数据核字（2014）第276901号

策划编辑　蔡伟莉
责任编辑　赵志梅
封面设计　久品轩

受益一生的哈佛创意课

出版发行	立信会计出版社
地　　址	上海市中山西路2230号　　邮政编码　200235
电　　话	（021）64411389　　传　　真　（021）64411325
网　　址	www.lixinaph.com　　电子邮箱　lxaph@sh163.net
网上书店	www.shlx.net　　电　　话　（021）64411071
经　　销	各地新华书店

印　　刷	固安县保利达印务有限公司
开　　本	720毫米×1000毫米　　1/16
印　　张	19.5　　插　　页　1
字　　数	272千字
版　　次	2015年3月第1版
印　　次	2015年3月第1次
书　　号	ISBN 978-7-5429-4427-6/B
定　　价	36.00元

如有印订差错，请与本社联系调换

前 言
PREFACE

创意就是具有新颖性和创造性的想法。创意是对传统的叛逆，是打破常规的大智大勇，是一种智能拓展，是破旧立新的循环式上升。看一看我们现在生活的世界，想一想若干年前的地球，我们不难想象，假如人类没有了创意将是一种什么样的状况。

橡胶帮手公司是《财商》杂志所评选的年度最受钦羡公司中的第一名。这个公司表面上看起来并不活跃，也没有高深的科技，却在企业设计的竞争中享有盛名，与微软并列全美第一名。橡胶帮手公司丢掉旧式经济中奉为经典的品质持续改良观念，它们采用的是持续创意的宗旨：新产品不断产生，旧产品不断再生。尽管他们大部分的产品价格都只有几块钱，但公司却能够经常通过创意，不断满足顾客目前的需求，同时不断开掘出顾客新的需求，进而创造了公司持续不断的收入。例如，它可以让顾客高高兴兴地付钱买一个与众不同的大型垃圾筒，这个垃圾筒非常轻、有轮子，有着吸引人的柔柔的淡蓝色，可以避免小猫小狗掀开盖子乱翻垃圾。

网络革命的先驱者吉姆·克拉克，在以光速发展的信息产业中总能领导产业的方向。在20世纪80年代初，当计算机行业从主机向个人电脑转变时，克拉克就想到要用电脑处理图形信息。他设计了一种特殊的芯片使计算机能够迅速地显示三维图像。那时的IBM和DEC这样的公司对此根本不屑一顾，因为没人关心电脑三维图形的制作。而15

年后,克拉克创办的硅谷图形公司经过发展,年收入达22亿美元,成为全球最知名的电脑工作站厂商之一。然而克拉克并没有止步,1994年4月,他同刚刚设计出Mosaic浏览器的年轻大学生马克·安迪森一起创立Mosaic通信公司,即后来的网景公司,开始制造"导航员"浏览器。1994年8月9日,初次上市的网景公司,仅仅凭思想理念上的力量,顷刻之间就聚集了20亿美元。创造了一个又一个奇迹。

类似这样的事例还可举出很多,如果说在过去,创意带给了我们进一步发展壮大的机会的话,那么在以后,创意将是我们生存下去的基本条件。

当我们面对新知识、新事物或新创意时,千万别将脑袋密封起来置之不理,应该将脑袋打开哪怕一毫米,去接受新知识、新事物。也许一个新的创意能让我们从中获得不少启示,从而增加业绩、改善生活。

你是要做一个等待创意到来的人,还是要成为一个促使创意出现的人?这是一种生活方式的选择。不同的想法,就会导致不同的生活方式,就会有不同的人生。有的人抱怨:"我没有机会来进行创意。"其实进行创意的机会每天都会从你的脑子里产生,关键就在于你愿不愿意抓住它,愿不愿意让它留下来。很多神奇的创意,就是能把常见的东西用不常见的方法想出来。

创意能力在人的成功过程中起着举足轻重的作用,无论从事什么职业,处于什么岗位,面对什么问题,拥有活跃创新思维,都是你能否快速走向成功的最关键因素。享有世界盛誉的百年名校哈佛大学英才辈出,培养出了无数成功人士和时代巨子。哈佛大学的教学理念就是全面开发学生思维,塑造具有超常思维能力的人。对于哈佛大学这样的百年世界名校来说,全面开发学生的创意能力,其重要性远排在教授具体知识技能之上。从哈佛大学毕业的学子,以其先进的观念、敏锐的眼光、创新的思维,在教育、学术、经济、管理、商业等各领域创造出了令人瞩目的成就，创造一个创意时代的奇迹。

　　本书以简明精炼的文字、生动形象的案例，层层深入地剖析了哈佛大学创意学的原理、创意对象和主体的特征、创意运行的过程，让你不上哈佛就可学到哈佛大学创意课的精华。本书还提供了哈佛大学创意思维的训练方法，引导你打破思维禁锢，以一种全新的视角发掘奇思妙想，碰撞出创意火花，开创更有发展潜力的未来。本书适合不同年龄和不同阶层的人们阅读，既可作为思维提升的训练教程，也可作为大脑潜能的开发工具，使读者在解决实际问题的过程中，让思维更敏锐，让大脑更聪明。

　　未来的社会是充满诱惑与竞争的社会，没有了创意，我们将没有生存的资格。创意，使赤手空拳打天下、跻身精英圈不再是梦想，也不再是奇迹。学习哈佛大学的创意课，解开创意的密码，感受创意思维的力量，开启成功之门，把握命运玄机，受益一生，成功一生！

　　现在，展开你的创意翅膀，想飞就飞吧！

目 录
CONTENTS

导读篇　创意创造世界——走进创意新时代
经济创意：创意出财富 ·· 2
社会创意：创意出和谐 ·· 6
个人创意：换个想法，你就是第一 ·························· 10

上篇　破译哈佛创意密码，感受创意思维的力量
思维的力量 ··· 18

第一课　解读创意对象的性质
创意具有无穷多的属性 ······································ 19
创意具有无穷多的数量 ······································ 21
创意具有无穷多的变化 ······································ 23

第二课　剖析创意主体的特征
大脑是怎样运行的 ··· 26
头脑中的调色笔 ·· 29

第三课　洞悉创意运行的过程
从无穷多的属性中抽象所需的部分 ······················· 33
从无穷多的对象中选取需要的部分 ······················· 35
从无穷多的变化中截取所需的片段 ······················· 36

第四课　考察创意活动的结果
思维观念的普遍性 ··· 38
注意观察时的盲点 ··· 41
本质与主流的凸现 ··· 44

第五课　揭示创意思维提升的途径

天赋的创意能力 …………………………………… 46
来自环境的影响 …………………………………… 48
个性与创意思维 …………………………………… 49
创意思维能够训练 ………………………………… 51
创意意识能够培养 ………………………………… 54

中篇　突破思维定势，启动创意潜能的引擎

拆掉思维的墙 ……………………………………… 58
激发思维潜能 ……………………………………… 59

第六课　不守旧——突破传统思维定势

跳出传统的守旧观念 ……………………………… 63
成败在于观念的改变 ……………………………… 66
多角度地去认识事物 ……………………………… 70
标新立异，独辟蹊径 ……………………………… 72

第七课　不教条——突破书本思维定势

尽信书不如无书 …………………………………… 74
从书本中走出来 …………………………………… 75

第八课　不循规——突破经验思维定势

经验是一把双刃剑 ………………………………… 78
克服你的经验偏见 ………………………………… 80
克服你的经验思维 ………………………………… 83
有重塑自我的勇气 ………………………………… 85

第九课　不迷信——突破权威思维定势

打破权威神话，不盲目崇拜权威 ………………… 88
超越权威束缚，敢于对权威质疑 ………………… 91

第十课　不盲从——突破从众思维定势

克服从众心理 …………………………………… 96
树立自信 ………………………………………… 98
突破世俗的框架 ………………………………… 100
坚持独立思考 …………………………………… 102

第十一课　不僵化——突破麻木思维定势

走出封闭式思维 ………………………………… 105
克服思维的惰性 ………………………………… 106
学会全方位思维 ………………………………… 109

第十二课　不自缚——突破其他思维定势

摆脱狭隘思维 …………………………………… 112
突破思维惯性 …………………………………… 114
不要画地为牢 …………………………………… 116
突破各种偏见 …………………………………… 118

第十三课　塑造创意的力量

培养和开发创意思维 …………………………… 122
有强烈的创新意愿 ……………………………… 126
自我实现创意意识 ……………………………… 127
不断进行自我激励 ……………………………… 131
友善的团队精神 ………………………………… 135
善于听取他人的意见 …………………………… 136

第十四课　捕捉创意的灵感

灵感是创意道路上的照明灯 …………………… 139
灵感只在一念之间 ……………………………… 143
与灵感零距离 …………………………………… 147
把灵感捕捉入网 ………………………………… 149
进入"蒙娜丽莎"式的灵感境界 ……………… 153

第十五课　激发创意的意识
不要轻易拒绝看似荒谬的想法 …………………………… 156
敢于提问才能见真理 ………………………………………… 159
以批判的眼光去革新 ………………………………………… 162
在革新下加以模仿 …………………………………………… 164
梦左右了创意意识 …………………………………………… 167
创意的情感意识 ……………………………………………… 170

第十六课　拓展创意的空间
想象是一切创意活动的基础 ………………………………… 174
昨日之日不可留 ……………………………………………… 176
幻想是创意的灵魂 …………………………………………… 179
保持旺盛的想象力 …………………………………………… 181
想象不息，创意不止 ………………………………………… 182

下篇　走进创意魔法训练营，掀起思维大风暴
让思维旋转起来 ……………………………………………… 186

第十七课　形象思维训练
什么是形象思维 ……………………………………………… 188
形象思维的训练 ……………………………………………… 189
思维风暴 ……………………………………………………… 192

第十八课　直觉思维训练
什么是直觉思维 ……………………………………………… 193
直觉思维的训练 ……………………………………………… 194
思维风暴 ……………………………………………………… 196

第十九课　抽象思维训练
什么是抽象思维 ……………………………………………… 197
抽象思维的培养与运用 ……………………………………… 198

思维风暴 ·················· 199

第二十课　灵感思维训练
　　什么是灵感思维 ············· 200
　　灵感思维的运用 ············· 202
　　灵感思维的培养 ············· 203
　　思维风暴 ·················· 205

第二十一课　发散思维训练
　　什么是发散思维 ············· 207
　　发散思维的方法和技巧 ······· 211
　　思维风暴 ·················· 213

第二十二课　收敛思维训练
　　什么是收敛思维 ············· 215
　　收敛思维的训练 ············· 216
　　思维风暴 ·················· 222

第二十三课　系统思维训练
　　什么是系统思维 ············· 223
　　系统思维的训练 ············· 225
　　思维风暴 ·················· 227

第二十四课　质疑思维训练
　　什么是质疑思维 ············· 229
　　质疑提问的技巧 ············· 230
　　思维风暴 ·················· 232

第二十五课　类比思维训练
　　什么是类比思维 ············· 233
　　类比思维的训练 ············· 234
　　思维风暴 ·················· 236

第二十六课　博弈思维训练
博弈思维的原理 …………………………………… 238
博弈思维的训练 …………………………………… 239
思维风暴 …………………………………………… 242

第二十七课　逆向思维训练
什么是逆向思维 …………………………………… 244
逆向思维的训练 …………………………………… 246
思维风暴 …………………………………………… 253

第二十八课　联想思维训练
什么是联想思维 …………………………………… 255
联想思维的训练 …………………………………… 256
思维风暴 …………………………………………… 261

第二十九课　归纳思维训练
什么是归纳思维 …………………………………… 262
归纳思维的训练 …………………………………… 264
思维风暴 …………………………………………… 266

第三十课　全世界聪明人都在用的创意方法
头脑风暴法 ………………………………………… 269
检核表法 …………………………………………… 275
特性列举法 ………………………………………… 276
希望点列举法 ……………………………………… 278
缺点列举法 ………………………………………… 279
模仿创意法 ………………………………………… 281
综摄法 ……………………………………………… 283
德尔菲法 …………………………………………… 285
移植创意法 ………………………………………… 288
逻辑推理法 ………………………………………… 293

导读篇 创意创造世界
——走进创意新时代

经济创意：创意出财富

在现代市场经济——不论是在资本主义的市场经济体制下还是社会主义的市场经济体制下，国家和社会的运转轴心转为经济。经济生活成了全社会的核心领域，是人们日常关注的焦点，商品原则渗透到社会的每一个角落，甚至渗透到文化艺术和道德情感这类它本不该插足的角落。在这样的社会背景下，与之相适应的"以经济为本位"的思维方式便应运而生。

人类智慧的进步，让我们有可能既过得舒适，同时又能够享受富足的生活，不再依靠沉重的劳动强度，这要归功于建立在这种智慧基础上的技术和效率。现实早已经证明了这个真理——我们并不比自己的祖先勤劳多少，但我们现在的生活水平却是他们远远不能相比的！这要归功于什么呢？显然，勤劳并不是唯一的原因，经营这种有别于一般性劳动的行为，为我们解开了其中的疑问，这也是我们要为经营歌功颂德的理由。

还是那句老话：与其默默无闻地埋头苦干，不如多动些脑子！

掌管着美国好乐公司30亿美元资产的副总裁艾丽莎·巴伦，20岁时曾当过一家糖果店的店员。来到店里的顾客特别喜欢她，总是等着她给自己售货。有人好奇地问艾丽莎："为什么顾客都喜欢找你，而不找别的小姐，是你给的特别多吗？"艾丽莎摇摇头，说："我绝对没有多给他们，只是别的小姐称糖时，起初都拿得太多，然后再一点点地从磅秤上往下拿。而我是先拿得不够，然后再一点点地往上加，顾客自然喜欢我了。"

大量的事例都说明，市场经济体制下之所以智囊辈出、创意如潮，就是因为创意能够得到丰厚的报偿。社会以各种形式奖励那些有创意思想的人，不断激励着个人、组织和企业想办法，出主意，巧策划。

考泽是美国衣阿华州的一个农民，主要以种植玉米为生。他时常幻想着这些金黄色的玉米会变成金灿灿的黄金。他相信，那些玉米一定潜藏着人类未发现的价值，如果能改变玉米的价值，就会改变自己的命运。

有一天，考泽在互联网上偶尔看到一则消息：德国和日本生产出了燃烧乙醇的汽车。他立刻把这条消息和玉米联系到了一起。当时，人们意识中的玉米只是一种粮食，没有人想到蕴藏在玉米中的乙醇是可再生的资源，但考泽却产生了利用玉米来加工乙醇的念头。

新的发现让考泽兴奋不已，他找到周围的其他农民，希望他们能和自己一道来实现这一梦想，但是很多农民听了之后都认为不可行，因为他们认为玉米根本不可能产生汽车的燃料。考泽后来找到了一家科研机构商谈合作事宜，该机构的负责人对考泽的想法很感兴趣。2006年5月，玉米脱胎换骨为乙醇汽油后，其附加值开始成倍增长，考泽那个玉米变成黄金的梦想成为现实。

因为乙醇既可以减少温室气体排放，又可减少美国对进口石油的依赖，所以，从玉米中提炼乙醇将成为解决美国能源短缺的新办法之一。凭着这种创意，农民考泽成为美国《时代》周刊评选出的2006年度最具影响力的人物之一。

《时代》杂志对他的评价是：这个农民，依靠智慧的魔法，把普通的玉米变成了"黄金"。

在现代社会环境下投资创业，事实上就是创意的竞争。富人往往能够充分发挥主观能动性，通过突破思维定势从"无"中生出"有"来，从而给自己带来滚滚财源。

乔治·哈姆雷特曾在伊斯诺州的退伍军人医院疗养，他的时间很多，但是除了读书和思考之外，能做的事情并不多。他懂得思维的价值，对自己充满信心。

乔治知道很多洗衣店在烫好的衬衣领加上一张硬纸板以防止变形。他写了几封信向厂商洽询，得知这种硬纸板的价格是每千张4美元。他的构想是，在硬纸板上加印广告，再以每千张1美元的低价卖给洗衣店，赚取广告的利润。

乔治出院后，立刻着手进行，并持续每天研究、思考、规划这一构想。

广告推出后，乔治发现客户取回干净的衬衫后，衣领的纸板丢弃不用。

他问自己："如何让客户保留这些纸板和上面的广告？"答案闪过他的脑际。他在纸卡的正面印上彩色或黑白的广告，背面则加进一些新的东西——孩子的涂色游戏、主妇的美味食谱或全家一起玩的游戏。结果，有一位先生抱怨洗衣店的费用激增，后来他才发现妻子竟然为了搜集乔治的食谱，把可以再穿一天的衬衫送洗！

乔治并未因此满足。他野心勃勃，要让自己的事业更上一层楼。他把每千张1美元的纸板寄给美国洗衣工会，工会便推荐所有的会员采用他的纸板。因此，乔治有了另外一项重要的发现，给别人你所喜欢的美好事物，你会得到更多！

缜密的思考和规划为乔治带来可观的财富，他认为一段独处的时间，是获得财富必要的投资。

乔治这样说："不论你是谁，不管年龄大小，教育程度高低，都能够获得财富，也可以走出贫穷。各行各业的人士，都不要低估思维的价值。即使你躺在医院的病床上，研究、思考及规划，也能致富。"

与乔治异曲同工，杭州的一个年轻人也通过思考掘到了人生路上的第一桶金。当地报纸对此进行了相关报道。

"天下没有免费的午餐"，但是最近杭州下沙高教园区的30多家打印店都推出了免费复印的服务，只要签个名字，一天可以免费复印10张，这对消费能力有限、复印需求巨大的学生来说，简直就是天上掉馅饼。

"我们要复印学习资料、笔记、学生社团活动材料，原来复印每张1毛钱，后来涨到两毛钱了，这个开销不小。现在有了免费复印，我们当然选择不要钱的。"大二女生林玲这样告诉记者。

但是果真有这等好事？记者昨天走访了下沙多家打印店，一看到免费复印所采用的纸张，一切恍然大悟。

天上真掉馅饼了，你看广告我出复印钱。免费复印的纸和一般的纸不同，它只有一面是白纸，另一面是广告。打印店老板告诉记者：这是一个小伙子送过来的，其实打印的钱，小伙子已经给了，而且还多给了。

老板所说的小伙子叫顾代茂。他说，你看广告我给你出复印钱，这是他的一个创业项目。免费复印是真的全免费，让学生留电话只是为了方便作回访，对外绝对保密的。其实学生免费复印后也不用担心是不是真有"天上掉馅饼"这等好事，只要在复印之后留意复印纸背后的广告，就算是支付费用了。

免费午餐不用白不用，大学老师也力挺这个点子。一面白纸，一面广告，愿意采用这种纸复印的人会多吗？顾代茂连声说"多多多"，他一个月花在纸上的成本就有10万元，也就是说下沙高校那么多学生每月至少花上六七万元在复印上，这个数据连他也很吃惊。

对此，杭州工商大学潘同学的说法也许颇具代表性："反正我只看自己需要的资料，而社团活动的一些宣传单背面带广告更没关系了，能省钱就行。"

顾代茂说，学生复印打印有很大一部分是交作业，最近，不少老师为了工作去打印店复印时，也用了他们的纸。这使免费复印量近期提高了很多。据说老师们是觉得这样做环保。

本来广告传单也要用纸，现在合在一起等于节约了能源，老师们挺支持的，还说以后他们给学生布置作业也可以采用这种广告纸。

等模式逐渐被接受，小伙子反而开始担心了。顾代茂和伙伴们刚开始在下沙推广免费复印的时候，没人理他。"我们几个搭档分头去找打印店洽谈。一天下来之后，三个人都空手而归，打印店的老板都怀疑这东西是否会有人愿意用，用了是否会影响他们自己的生意。"

后来，好不容易谈妥了，纸张又出现了问题："一般的纸背面印了广告，复印出来字就看不清楚了，厚一点儿的纸呢，有些复印店会卡机。我们找了多家印刷厂，试验了无数次，才找到合适的纸。"

"现在复印店的点全铺到位了,大家都慢慢接受这种新型的复印模式了,我反而有点害怕了。现在是最好的时刻也是最关键的时刻。"

越来越多的同学开始接受并使用这种广告复印纸,这让顾代茂压力忽然大了起来,他说他不能断货,不能让人来复印时却说没纸了,但是如果广告客户数量没有跟上,那么每月那么多纸张的成本会压得他喘不过气来。

"免费复印营销的广告效果好,留存时间长,广告易被接受又可以相互传播。最重要的是,复印广告受众群体非常精确,17~25岁的年轻消费者是一个产品最容易形成忠诚度的时期,高等教育注定他们是未来的高消费群体。广告绝对不会出现超出客户目标市场的浪费。我们今年已经拉到好几个大单子,合计有100多万元的广告费了。"

顾代茂滔滔不绝地憧憬着美好的未来,他说,他要成为下一个江南春。

不要误以为创意思维只是大企业的专利,也不要误以为只有在重大问题上才值得我们绞尽脑汁地去思索,在社会的任何一个角落,在我们日常生活的每时每刻,创意思维都能够施展拳脚,并且都能够获得应得的报偿。

社会创意:创意出和谐

现代科学技术发展的速度越来越快,新的科技知识和信息迅猛增加。根据英国学者詹姆斯·马丁的统计,人类知识的倍增周期,在19世纪为50年,20世纪前半叶为10年左右,到了20世纪70年代缩短为5年,80年代末几乎已到了每3年翻一番的程度。如果跳出狭隘的经济领域,从全社会的层面来观察问题,我们就会看到,新世纪的突出特点就是信息饱和与知识爆炸，这使得我们只有不断地进行创新，才能应对这种新的社会环境。

但是我们这些在传统社会中生活惯了的人，对于世界的变化往往反应迟钝，对于那些致命的威胁习焉不察，不能及时地变革与创新，以致错失良机，甚至一败涂地。有一则煮青蛙的寓言说，如果你把一只青蛙放进沸水中，它会立刻试着跳出。但是如果你把青蛙放进温水中，不去惊吓它，它将待着不动。现在，如果你慢慢加温，当温度从华氏70度逐渐加热，青蛙仍显得若无其事，甚至自得其乐。可悲的是，当温度慢慢上升时，青蛙将变得愈来愈虚弱，最后无法动弹。虽然没有什么东西限制它脱离困境，但青蛙仍留在那里直到被煮熟。为什么会这样？因为青蛙内部感应生存威胁的器官对于外界的反应太迟钝，最终导致了自身生命的丧失。

据《第五项修炼》的作者分析，类似的事情也发生在美国的汽车产业。在20世纪60年代，美国汽车占有绝大部分北美市场。但这样风光的日子渐渐改变。1962年，日本车的美国市场占有率低于4%，底特律的三大汽车厂商完全不把日本汽车看做生存的威胁。1967年，日本车的占有率接近10%的时候，这样的威胁也不曾被正视。1974年，日本车的占有率达到略低于15%的时候，三大汽车厂仍悠然自得。1980年代初期，三大汽车厂商开始以认真的态度检讨他们自己的做法，但日本车在美国市场的占有率上升到了21.3%。到了1989年，日本车的市场占有率已接近30%，美国车只剩60%左右。

生活在信息时代，我们每时每刻都会遇到蜂拥而来的新情况、新信息，如果我们适应太慢的话，环境的变化就会压倒我们。《幸福》杂志每年列举出美国最领先的500家公司，这个名单一直在变化。年年都有许多公司被淘汰出局。几乎没有一家公司是自愿退出的，它们是被那些在变化的环境中操作力更强的公司取代了。

对付信息饱和与知识爆炸的唯一方法就是创意，因而在知识爆炸越剧烈的领域，知识创意的呼声也越高。

诺贝尔奖到今天已经有100多年的历史，它已经成为自然科学和社会科学事业中最受人类关注和重视的奖项。世界各国的科学家和人文学家都以获得诺贝尔奖为最高荣誉，因为它是颁发给"世界最有成就的人"、"为人类作出杰出贡献的人"。

从1901年至20世纪末，获诺贝尔物理学奖的科学家一共有162人，其中美国70人，占43%；获诺贝尔化学奖的科学家135人，美国50人，占37%；获诺贝尔医学奖的科学家169人，美国78人，占47%。

获奖的美国人中有许多是家喻户晓的人物。

物理学奖：爱因斯坦的量子理论和相对论；巴丁、布拉顿发明的晶体管，开创了微电子时代；福勒成功地解释了恒星的演化等。

化学奖：美国的斯莫利、柯尔发现碳元素能以非常稳定的球的形状存在，创造出神奇的"布基球"，使人类找到了一种物美价廉的崭新超导材料；毕利发明了碳-14年代测定法；吉尔伯特发明了精确测定DNA的方法等。

美国在科学发明上的成就举世瞩目。究其原因，科学家们曾说，万能的美元和"美国梦"，确保了美国人在科技上的领先地位。

在美国，所有的学生从小学到中学的整个成长过程中，都被教导要相信：美国是一个与众不同的国家。在这个国家里，你只要有梦想，敢于提出疑问并努力工作、开拓创新，那么，你就能做成一切。

美国是一个善于为你制造梦想，并为你的梦想的实现创造条件的地方。

为什么其他条件相同，而如果你在纽约上学，成才的概率或许比在中国还要高？因为美国先给你梦想，中国先教你遵守传统的规则，差别就在这里。

在美国硅谷工作的人员标新立异，这一点几乎成了他们尊崇的个性。硅谷是指北加州从斯坦福大学开始到吉尔罗里地带以北这块地方。这个以研究集成电路板为主业的高科技世界，代表着即使美国人也不敢全部认同的生活方式和文化，它成了反对崇拜偶像者以及创意主义者的天堂。这些人被传统主义者讥骂为"疯子或精神病患者"。

他们之所以"声名狼藉"，是因为他们敢于向传统挑战。他们的背叛态度使那些恪守陈规的大多数人感到不快，认为他们这些人古怪得很，难以理解。其实，他们是从不愿接受成见定论的现代的爱迪生、毕加索和爱因斯坦。他们的创意才能就是他们的力量，有了这个专长，他们就不会恪守教条和安于现状。硅谷就是因为有那么多创意天才，并不断对过时的定论提出挑战，才得以成为新思想、新事物的发源地。

中国社会尽管脚步迟缓，但也同样在迈向信息社会，同样面临知识爆炸的问题，因而同样需要创意。著名科学家、"两弹一星功勋奖章"获得者周光召曾在《中国基础科学》杂志首发式上指出，基础科学能否持续发展取决于两个方面：一是有没有正确的政策支持，二是科学界能不能克服自身的惯性思维和惰性，只有开放的思维体系，才真正有利于创意。

谈到中国基础科学的创意，周光召认为，破除科学界自身的弱点和惯性思维非常必要，因为创意往往出现在那些交叉学科点上，但目前中国科学界对这一点的认识还不自觉。现在的情况是，虽然讲的是自主创意，而实际上对国外的东西"唯马首是瞻"，使有创意想法的人难以得到支持，这种不适合进行重大创意研究的心理状态和惰性要坚决克服，否则投入再多也可能不会有结果。有些事实已经说明，光靠钱并不能解决影响创意的根本性问题。

从长远的观点来看，迎接信息时代的挑战必须进行教育观念和教育方法的大变革。因为教育是一项远期工程，教育改革是关系到整个民族素质的大问题。长期以来，人们一直认为，创意思维并不需要单独作为一门课程来讲授，因为学生在学习其他学科的过程中，就能够"自然而然"地掌握创意思维的方法。

然而，实际情况并非如此简单。在我们的学校教育中，从幼儿园直到研究生院，所强调的依然是知识的灌输，而不是智力的开发。小学生考试要背诵教科书，博士生考试同样要背诵教科书；一个人极为宝贵的创意思维，便在这朗朗的背诵声中消磨殆尽。

有位创意学家做了这样一次实验：他在黑板上用粉笔画了一个圆

点,问在座的高中学生:"这是什么?"高中生们异口同声地回答:"是粉笔点。"创意学家来到幼儿园,用同样的问题问在座的孩子们。孩子们的回答五花八门:"是圆面包。""是小纽扣。""是天上的星星。""是大灰狼的眼睛。"……答案竟有几十种。

创意学家感慨地说:"儿童们在受教育之前像一个问号,而在毕业之后却像一个句号。我们的教育,辛辛苦苦十多年,究竟做了些什么呢?"

幸好,随着信息化时代的进展所引发的客观需求,随着国外先进教学方法的引进,加上教育界有识之士的呼吁,以及研究者们的不懈努力,创意思维正在逐渐得到人们的认可和重视。由系统的创意思维训练所培养出来的"点子大王",正在各种部门和岗位上发挥着越来越重要的作用。有识之士都已形成了共识,只有把创意教育从娃娃抓起,才能在信息社会的新形势下真正提高全民族的思维素质,才能昂首阔步走进创意思维的新时代。

丘吉尔曾经预言:"未来的帝国是头脑的帝国。"韩国提出"头脑立国";美英等国家都把脑科学研究纳入国策;日本将心灵教育写入了文部省的文件,而且其右脑教育已经走在了世界的前列。如果说脑科学是21世纪的"皇冠"的话,那么"想象"就是构成这一"皇冠"的主要"材料",因此,说未来的较量在某种意义上来说是想象力的较量,未来的竞争是大脑中的想象力的竞争,想象力是最为稀缺、昂贵的资源,这是毫不为过的。

个人创意:换个想法,你就是第一

人与人之间的差别,一开始仅在于思考问题的方式不同。生活中,会有相当一部分人,他们的期望就是追求一生平平淡淡。在他们看来，差不多就行啦。

他们随遇而安，不求有功，但求无过。他们认为"枪打出头鸟""退一步海阔天空"等。

假使这些观念，日积月累下来变成他们的信念，这种对事物的习惯性看法，会最终决定他们面对事情时的选择态度，积极、进取、努力等十之八九不会是他们的人生态度。

接下来，他们对待工作的行为就是差不多就行，对得起这份工资就行。他们到点就下班，分外事他们不会主动去做，更不会多做。稍有挫折，立即自我安慰：成功是少数人的事，退一步海阔天空。他们的结果会是什么？平平淡淡！

如果你认为自己是一个平平淡淡的人，你的结果就真的是平平淡淡。如果你认为自己注定是一个不平凡的人，你的结果常常就能成就一番大事业。

积极思维者得到积极的结果，消极思维者得到消极的结果。有什么样的思考问题的方式，就会有什么样的人生。

请读者朋友回顾一下自己的思维过程，其中有哪些创意？然后认真回答以下几个问题：

（1）你的头脑中是否经常有创意出现？创意之间的间隔是几天？还是几个星期？乃至几个月？

（2）最近一次的创意是什么时候出现的？是昨天、上星期、上个月，还是去年？

（3）这个最近的创意是什么？实施了没有？

（4）这个创意（如果实施的话）对于你个人、你周围的人，乃至全社会将产生多大的影响？具有多大的效益？

思索过这些问题，你有什么感想？也许你会大吃一惊：啊，我已经陷于日常事务很久而没有产生创意了；应该赶快开动脑筋！也许你会无动于衷：这个世界已经安排得很好了，何必还要费心劳神地想办法去改变它？

经常能遇到不满现状的人：他们爱发牢骚，抱怨这个世界不完美；自己满腹经纶，却怀才不遇；工作单位效益差，奖金发得少；同事朋友太自私，不肯帮忙；等等。他们也想改变自己的处境，寻求更大的发展，但总感到无能为力。

其实，每个人自身都有一座宝藏，一座几乎被遗忘的宝藏，那就是人的头脑；头脑能思维，思维能产生创意，创意能改变世界——人的外在世界和内心世界。认真地挖掘这座属于你自己的宝藏，肯定会有意想不到的收获。

纵观人的一生，无论做什么事情，总是"先想后干"。因此不管他做什么事情，都有一个思维上的守旧与创意的问题。

但是在传统社会的体制下，个人是淹没在群体之中的，因而个人没什么能动性，也无法进行创意。为了维持群体的稳定，"群体一致"便成了至上的原则，由此产生的思维观念具有如下特点。第一，群体是真正的实体，个体只是其中的附属物，是可有可无、可多可少的东西。个体必须无条件地服从群体，为了群体可以毫不犹豫地牺牲个体。群体的价值远在个体之上，因而代表群体的少数个体，其价值也远在占绝大多数的普通个体之上，二者不应等量齐观。第二，个体与个体之间应尽量减少差异和差距，不管是能力、品行，还是收入、衣着，都应整齐划一，不分彼此，借以保持群体的一致性和稳定性。如果有人敢于"标新立异""鹤立鸡群""出风头"，那就难以逃脱受排斥、被铲平的厄运。这种过分偏重群体一致的传统思维观念严重挫伤了个体的能动性，阻碍个人创意精神的成长，导致了全社会性的分配"大锅饭"、普遍懒散、效率低下，使社会发展步履艰难，社会面貌死气沉沉、数十年不变。

现代化社会之所以如此蓬勃发展，重要原因就是它激发了个体的能动性，挖掘出潜藏在个体内的创意力量，把个体从过去的压抑状态中解放出来。随着社会现代化的进展，人们的思维观念也从"群体一致性"转向"个体能动性"，认为后者在当代社会中比前者具有更大的价值。这种新的思维观念首先承认个体之间的差异性。每个群体中的个体在能力——主要是体力和智力方面存在着差异，不是均等分配的，我们常说"一个人能力有大小"，这是不可否认的事实。如果忽视这一事实，像传统社会那样一味追求"群体一致"，那唯一的办法就是压抑优秀者、铲除冒尖的人才。而新的思维观念认为，为了让能力不同的个体都能最充分地发挥自己的能力，必须在平等的前提条件下展开竞争，而市场经济就是进行这种竞争的最好场所。因为市场经济是一种竞争型经济，其中充满着复杂、尖锐甚至残酷的争斗，是对人们的体力、智力和潜力的严峻考验。只有在这种生死存亡的竞争环境中，个体的能动性和创意才能毫无遗漏地发挥出来。

在这种社会背景下，个人能动性和创意就会像火山一样喷发出来，人们终于认识到"有志者事竟成"的道理，创意思维由此大行其道。

许多年以前，美国某城市的大街上有个人卖一块铜，喊价28万美元。好奇的记者一打听，方知此人是个艺术家。不过，对于一块只值9美元的铜来说，他叫的价格简直不可思议。于是，那位艺术家被请进电视台，讲述了他的道理：一块铜价值9美元，如果制成门柄，价值就增为21美元；如果制成工艺品，价值就变成300美元；如果制成纪念碑，就应该值28万美元。他的创意说法打动了华尔街一位金融家，结果那块铜最终制成一尊优美的胸像——也就是一位成功人士的纪念碑，价值为30万美元。

同一块铜的价值从9美元增到30万美元，其间的差额就是智慧的高低之别，或者说是人的创意的区别。

"简直是哥白尼！作者是什么人？他在哪儿？"素以严格稳重著称的德国物理学家普朗克，看了爱因斯坦的《论动体的电动力学》（也就是狭义相对论）后猛然跳起来叫道。

"做什么都没有关系，你的儿子将是一事无成的。"爱因斯坦的父亲到学校询问训导主任自己的儿子将来应该从事什么职业时，主任这样回答。

"怎么会是他发现了相对论呢？一个专利局的小职员，怎么可能会发现颠覆经典物理学理论的相对论呢？"

1905年，26岁的爱因斯坦关于狭义相对论的论文问世时，尽管全世界仅有12个人能够懂得这一新的理论，但是很快整个世界就为之震动了，反对的浪潮汹涌而来。然而，最终任何力量也阻挡不了真理前进的步伐。爱因斯坦不仅得到了世界的认可，而且他的理论也改变了世界。

瓦特发明蒸汽机，最初的想法并不是要引发工业革命，只是要对效率低下的机器予以改进，发明出一种效率高的蒸汽机而已，这一想法丝毫也没有超出一个工人技师的想象力。然而，当新的蒸汽机诞生以后，一场惊天动地的革命在工业领域开始了。

一个小小的想法，创意的想法，改进的想法，就足以改变世界，就足以创造出一个新的世界。

瓦特身为一个工人技师，并没有想到自己一双普通的手会推动世界，会启动工业经济的腾飞，然而，他不经意地做到了这一点，使他跻身伟人之列。

回过头来看一看被人们推崇备至的电脑，起初人们研制电子计算机并不是为了启动信息革命、信息文明，只是美国军方为了解决庞大的数字计算而发明的，而谁知随着其功能的优化，它的角色也如鲤鱼跳龙门般迅速转变，它把人类带入了信息文明的跑道上。

什么能够改变世界？谁能够真正地推动人类进步？难道只有政治家、军事家这些大人物吗？不！大人物的确在推动世界前进上发挥着重要作用，然而，小人物的力量决不可忽视，小人物的小想法、小主意、小革新、小发明、小创意也能够引发社会的大革新、大进步。

在这样一个创意思维的时代，个人在实践生活中确实是"有智者事竟成"，认识到这一点对于个人的创意意识和创意能力具有极为重要的意义。因为创意首先是头脑的创意，是一种"自己当家做主"的活动。

一个古老的寓言故事讲，有位神秘的智者，具有非常丰富的知识和洞悉事物的前因后果的能力。他答复任何问题从来不会答错。

有一个调皮的男孩对其他男孩子说："我想到了一个问题，一定可以难倒那个智者。我抓一只小鸟藏在手中，然后问他，这只小鸟是死的还是活的？如果他回答是活的，我就立刻将手里的小鸟捏死，丢到他脚边；如果他说小鸟是死的，我就放开手让小鸟飞走。不论他怎样回答，他都肯定是错。"

打定主意之后，这群男孩跑去找到那位智者。调皮的男孩子立刻问他："聪明人啊，请你告诉我，我手上的小鸟是死的，还是活的？"

那位智者沉思了一下，回答说："亲爱的孩子，这个问题的答案就掌握在你手中！"

思维上的创意也是这样，自己的头脑能不能创意，这个问题的答案同样掌握在每个人的手中。如果你决心跟上当今的时代，做一个出色的创意人，那么从现在开始，将你走路的步伐加快四分之一吧，因为身体动作往往是心态的结果，人们的步伐与心理和思维状况有极大关系。极度缺乏自信心的人，其步态缓慢涣散，表明了他对待自己、工作及他人有一种消极和不愉快态度。这些人可以通过改变自己的姿势，加快步伐频率而达到改变心理状态的目的。富有信心的人，其步伐敏捷，看起来像是在竞走中的冲刺阶段。他们走路的姿态即向整个世界宣告："我必须到一个重要的地方，去做非常重要的事。更重要的是，我要做的事情会在短期内取得成功。"这样，你会信心倍增地去迎接这个创意思维的新世纪。

你是一个小人物吗？一个农民、一个小学生、一个小商人吗？请不要自卑，不要自贱，请多多开发你的思想资源，多些小想法、小主意、小创意、小发明，说不定你就是21世纪的瓦特！

上篇 破译哈佛创意密码,感受创意思维的力量

思维的力量

法国科学家帕斯卡曾经说过:"人不过是一株芦苇,是自然界中最脆弱的东西;可是,人是会思维的。要想压倒人,世界万物并不需要武装起来,一缕气,一滴水,都能置人于死地。但是,即便世界万物将人压倒了,人还是比世界万物要高出一筹;因为人知道自己会死,也知道世界万物在哪些方面胜过了自己,而世界万物则一无所知。"

确实,人类利用思维的力量,看到天然的森林大火而想到保存火种,进而钻木取火;利用思维的力量,人类只需挖一个陷阱,在陷阱口上盖些茅草,便能让最凶猛的野兽束手就擒(如果野兽也有想法的话,它们肯定是老大地不服气);利用思维的力量,人类首先在头脑中设计出千万种自然界并不存在的奇妙玩意儿,并把这些玩意儿变成实实在在的东西……

我们来自动物界,又逐渐地脱离了动物界。从某种意义上讲,当今人类已经发展成了高居于动物界之上的"地球之王"。人类凭着自己的力量征服自然,炸平高山,开挖河渠,围海造田,建起蛛网般的公路、铁路,修起一座又一座耸入云霄的高楼……这种气魄和力量使任何其他动物望尘莫及,自叹弗如。那么,人类的力量来自于哪里呢?很显然,人类的神奇力量并非来自肢体,而是来自头脑,来自人类头脑所独有的思维功能。

哈佛大学指出,人类的每一种行为,每一种进步,都与自己的思维能力息息相关。离开了思维,人也就不成其为人了。正是在这种意义上,哈佛大学创意课把"思维能力"理所当然地包括在"人"的定义里边。

第一课　解读创意对象的性质

创意对象，就是人的思维所指向的目标。你在思考的东西、想解决的问题、想改进的产品中的"东西""问题""产品"就构成了创意对象，通过对创意对象的思考，你可以从中获得某种创意性的结果。

哈佛大学创意课指出，创意对象最根本的特点就是"无穷多"。这个特点分别表现在三个方面：无穷多的属性、无穷多的数量、无穷多的变化。

创意具有无穷多的属性

所谓"思维对象的属性"，也就是每一种事物或现象所具备的性质。这种性质使得一个事物区别于其他的事物。当两个以上的事物在一起作比较的时候，它们各自不同的属性就能够充分地显示出来。

从整体上来说，创意思维的对象具有无穷多的属性。从每一个具体的思维对象来说，它所具有的属性也是无穷多的。比如，一块普通的面包有烤黄的、松软的、有香气的、有甜味的、长条形的、白面做的、温热的、特定面包厂生产的、特级师傅做的、在特定季节做的、在特定时候做的等，这些都是面包的属性；又如，冰箱的高度、颜色、价格、产地等是用来描述这台冰箱特征的，这些都是冰箱的属性；再如，在你隔壁房间的某个人，他是男性，是黑头发，是平板足、中等身材、高鼻子、态度和蔼，既是爸爸也是儿子，有时是学生有时是教师，是某女士的丈夫、某男士的朋友，还是乘客、旅客、顾客、观众、消费者、某学会委、某书作者等，这也是他的属性。

人们可以根据需要把对象的某一属性提到首要地位去研究，即人们可以从特定方面、不同的角度去研究某一对象。例如，"水"这一对象具有物理方面的本质属性，也具有化学方面的本质属性。当人们从物理性质方面来考察"水"时，是研究它的物理形态：液体、具有涨缩和压力，它是无色、无味、密度为1、在一个标准大气压下沸点为100℃、冰点为0℃的液体；而当从化学方面考察"水"时，就应首先考虑到，它是由氢和氧构成的最简单的化合物，其化学分子式H_2O……所有这一切，都是人们根据生产、生活、工作等方面的需要，从不同的角度研究水的属性的表现。

创意对象的属性有的是特有属性，有的是共有属性。对象的特有属性是指为一类对象独有而为别类对象所不具有的属性。人们就是通过创意对象的特有属性来进行创意活动的。正因为如此，我们能够发现，每一种具体的事物和现象都不同于任何别的事物和现象，都是独一无二的东西。

德国哲学家莱布尼茨曾给当时的国王讲哲学。莱布尼茨说："世界上没有两片完全相同的树叶。"国王不相信，就让宫女们到后花园去找"两片完全相同的树叶"。结果不用说，宫女们折腾了半天，一个个空手而回。

别看一片小小的树叶，如果细细考究起来，它所具有的属性同样是无穷多的：长短、宽窄、厚薄、色彩的浓淡、边缘的锯齿形状、中间的脉络走向……其中的每一种属性都可以再细分出许多种。要想找出两片其各自无穷多的属性完全吻合的树叶，显然是办不到的。

树叶是这样，每一种事物是这样，每一种现实问题也都是这样。然而，我们的创意思维经常受到各种因素的约束，对同一种事物和现象只能够看到它的一种或少数几种属性，并且以此为满足。在思考问题时，我们对某个问题能够找到一种答案就以为万事大吉了，不愿意或者根本就想不到去寻找第二种乃至更多的解决方案。这些想法都限制了创意活动的进行。

创意具有无穷多的数量

物质是一切事物和现象的总根源，意识或精神不过是物质形态的属性。我们这个世界上存在着无穷多的事物，产生着无穷多的现象。在自然界，大到日月星辰，小到尘埃微粒，无穷多的事物散布在我们周围；在人类社会，春种秋收、集会游行、杀人放火……有无穷多的事件发生在我们周围。正如希尔伯特所言：无穷是一个永恒之谜。而破谜、揭秘是人的天性，它为人们的创意提供了无穷多的可能。

所有这些客观的事物和主观的现象，都有可能成为我们创意思维的对象。换句话说，创意的素材遍地都是，创意的机会是无穷多的，只要我们仔细观察、开动脑筋，思考任何一种事物或现象都能够产生创意。这方面的事例多得不胜枚举。有一位教授洗完澡后，拔下澡盆的活塞放水。他发现水流在排水口形成了漩涡，是向左旋的。这件不起眼的事引起了他的好奇。他又拿其他器具做实验，并且观察河流中的漩涡，结果发现它们都是向左旋的。教授于是联想到，这种现象大概与地球自转的方向有关。果然，在南半球国家，孔道水流的漩涡是向右旋的；而赤道地区的孔道水流并不形成漩涡。最后，这位教授总结出了孔道流水的规律，提出了一种新观点，在研究台风等方面具有实用价值。

当我们的头脑只思考一个问题或者一个事物的时候，也同样面临着数量无穷多的可供思考的对象。因为实际事物总是以这样或那样的方式相互联系着、制约着。比如说，今天你喝酒喝醉了，除了要考虑酒的问题（度数太高、数量太大），还要考虑菜的问题（是否解酒），还要考虑自己的身体状况、精神状态，还有喝的时间等因素。从追根究底的观点来看，造成一次醉酒的因素其实是无穷多的。

　　一个商场只要对外营业，就会树立起自己的社会形象。请读者朋友认真想一想，构成或影响一家商场的社会形象的因素有多少种呢？第一，从商场的一般特征来说，其因素有：经营历史、社会知名度、在商界范围的渗透程度、商场的目标市场等；第二，从商场中的商品特征来说，其因素有：品种齐全的程度、商品的质量、商品的适应性及其更新速度、商标名称的使用等；第三，从商品的价格特征来说，其因素有：总体价格水平、质量价格比、与同行业竞争者的比较等；第四，从职员的服务特征来说，其因素有：员工的仪容仪表、售货员的态度、业务技能、服务方式和设施、对消费者利益的关心程度、消费者的反应等；第五，从商场的物质设施来说，其因素有：商场建筑的外貌、所处路段和周围环境、内部装修水平、顾客的走道和升降设备、商品的布局和陈列、清洁卫生程度等；第六，从商场的宣传特征来说，其因素有：广告媒体的使用、发布商品信息的数量和速度、宣传的真实程度等；第七……

　　如果邀请我们设计或者重塑这家商场的社会形象，那么我们需要考虑的因素其实是无穷多的。

　　面对周围如此多的事物或观念，我们究竟应如何展开创意思维活动呢？其实，我们在自觉地做任何事情时，心中已有了一个明确的目标。目标是创意的龙头，其他所有思想和行动都是围绕这一目标展开的。面对众多的事物或观念，我们的头脑首先要围绕某一目标对它们进行筛选，选取与目标相关的若干对象进行深入细致的思考。这样，原本无穷的可供思维的外界对象就变成数量有限的对象了。

　　这样一种简单的道理，为什么许多人认识不到呢？在很多人的眼光中，这个世界上的东西绝大部分都已经完美无缺，没有改进的必要。他们认为，椅子就是椅子，设计椅子就不必考虑桌子的问题。当我们能够打破这种狭窄的目光，而把更多的事物和现象纳入我们思维的时候，新奇的创意便会自然地浮现出来。

一杯咖啡的味道取决于哪些因素呢？我们可以列举出如下一些：产地、品种、成熟程度、采收质量、炒法、粉碎程度、存放时间、水的品质、水的硬度和温度、咖啡与水的接触方式、煮过后的保温度、放置时间等。其中的每一种因素又可以细分为更小更多的因素，比如"炒法"，就有方式、温度、用具、环境、工人的熟练程度等方面的区别。我们可以说，能够对一杯咖啡的味道产生影响的因素，实际上是无穷多的。因而，我们对于咖啡味道的改进就具有无穷多的可能性，或者说，具有无穷多的改进方法。比如，种植一种新品种，产生了一种新口味；换了一种烘炒法，又产生了一种新口味；采取不同品质的水，口味又发生了改变……客观对象无穷无尽，创意思维也就永远不会枯竭。

从创意的对象上看，由于事物现象间的因果关系是复杂多样的，它不仅仅以链式形态存在，而且现象间更以立体的链式网状结构存在着，总是以这样或那样的方式相互联系着、制约着。

哈佛大学创意课指出，准确地选取与特定问题有关联的外界对象，是获得新创意的基本前提。同时我们还应该看到，进入思维过程的对象并非所有的对象，还有无穷多的对象，因为我们主观上认为它们与目标"无关"而遭到舍弃，但舍弃的对象却不一定与目标真的无关，在一定的情况下，打破常规，扩大选取范围，把原先摒弃的对象重新纳入选取，有时会产生奇妙的创意。

创意具有无穷多的变化

辩证法告诉我们，那些乍看起来凝固不变的事物，其实都是漫长变化过程当中的一个小小的片断，其自身也在不停地变动。所以恩格斯说，辩证法不崇拜任何东西，具有彻底的革命性。当我们眼盯着一件物品，想对它进行改良的时候；当我们面临一个棘手的难题，绞尽脑汁想解决它的时候；也许我们并没有注意到，这件物品和这个难题，是一直处在变动之中的。

古希腊的哲学家赫拉克利特说出一句流传千古的名言："任何人都无法两次踏进同一条河流。"

我们的面前站立着一位权威，他金口一开，便"句句是真理"，他巨手一挥，便横扫千军如卷席。但是，辩证法告诉我们，他以前曾经不是权威，只是一个普普通通的人，说过错话，办过错事；他以后也不会永远是权威，他的学说会陈腐，他的力量会消逝。目前的这位傲然而立的权威，不过是从一个普通人走向另一个普通人的过渡阶段而已。我面前是一张书桌，稳稳地站立着，丝毫看不到变动的迹象。但是，唯物辩证法告诉我们，它曾经不是书桌，而是一棵柳树；它以后也不再是书桌，而是一堆朽木。所以说，我眼前的这张光滑而明亮的书桌，不过是一棵绿树变为一堆朽木的漫长过程中间的一个短暂的阶段而已。

1948年秋，瑞士工程师梅斯特拉从森林中散步归来，发觉袜子上粘了很多刺果。他想：别的植物并不挂在衣服上，刺果的刺是不是和一般植物的刺不一样呢？果然，在显微镜下他看到刺果刺的端部呈钩状。不久，他就发明了尼龙搭扣。

20世纪90年代以来，日本的年轻人特别讲究卫生，几乎到了"人人成洁癖"的地步。年轻女人尤其如此，在她们眼里，到处都沾满了细菌。她们不坐公园的椅子，不坐地铁的座位，而宁愿站着，双手抓住用手绢包着的扶手。

当这股"洁癖潮"流行起来的时候，精明的企业家立即意识到赚钱的机会来了。于是，三菱铅笔公司推出了杀菌圆珠笔，每只售价100日元，而每月销量将近一百万支。杀菌袜、除臭鞋、香味内衣之类的产品供不应求。最奇怪的是一种"除臭药片"的问世，服用这种药片能消除大便的臭味。本来它是专为长期卧床的病人使用的，没想到"除臭药片"在普通人群中也流行开来，特别是受到女秘书们的欢迎。

相反的例子是，那些对事物的变化无动于衷的人们，终究要碰得头破血流、损兵折将。

春秋时代，楚国准备渡河去攻打宋国。傍晚派人测量了河深，发现水很浅，但是当凌晨大军涉渡时，却淹死了1000多人——因为当晚上游的洪水下来了。

当汽车发明以后，欧洲生产马具的工场受到了影响。但是，只有极少数精明的马具商看到了那场变动中的历史意义，转而生产皮鞋、提包等革制品。而漠视变革的大部分马具商们都落得个破产负债的下场。

事物的变动是对人们智力的考验，对于充满创意的头脑来说，变动意味着发展的机遇；而对于因循守旧的头脑来说，变动无疑是一场灭顶之灾。

第二课　剖析创意主体的特征

什么是创意的主体？简单地说就是人的头脑，它是有理智、能思维、可以进行创意活动的总司令部。对于人的头脑，哈佛大学创意课指出可以从两个方面进行研究：一是从生理学和脑科学的角度；二是从哲学、社会学和心理学的角度。以下内容从这两个角度来探讨创意思维主体的主要内容，及其对创意思维的影响。

大脑是怎样运行的

18世纪的机械唯物主义者认为，人的头脑在认识外界的事物之前，是空无一物的，就像一块干干净净的"白板"；当需要认识的东西——如自然的事物、社会的活动或别人的思想观念等——进入头脑之后，便能够清晰地印在这块"白板"上。外界有什么样的东西，"白板"上就有什么样的东西；反过来说，"白板"上所有的东西，也一定能够在外界事物中找到原型。按照"白板论"的观点，比如说，我闭上双眼，任何东西都看不到，处在"一片空白"的状态；然后我猛一睁眼，那么处在我视域之内的所有东西——图书、稿纸、眼镜、水杯、圆珠笔等都会毫无遗漏地通过我的双眼进入头脑。而我的头脑对于来自外界的"客人"则是一视同仁，兼收并蓄的。如此一来，便很难产生"创意""发明"之类的事情了。

然而，头脑的实际运作情况并非如此。人脑是地球、宇宙的全息照片。这是脑科学研究者作出的一个重要推论，并引起巨大反响。

根据全息论，人脑跟全息照片是同一原理。全息摄影能将整体的任何部分、任何片断都摄下来，产生一种真正的三维空间效果。假如你拍摄一张桌子，然后把照片撕碎，每一个碎片显示的不是这桌子的部分，而是显示桌子的整体。科学研究者和心理学家们考虑，全息照片应当与人脑相似。他们坚持认为，人脑是作为一个整体在工作的——它的部分，甚至小到一个脑细胞，都可能反映整个大脑的活动。而且人脑是整个地球乃至整个宇宙的全息照片。约瑟夫·契尔顿·皮尔斯在《奇妙的幼儿》中写道："新生儿的大脑，作为一张全息照片的碎片，必须接受地球全息照片的感光，并与地球相互作用，以达到清晰化，或者说调整好人脑照片的焦距，如果把一个初生儿的大脑隔绝在屋子里，不让它与地球相互作用，那么清晰化就不可能达到……人脑越是长大，越是精致，全息效果也越好，人脑与地球相互作用的智慧或能力也越大。"

另一位心理学家普里伯姆把这种全息摄影的纪录进一步引申，他认为：假如人脑中真有这种全息照片，那就意味着我们可以利用各种信息频率在人脑中储存事物。然后我们就可以用线性的或空间的方式把这些信息读出来。线性的方式是在一段时间内陆续进行的，空间的方式是在同一时间内进行的。空间和时间并不存在于大脑中，它们是从大脑中读出来的……全息照片的每一部分包含着整体。这样，全部信息都在其中了，只是观察角度和观点略有不同罢了。

既然我们的大脑是对地球、宇宙的全息摄影，底片就存于脑中。那么摄影、摄像就一定是大脑运行的重要方式了，也可以说，通过使大脑摄影、摄像、拍照，可以数以百倍地提高用脑效率。那么大脑的摄影、拍照功能又是怎样运行的呢？

人脑的大部分记忆，是将情景以模糊的图像存入右脑，就如同录像带的工作原理一样。信息是以某种图画、形象，像电影胶片似的记入右脑的。所谓思考，就是左脑一边"观察"右脑所描绘的图像，一边把它符号化、语言化的过程。所以左脑具有很强的工具性质，它负责把右脑的形象思维转换成语言。

被人们称为天才的爱因斯坦曾经说过："我思考问题时，不是用语言进行思考，而是用活动的跳跃的形象进行思考。当这种思考完成以后，我要花大力气把它们转换成语言。"可见，我们在进行思考的时候，首先需要右脑非语言化的"信息录音带"（即记忆贮存）描绘出具体的形象。

左脑的功能可以为电脑取而代之，那么人对大脑的开发的必然选择就是开发右脑，启动全脑了，而右脑的功能突出表现为类型识别能力、图形认识能力、空间认识能力、绘画认识能力、形象认识能力，可以概括为一个字就是"像"，有的心理学家将其称为心像或心理图像。

可以说，右脑最突出的功能就是像的功能，它能够大显身手、大显神威的就是摄像、显像的功能。

"思想"是左脑的功能。那么右脑的以呈"像"为主的功能，我们称为什么呢？称为思像。思像主要指的是右脑的运行状态。

如果说右脑有个软件的话，那么这个软件就是思像，是思像软件，它区别于左脑的软件——思想，虽然只有一字之差，但二者相差何止十万八千里啊！

提出思像这一概念，还有一层意思：我们说思像是右脑的软件、思想是左脑的软件，并不是说思想与思像、左脑与右脑就毫不搭界，彻底区别开来，而是思想与思像，左脑与右脑是相通相连的，其逻辑语言功能也好，显像功能也好，并非单独左脑的运动或单独右脑的运动，而是左右脑并用的全脑的启动。如果把左脑、右脑割裂开来看，那就错了。因而，思像这一概念的提出，一是考虑了右脑的像的功能，二是同时考虑了左脑的语言逻辑功能，其中以像为主，也就是说思像包含着"思"与"像"两重意思。"思"指语言逻辑，"像"指思像。这样，思像反映的就是以启动、开发右脑为主而带动、激活全脑的用脑过程。

这是有科学依据的。脑科学也是在不断发展的，人们对大脑尤其是右脑的认识不断深化，美国艺术家兼教育学家奈德·赫曼提出了一种新全脑理论，同时开发出相应的全脑技术。这种全脑理论重视了脑部的边缘系统。脑部的边缘部位是个相当小而复杂的组织，分跨在大脑的左右两半边。这部分组织在人脑上是看不见的，只有将脑部细细解剖开，才可以发现。边缘系统日益得到人们的重视，被称为"大脑中的大脑"。这种新全脑理论不是将大脑分为左、右两个半脑，而是分为左上脑、左下脑、右上脑、右下脑4个象限。这一研究成果得到了多项全美大奖，被誉为是"划时代的贡献之一"，并且相应的全脑训练已在全球推广。

头脑中的调色笔

经验证明，我们的头脑并不像一块"白板"，而是更像一块"调色板"。头脑把外界输入的各类信息经过调色处理之后，进而画出一幅幅色彩鲜艳的图画。这也是头脑能够产生创意思维的现实根据。

每个人的头脑都拥有许多种调色笔，其中较为重要的几种是：实践目的、价值模式、知识储备等。

一、头脑中的实践目的

就是我们在思考事物或者解决问题时所要达到的目标，其语言表达式就是："为了……"每个人在做任何事情的时候，都预先有一个明确的目的，这个目的指导着我们的思考和行为，并且自己能够意识到目的的存在，并能想象目的的实现以后的美好情景。

我投稿发表文章，是为了交流学术观点，或者仅仅是为了拿到稿费；你报名参加函授，是为了学到知识，或者是为了获得文凭；他夜以继日地搞些小发明，是为了造福社会，也许是为了讨好女朋友……于是，我们的头脑就产生了"偏心眼"：对于符合自己实践目的的事物和问题，将会给予加倍的注意；而对于那些与实践目的无关的东西，那就对不起了，一律拒之于千里之外。

在某国警官学校，毕业班学员正端坐在三楼的教室里，神情紧张地等待着即将来临的毕业考试。只见考官走进教室，迈向讲台，对学员们说："全体注意，现在考试开始！请你们立即跑步到一楼，然后跑步返回教室！"

学员们尽管迷惑不解，但是只能服从命令。他们赶快跑到楼下，并接着又跑回三楼的教室。学员们刚坐下喘息未定，考官的问题已经出来了："请问：从一楼到三楼，共有几级楼梯？"

这次警官考试是意味深长的，能够考满分的学员大概不会有很多。对于绝大多数人来说，楼梯只是上楼下楼的通道，能够达到这个实践目的就行了，而没有必要关心它究竟有几级；但是对于一名警官来说，他应该具有比常人更为敏锐的观察力，能够打破通常的"实践目的"对自己眼界的约束，以便发现与"侦破案件"这一实践目的相关的各类信息。我们读《福尔摩斯探案》时便经常看到，福尔摩斯的创意思维主要表现在，他能够从普通人所忽略的蛛丝马迹中找出案件的关键线索。德国哲学家黑格尔有句名言："熟知非真知。"说的也是这个道理。

请想一想，为什么"熟视"却"无睹"？某些事物一千次、一万次地出现在我们的视域内，我们却"视而不见"。其根本原因就在于，那些事物不符合我们的实践目的，头脑感到没有必要去理睬它们。比如，你家碟子上的花纹是什么样的？希特勒的"纳粹党标志"是左旋的还是右旋的？类似的问题有许多，你大概都回答不上来。

再想一想，为什么"充耳"却"不闻"？某种声音一千次、一万次地回响在我们的耳畔，我们却听不到。原因同样在于，那种声音是实践目的之外的东西，头脑没有义务去感受它。比如，你家冰箱多长时间工作一次？每次工作多长时间？你在读小说或写文章的时候，还能听见身边闹钟的"滴答"声吗？对于这类问题，你的回答大概都是否定的。

二、思考之前的知识储备

著名物理学家费米在一次讲演中曾经提到这样一个问题："芝加哥市需要多少位钢琴调音师？"然后，费米自己解答说："假设芝加哥有300万人口，按每个家庭4人，而全市1/3的家庭有钢琴计算，那么芝加哥共有25万架钢琴。每年有1/5的钢琴需要调音，那么，一年共需调音5万次。每个调音师每天能调好4架钢琴，一年工作250天，共能调好1000架钢琴，是所需调音量的1/50。由此推断，芝加哥共需要50位钢琴调音师。"

这是一个典型的"连锁比例推论法"，在解决实际问题和获得思维创意的过程中经常被采用。在这种推论中，需要很多预备性知识做基础。比如，你应该知道"有钢琴家庭"所占的比例、调音师的工作效率、工作时间等。

在进行任何一项创意思维之前，我们头脑中总要有一些预备性的知识。头脑把这些知识当做铺垫或者跳板，然后构想出改进物品或解决问题的新方法。

值得注意的是，知识自身就隐含着某种价值观念，并构成一种特定的框架，从而对头脑的观察范围和思考偏向作了预先的规定。凡是与这种规定相吻合的，头脑会予以加倍关注；而与这种规定无法沟通、风马牛不相及的，头脑就会毫不留情地把它们拒之于大门之外。

所以，每个人头脑中所思考的事物和问题，都受制于自己的知识水平。正如每个人喜欢读的书不同，除了欣赏趣味之外，其差异点主要是由知识程度决定的——谁都不愿意去读一本自己根本就读不懂的书。由此看来，头脑中的知识既是创意的必要前提，又有可能成为创意的制约因素。

三、思考之前的价值模式

在各种各样的外界事物和观念中，有些能够满足我们的需要，对我们有用；而另一些则不能满足我们的需要，对我们没用。有用的东西，在我们看来，就是"有价值的"；而没有用的东西，就是"没价值的"。相应地，用处大的东西，其"价值"就大；而用处小的东西，其"价值"也就小。于是，头脑在对外界的事物、信息和问题进行接收和思考的时候，便依照其价值顺序进行排列：首先处理价值最大的，其次处理价值中等的，最后处理价值小的，而对于没有价值的东西则采取不理不睬的态度。

常常会有这种情况：同一种东西，在你看起来很有用，价值大，但是在我看起来则没有用，毫无价值。这就是人与人之间价值观上的差异。当人们面临选择的时候，他就会把外界的事物或观念按照其价值的大小排列出一个顺序，也就是排列出一个主次、轻重、缓急的次序。这种次序，我们就称之为"价值模式"。

价值模式的差异对于创意具有重要的意义。人们的价值模式不同，对于同一个事物或者同一个问题就会产生不同的看法。有些时候，创意就是从那些不同的看法中出现的。在中国人看起来，美国人的想法（实用性的）是一种创意；而在美国人看起来，中国人的想法（审美性的）同样是一种创意。其原因就在于双方的价值模式有差异。

对于个人来说，价值模式的转变意味着一种新创意的产生，意味着他面前的世界"旧貌换新颜"，他的行为方式往往也会产生相应的改变。在日本的明治时代，有一位出身世族的剑士，初到三菱公司任职，公司要求他必须对客户恭恭敬敬乃至低声下气。这使得高傲惯了的剑士感到难以接受。公司负责人便对剑士说："笑脸迎人、低声下气，都是为了金钱。你不妨把客户当做一堆钞票，你朝他一低头，那堆钞票就飞到了你的口袋。这有什么好难为情的呢？"这的确是一项创意，使得剑士改变了原来的价值模式和行为模式，他眼中的整个世界也都改变了。

大多数情况下，一种价值模式的建立是困难的，而一种价值模式的改变则尤为困难——对于个人、团体乃至整个民族来说，都是如此。

第三课　洞悉创意运行的过程

哈佛大学创意课阐明，人的头脑并不是一块被动的"白板"，其中已经装填了"实践目的"、"价值模式"、"知识储备"等内容。头脑把这些内容当做武器，向外界对象的三个"无穷多"提出挑战，并把它们打得落花流水——使三个"无穷"变成了三个"有穷"，并将其顺利地吸收到头脑里，成为新的观念、创意、方法或解决问题的方案。在这个过程中，针对外界对象的三个"无穷多"，头脑采用了三种战术加以各个击破。这三种战术就是"属性抽象"、"对象选取"和"动态截取"。

从无穷多的属性中抽象所需的部分

我们头脑所思维的每一种对象和问题，都具有无穷无尽的属性。但是没关系，头脑用"属性抽象"的方法来解决这个问题。所谓抽象，就是从每一对象所具有的无穷多的属性中抽取出一种或几种属性，头脑只思考这几种经过抽象而来的属性。这样一来，无穷多的属性就变为数量有限的属性了。

抽象是人们认识外界事物必不可少的手段，因为头脑无法处理具体事物无穷多的属性。抽象使得事物变得简单，不同事物之间的共同性便显示出来了。

狗，世界上十分常见的一种家养动物。在英国，人们把"忠诚于主人"看做狗的第一属性，因而"狗"在英语中常常与美好的事物联系在一起，可以用来形容小孩或老人，并无任何贬义。而在中国，人们把"下贱地追随别人"看做狗的第一属性，因而"狗"这个词在汉语中带有明显的贬义："走狗""狗眼看人""狗仗人势""狐朋狗友"等。请仔细想一想，狗身上的属性其实是无穷无尽的。

"饥不择食"，意思是说，极度的饥饿者看见客观的食物，只选取了它的一种属性——充饥性，而对于食物的色、香、味、形等属性全都舍弃了，未纳入思维的范围。这是由饥饿者的实践目的和价值模式所决定的。

前边提到的那位莱布尼茨，他给国王讲了"世界上没有两片完全相同的树叶"之后，接着又讲了第二个论点："世界上没有两片完全不同的树叶。"国王还是不相信，又让宫女们到后花园去找，结果仍然一无所获。其实道理很简单，每片树叶各自都有无穷多的属性，只需在两个无穷系列中抽象出一对相同的属性就够了，这是不费吹灰之力的事；至于两片树叶之间的无穷多的差异点，只需舍象（即舍去对象中其余未被抽取的无穷多的属性而暂时不予理睬）就行了。

哈佛大学创意课阐明，任何两种以上的事物，无论其差别多么巨大，我们的头脑都能在它们中间找出共同点，也就是抽象出共同的属性。这也是创意思维经常使用的具体方法之一。另外，当我们能够把曾经舍象的属性捡起来，重新加以认真思考的时候，往往可以发现一个新天地，产生新的创意。正如对某个具体人的评价，我们很容易夹杂着个人感情，"爱而忘其恶，恨而忘其善"。也许有一天你突然发现，自己多年的老朋友也会做出很卑鄙的事情。

从无穷多的对象中选取需要的部分

有一天吃晚饭的时候，正在上小学的弟弟给全家人提出了一个很奇怪的问题："要是全世界的电话线路都断掉了，会产生什么结果？"当医生的爸爸回答说："病危的人就不能得到及时的救治，使死亡率上升。"善于持家的妈妈高兴地说："那太好了，我们就不用付电话费了！"当消防队员的哥哥回答说："报警速度将会降低，火灾的损失将大大增加。"热恋中的姐姐回答说："两人约会的次数一定会大大减少。"

从创意的角度来说，准确地选取与特定问题有关联的外界对象，是获得创意的基本前提。我们的思维能力毕竟是有限的，不可能处理无穷的信息。问题在于，我们的头脑应该牢记着，进入思维过程的对象并非所有的对象，还有无穷多的对象因为没有获得入场券而只能待在头脑之外。

由于每个人在实践目的、价值模式、知识储备等方面不完全相同，因而各人对同一群对象的选取也不会完全相同。你认为老师讲的A观点很重要，因而留下很深的记忆；另外一位可能会认为，B观点才是重要的，而A观点毫无独特之处，早把它忘得一干二净；还有一位也许会认为A和B都无足轻重，而C才是至关重要的观点；等等。

几位学生坐在教室里，专心致志地听老师讲课。他们可以一边听课一边记笔记。下课后，分别请他们复述一下老师在课堂上讲的内容。复述的结果也许会令你大吃一惊。你发现不同学生的复述差别很大。而且复述差别的程度，与学生之间在观念和文化方面的差别程度成正比。也就是说，学生之间的差别越大，他们的复述之间的差别也越大。如果这些学生来自不同的国度，那么他们的复述简直会有天壤之别，使人感到他们并不是在复述同一个老师的同一次讲课。这就是头脑对外界对象选取的结果。

面对周围无穷多的事物和观念，我们的头脑首先对它们进行筛选，每次只选取一个或少数几个对象，被选取的对象进入头脑参与思维。而其余没有被选取的对象，便遭到了摒弃。经过这样的处理，本来数量无穷多的可供思维的外界对象，就变成数量有限的少数几个对象了，头脑就能够对它们进行深入而细致的思考。

从无穷多的变化中截取所需的片段

外界的对象每时每刻都在发生着无穷无尽的变化，以至于很难把握事物的本来面目。我们的头脑采取了"动态截取"的手段，把连续变化中的事物一段一段地剖开，从一个或几个剖面来思考事物，从而把事物无穷的变化转化成了有限的变化；把动态的事物凝固成了静态的事物，这样思考起来就方便多了。

一块面包，它以前不是面包，以后也肯定不会是面包，但是，只要它现在是面包，我们就只把它当做面包看待，而不去考虑它的"历史"和"未来"。英国哲学家休谟曾经警告我们，你手里拿的面包能不能营养自己的身体，这并不能根据过去的经验推断出来，因为谁都无法保证过去与未来的"齐一性"。但是那不过是思想家头脑中的推论，现实中肚子饿了想吃面包的人，是想不到那么多的。

对外界事物的"动态截取"还有一种含义，就是忽略其微小的变化。只要事物没有发生本质性的重大变化，我们都可以认为事物是静止的——尽管其中细小的变化一刻也没有停止过。这不失为一种简便而实用的方法。从这样的观点来看，人是能够"两次踏进同一条河流"的。尽管河中的流水滚滚不停，但是这条河的位置、长度、宽度、水质等基本方面没有改变，我们不妨还把它当做原来的那条河看待。比如黄河，数千年流水不止，而且改道许多次，但是大家习惯上认为那还是同一条黄河。

抓住事物细小的变化不放，常常是诡辩论者的拿手好戏。据说，有个人借了别人的钱，别人来讨，他不认账，说："借钱时候的我已经不是今天的我了，变化很大，判若两人，因而你不应该向我讨债。"

这也许只是一个笑话，但是深入地想一想，问题并不那么简单。究竟哪些变化属于"细小的"而可以忽略不计，哪些变化是"本质性的"而必须予以考虑呢？换句话说，我们头脑对处在变化中的事物的"截取点"应该定在哪里呢？如果能够打破常规，变更一种"截取点"，那就会产生一种不同寻常的观念。这就是创意。比如，一个人总是从一个受精卵逐渐长大的，那么长到多大才算是一个"人"呢？这时的"截取点"就有了差异。在某些落后地区，溺婴并不算"杀人"；而在西方的一些国家，怀孕四个月以上的堕胎就犯了"杀人罪"；而某些宗教团体甚至主张"避孕就是杀人"。

哈佛大学创意课指出，客观事物的发展是持续不断的，而发展的阶段则是由头脑的思维来划分的。划分的标准变了，我们看世界的方式也就变了，创意的萌芽便显示出来。

第四课　考察创意活动的结果

在我国古代的"八仙"传说中,那位"张果老"总是喜欢倒骑着毛驴,四处游荡。现在,请您仔细想一想:究竟是张果老骑错了方向呢,还是那头毛驴站错了方向?

一般来说,头脑中的思维结果应该与客观外界的思维对象相吻合。换句话说,头脑应该"客观地"、"全面地"把握思维对象的"本质"和"主流"。然而,人们的实际思维过程却并非如此简单。在许多情况下,创意思维的结果变得似是而非,或者似非而是,难以简单地断言为"真理"或者"谬误"。因此,哈佛大学创意课特别注重对创意活动结果的考察。

思维观念的普遍性

著名哲学家冯友兰在《三松堂自序》那本书里,曾经讲述过这样一个故事:

有一位哲学家饿了,就让他的学生到街上去买一块面包。学生到街上转了一圈,空着手回来了,对老师说:"街上只有圆面包和长面包,没有您要买的那种(既不长又不圆的)'面包'。"于是,哲学家就让学生去买一块"圆面包"。学生到街上转了一圈,又空着手回来了，对老师说："街上只有黑面圆面包和白面圆面包，没有您要买的那种（既不是黑面也不是白面的）'圆面包'。"于是，哲学家就让学生去买一块"白面圆面包"。学生到街上转了一圈，还是空着手回来了，对老师说："街上只有冷的白面圆面包和热的白面圆面包，没有您要买的那种（不冷又不热的）'白面圆面包'。"

于是……结果不用多说，那个学生永远不可能买来面包，而那位哲学家只能等着饿死了。

外界的客观事物是具体的、个别的、拥有无穷多的属性的，从而使得相互之间千差万别，正如莱布尼茨所谓"世界上没有两片完全相同的树叶"。但是，当这些事物成为思维对象，经过筛选而进入头脑，最终形成观念、思想和计划之后，它们自身却发生了一个重大的变化，那就是具体性、个别性和千差万别性的消失，取而代之的则是抽象性、普遍性、一般性和共同性。

外界事物与头脑观念之间的鸿沟，是哲学所要研究的基本问题。正因为事关重大，中外哲学家们（特别是西方传统的哲学家们）为填平这个鸿沟做出了不懈的努力。黑格尔曾设想过"具体概念（包含差异性的观念）"；马克思求助于现实的社会实践；现代分析哲学则要求"改善"哲学所使用的"语言"，甚至想给头脑中的观念各自"编号"，使之与外界的事物一一对应。

这间教室里有许多张桌子，而整个世界上还有数不清的桌子，其中的每一张桌子都与别的桌子不完全相同。我们的头脑中有一个"桌子"观念，但并没有千千万万个"桌子"观念。一个"桌子"观念便足以概括和代表现实世界中存在的数不清的桌子。而且，"桌子"观念只有少数几个属性，而舍弃了现实中桌子其余的无穷多种属性。圆形的、方形的都是"桌子"，三条腿的、四条腿的都是"桌子"，铁的、木的、塑料的都是"桌子"，高的、矮的、软的、硬的、光滑的、粗糙的……统统都能纳入"桌子"这一观念中。

这正是人们的头脑运用"选取"、"抽象"和"截取"等思维能力的结果。这些能力曾经是人类智力发展水平最主要的标志，而且在日常生活中扮演着极为重要的角色。但是,我们也不应该否认,这些能力却造成了外界对象与头脑观念之间的鸿沟。从更大的视野来看,这条鸿沟是人类所有理论错误和所有实践失败的总根源。

对于创意思维的结果,人们总是希望它们尽量少一些"主观偏见"的色彩,尽量"客观"一些。不过,这是一个十分复杂的认识问题。

在哲学思想史上,有一种唯物主义曾经认为,"纯粹客观"是脱离人而存在的、能够被思维主体所彻底认识和把握的东西。在他们看来,面对同一个外界对象,不同的人应该得出相同的观念和结论;如果他们之间的观念或者结论有差别,那么其中必然有的正确有的错误。然而,实际发生的情况并不如此简单。

一朵淡淡的红花,开放在马路边。诗人走过来,看到那朵花是"美好春天的使者";植物学家走过来,看到那朵花是"草本复叶的蔷薇科植物";药物学家走过来,看到那朵花是"具清凉解毒功效、可焙干煎服的止痛药";最后,清洁工人走过来,把那朵花看成"有碍市容的东西"而扫进了垃圾箱……那朵淡淡的红花到底是什么?哪个人的看法是"纯粹客观"而毫无"偏见"的?

历史上有一位名叫曹操的人。晋代人写了一部《曹操传》,说他是"盖世英雄";明代人写了一部《曹操传》,说他是"乱世奸雄";当代人写了一部《曹操传》,说他是"法家代表人物";美国人写了一部《曹操传》,说他是"东方文化的果实"……曹操究竟是什么人?难道真如意大利哲学家克罗奇所说的那样,"任何历史都是当代史"?

我们面临着一个意义与价值的世界,造成这种状况的根本原因,也许应该归结到外界对象和主观思维两个方面。所谓"纯粹客观"的事物和现象,其自身具有无穷多的对象、无穷多的属性和无穷多的变化,要想"真实"而毫无偏差地把握某个事物,就有必要对所有这些对象和属性毫无遗漏地予以认识,然而这是根本做不到的。

于是,无可奈何的头脑只能选取、抽象和截取。由于不同的头脑具有不同的实践目的和价值模式等内容,因而不同的头脑也就具有不同的选取、抽象和截取的标准,并由此产生出不同的思维结果。

　　当然,不同的人之间,思维的结果只是"不完全相同",而不是"完全不相同"。因为整个人类在生理结构、基本需求与外部环境的关系等方面,没有太大的差别。

　　这个道理其实是马克思主义的常识。马克思早就说过,以前唯物主义的主要缺点是,对对象和现实只是从"客体的形式"去理解,而没有从"主体的方面"去理解。实际上,不论是自觉地还是不自觉地,现实中的人们总是从意义和价值的层面去把握外在世界的,都是从"为我"而不是"为它"的角度来观察和理解世界的。说到底,就连所谓"保护生态环境"之类,也不过是站在人类的立场、为了人类自身的利益而已。这就使得追求"纯粹客观"不但是不可能的,而且也是没有必要的。

　　哈佛大学创意课认为,从创意思维的角度来说,必须摆脱所谓"纯粹客观"对思维主体的束缚,自由地发挥其想象力,才能冲破有形的和无形的思维障碍,获得奇妙的点子。假如在创意思维的一开始,便要求头脑"要符合实际""不能胡思乱想",那么我们的思维就难以发挥其巨大的"超越性"特点,不可能有新的创意产生。我们稍微留心就能看到,对人类历史影响深远的"新点子",在刚产生的时候,几乎都是"不符合实际的"、"没有实用价值的"、"纯属胡思乱想"之类的东西。

注意观察时的盲点

　　孔夫子带着他的徒弟们周游列国,在一个国家饿了很多天,好不容易搞到了一点儿米,便让颜回煮成饭给大家吃。孔夫子看到饭刚煮好,颜回便悄悄地抓了一把饭往嘴里塞。孔夫子很不高兴,把颜回训斥了一顿说：大家都在饿着，你怎么一个人先吃呢？

颜回委屈地说：我刚才打开锅盖，看见饭里有一块很脏的东西，我怕这个脏东西被别人吃掉了，于是我就自己把这个脏米饭吃下去。孔夫子听后，对这个事情发了一番感慨：我们每一个人都有自己观察不到的地方，而且每一个人对于眼前的事实和所发生的事情，都是按照自己的理解来加以解释。这里就会发生许许多多的误会和错误。所以，要想成为一个君子，就要认识到自己思考中的盲点，对那些察觉不到的地方，要特别地谨慎，不能匆匆忙忙地下结论。

每一个人在观察和认识事物的时候，都会有自己的盲点，也就是他所看不到的地方。因为每个人头脑当中都有自己固定化的思维模式。符合这种习惯和模式的事物，我们对它的认识就十分清楚。而超出这个习惯和模式的事物，我们往往加以忽略。而且对于自己认为有意义的那些事物，总是特别注意，总是习惯于按照自己的理解对它们加以把握。所以，每个人的认识和目光，都像一支手电筒，它仅仅照出一个光柱。在光柱之外的事物，都被我们忽略了。

创意思维所得到的结果，应该尽量地全面一些，考虑的问题应尽量周到一些，这是毫无疑问的。但是，"彻底的全面"同样是若隐若现的东西。如果一味地追求"全面性"，也许要失去许多创意的好时机。

有一位辩证法思想家认为，要想全面而彻底地认识任何一个事物，都必须首先认识整个宇宙中的每一个事物。请想一想，你面前的这张木制书桌，要想全面认识这张书桌，必须首先认识其中的木板；要想全面认识那块木板，必须首先认识剖成木板的那棵树；要想全面认识那棵树，必须首先认识养育那棵树的土壤、雨水、阳光等条件；要想全面认识这几个条件，还不足以让你去研究整个宇宙的起源和发展吗？

你一定听说过"金银盾"的故事：一个将军站在盾牌前面，说盾牌是"金子做的"；另一个将军站在盾牌后面，说盾牌是"银子做的"；第三个将军站在盾牌侧面，说盾牌是"金子和银子做的"。

很显然，前两位将军的话是"片面的"，第三位将军的话是"全面的"，但只是相对于前两位将军来说是"全面的"。也许剖开盾牌，发现里面是块铁板，金和银是镀在外层的。那么，我们能不能从相对的全面出发，逐渐扩展，最后达到"彻底的全面"呢？也许理论上能讲得通，但实践上肯定是办不到的。这还是由思维对象的无穷多及其属性和变化的无穷多决定的。

思维无法达到"彻底的全面"，这一事实并不能让我们感到很悲观，因为我们本来就不需要它。盲目追寻"彻底的全面性"是完全没有必要的。庄子笔下的"庖丁"，把一只活生生的牛只看做一堆骨头和筋肉的组合体，只想着其中骨头缝的宽窄，这显然是片面的。庖丁不像农夫那样，了解牛能拉多重的车，一天吃多少料；庖丁也不像画家那样，了解牛在奔跑时的英姿，知道牛抵架时尾巴是夹着还是翘着。庖丁就是庖丁，他不想跟农夫和画家学习，以便对牛的认识更加全面；对于庖丁的实践目的来说，"目无全牛"就足够了。鲁迅也曾说过，在中国古代，对人体颈骨的结构研究最透彻的，不是医生（中医不重解剖），而是刽子手。

随着实践目的的改变，人们对事物认识的重点就从一个方面转到另一个方面。空调厂商经常说，"据科学家预言，地球将变得越来越热"；而电暖气商则说："据另一些科学家预言，地球将变得越来越冷。"双方都没有讲错，都选取了于自己有利的科学家预言。

全面性问题对于创意思维具有双重意义。有些时候，我们放开眼界，打破某一种片面性，就可以获得新创意；而在另一些时候，我们固守某一种片面性，沿着这个片面性"一条黑路走到底"，同样能够得到某种创意——正如有位哲人所说，"真理就是最偏的偏见"。

在现实生活中，达到相对全面性的方法之一，就是把不同人的观点和思路结合起来，从中找出创意的幼芽。因为每个人观察问题的角度、思考问题的方法以及对待某些问题的态度，都有自己的特殊之处，不可能与别人完全相同。听取别人的观点，就等于自己多了一种思考问题的角度、方法和态度，新奇的创意往往蕴含在新奇的角度之中。

本质与主流的凸现

尽管我们无法获得"纯粹客观",无法达到"彻底的全面",但是我们还有一种补救的办法,那就是抓住思维对象的本质和主流。

历史上有不少的哲学家,也把获得"永恒真理"的希望寄托在"本质和主流"的身上。他们认为,在思维和认识的过程中,只要抓住了某些重要的对象,抓住了一个对象的某些重要属性,也就抓住了整个对象的"本质"和"主流",就能够以简驭繁,"纲举目张"。舍掉某些无足轻重的对象,舍掉对象的某些无足轻重的属性,并不妨害我们对整个对象的把握,"永恒真理"仍然是可望又可及的东西。

从人们的实际思维进程来看,问题并非如此简单。

你的面前摆着啤酒瓶,一只普普通通的啤酒瓶。请想一想,它的"本质和主流"是什么?你想用这只瓶来装酱油,那么它的牢固、不渗漏、密封、不透光等属性就成了"本质和主流";你的儿子想用这只瓶来装蝴蝶,那么它的透气性、透光性就成了"本质和主流",不具备这两个属性的瓶子就意味着"本质"上不合格;你的朋友想把这个瓶子磕掉瓶底当做自卫武器,那么瓶子的硬度就上升为"本质和主流"的属性,而瓶子的透光之类的属性则成了无足轻重的"非本质"的"支流"问题。

你的面前放着一部《红楼梦》,就是曹雪芹和高鹗两人合著的《红楼梦》。请想一想,这部书的"本质和主流"(即主题思想)是什么?是一部"自然主义的自传"?是一部有伤风化的"诲淫之作"?是一部"反清排满"的"革命者的启蒙"?是一部宣扬儒释道"三教合一"的哲理书?是一部展示"封建社会衰亡"的历史教科书?还是一部兼容以上各项内容的"大杂烩"……

我们思考的各种对象和每一对象的各种属性，其本身是纷然杂陈、平起平坐的，无所谓"本质"或"非本质"，"主流"或"支流"，就像康德所说的"物自体"，是混沌一团的东西。

只是当它们进入头脑之后，在思维主体的实践目的、价值模式等思维手段的操作下，不同的对象和同一对象的不同属性才排列出主次轻重的顺序，它们的"本质和主流"方才凸现出来。

结果，在不同思维主体的不同实践目的、不同价值模式的操作下，同一对象的本质和主流就会显示出差异。在现实生活中，我们经常能见到两人在不停地争论：某事从"主流"上看是"好事"还是"坏事"，某人从"本质"上说是"好人"还是"坏人"，等等。在这一类争论中，有时有正误之分，有时则没有正误的问题，只是争论者各自的衡量尺度不同。

哈佛大学创意课指出，从创意角度来说，我们不应局限于对事物现有的"本质和主流"的认识，而应该挖掘出同一事物的新本质和新主流。

说到底，每一种具体的事物和观念都具有无穷多的属性，因而也具有无穷多的"本质和主流"。只要调整一下思维主体的各种操作手段，就能发现旧事物中未为人知的"本质和主流"，创意便由此而生。

这类创意事例俯拾皆是。比如，《西游记》这部书的"本质和主流"（主题思想）是什么？你一定知道，那是一部反映正义战胜邪恶的神话小说，还有其他说法吗？它的主题是不是反映了"儒释道合流"？还有比这更邪乎的看法：《西游记》是一部"密码书"！

第五课　揭示创意思维提升的途径

关于一个人创意思维能力的形成和发展，哈佛专家做过许多实验。根据实验的结果来，哈佛专家认为影响创意思维程度的主要有三大因素：一是先天赋予的能力，二是生活实践的影响，三是科学的思维训练。

天赋的创意能力

首先测试自己的创意精神，找到自己的弱项和不足之处，以便自己能够有针对性地进行创意训练。

（1）我喜欢试着对事情或问题作猜测，即使不一定都猜对也无所谓。

（2）我喜欢仔细观察我没有看过的东西，以了解详细的情形。

（3）我喜欢听变化多端和富有想象力的故事。

（4）画图时我喜欢临摹别人的作品。

（5）我喜欢利用旧报纸、旧日历及旧罐头等废物来做成各种好玩的东西。

（6）我喜欢幻想一些我想知道或想做的事。

（7）如果事情不能一次完成，我会继续尝试，直到成功为止。

（8）做功课时我喜欢参考各种不同的资料，以便得到多方面的了解。

（9）我喜欢用相同的方法做事情，不喜欢去找其他新的方法。

（10）我喜欢探究事情的真假。

（11）我喜欢做许多新鲜的事。

（12）我不喜欢交新朋友。

（13）我喜欢想一些不会在我身上发生的事情。

（14）我喜欢想象有一天能成为艺术家、音乐家或诗人。

（15）我会因为一些令人兴奋的念头而忘记了其他的事。

（16）我宁愿生活在太空站，也不喜欢住在地球上。

（17）我认为所有的问题都有固定的答案。

（18）我喜欢与众不同的事情。

（19）我常想要知道别人正在想什么。

（20）我喜欢故事或电视节目所展现的事。

（21）我喜欢和朋友一起，和他们分享我的想法。

（22）如果一本故事书的最后一页被撕掉了，我就自己编造一个故事，把结局补上去。

（23）我想做一些别人从没想过的事情。

（24）尝试新的游戏和活动，是一件有趣的事。

（25）我不喜欢太多的规则限制。

（26）我喜欢解决问题，即使没有正确的答案也没关系。

（27）有许多事情我都很想亲自去尝试。

（28）我喜欢唱没有人知道的新歌。

（29）我不喜欢在别人面前发表意见。

（30）当我读小说或看电视时，我喜欢把自己想成故事中的人物。

（31）我喜欢幻想2亿年前人类生活的情形。

（32）我常想自己编一首新歌。

（33）我喜欢翻箱倒柜，看看有些什么东西在里面。

（34）画图时，我很喜欢改变各种东西的颜色和形状。

（35）我不敢确定我对事情的看法都是对的。

（36）对于一件事情先猜猜看，然后再看是不是猜对了，这种方法很有趣。

（37）玩猜谜之类的游戏很有趣，因为我想要知道结果如何。

（38）我对机器有兴趣，也很想知道它里面是什么样子，以及它是怎样转动的。

（39）我喜欢可以拆开来的玩具。

（40）我喜欢想一些新点子，即使用不着也无所谓。

（41）一篇好的文章应该包含许多不同的意见或观点。

（42）为将来可能发生的问题找答案，是一件令人兴奋的事。

（43）我喜欢尝试新的事情，目的只是为了想知道会有什么结果。

（44）玩游戏时，我通常是有兴趣参加，而不在乎输赢。

（45）我喜欢想一些别人常常谈过的事情。

（46）当我看到一张陌生人的照片时，我喜欢去猜测他是怎么样的一个人。

（47）我喜欢翻阅书籍及杂志，但只想知道它的内容是什么。

（48）我不喜欢探寻事情发生的各种原因。

（49）我喜欢问一些别人没有想到的问题。

"天赋能力"绝不意味着不需要任何外界条件，它只是一种资质、一种倾向，一旦遇到合适的条件，"天赋能力"才能够充分地展现出来。"天赋能力"往往以潜在的方式存在，它主要来自于遗传以及早期胎儿的发育过程。万一缺少必要的现实条件，"天赋"再高的人也无能为力。

来自环境的影响

环境对创意的影响可比喻为一盆花。品种好的君子兰，在适宜的水土肥料等条件下，会长出又宽又厚的叶片；如果缺乏适宜的水土条件，它也会变得枯黄。反过来说，如果君子兰本身的品种不好，那么任你提供什么样的水土肥料也无济于事，它只能长出又薄又窄的叶片。

后天的实践活动对于个人思维能力是具有积极意义的。在社会现实中我们也经常能够看到，"见过世面"的人往往对问题的理解更为深刻，更容易接受新事物，处理问题的时候点子也特别多。

在美国的加利福尼亚州立大学，一个科学研究小组做了这样一个实验。实验人员把普通小白鼠分成两组，一组放在"贫乏环境"中，即放在空无一物的单调环境中；另一组则放在"丰富环境"中，其中摆满了各种各样小白鼠喜欢的玩物，如梯子、转轮、滑板、秋千之类的东西。经过一段时间的饲养之后，处于"丰富环境"的小白鼠在大脑皮层的重量和厚度等方面，比处于"贫乏环境"的小白鼠有明显的增加，其学习能力和对陌生环境的适应能力都有明显的提高。这证明，丰富的生活环境能够影响小白鼠大脑的结构和功能。

从广义上来说，后天的社会实践其实也是对思维的一种训练，但是这种训练是不自觉的，而且是不科学的，带有极大的盲目性和偶然性。在某些场合和某些时候，实践和经验能够起到开发头脑、增长智慧的作用，但是在另外一些场合和时候，实践和经验又会成为一种包袱，成为束缚头脑的枷锁。于是人们便希望找一种科学的头脑训练方法，既能够开发智力，又不会形成新的束缚，这正是"创意思维训练"课程所要解决的问题。

个性与创意思维

"天赋能力"和后天"丰富环境"对创意思维有着重大意义，也许有的朋友会因此而感到失望，认为自己既没有很高的"天赋"，也没有条件到各地去游历以便增长见识，那么进行思维训练还有多大的意义呢？看来自己愚笨的头脑是"无可救药"了。

其实大可不必灰心丧气，因为"天赋能力"到目前为止还缺乏准确的度量，而"丰富环境"也只是一个相对的概念，再单调的环境，自己也可以把它丰富起来。退一万步说，即使您的先天和后天两方面的条件都不如意，那更应该及早进行科学的思维训练，以求"堤外损失堤内补"，尽快提高自己的创意思维素质。不然的话，任其自然，岂不更糟？

社会学家高夫在研究人的个性与创意之间关系的时候，抽取了不同领域的12个样本，共有1701名被试者，他采用"形容词检查单"的方法来区分个人创意能力的强弱。最后高夫发现，有些形容词与个人的创意力成正相关的关系，而另一些形容词则呈现出负相关的关系。

与创意力成正相关的形容词是：有能力的、聪明的、有信心的、自我中心的、幽默的、个人主义的、不拘礼节的、有洞察力的、理智的、兴趣广泛的、有发明精神的、有独创性的、沉思的、随机应变的、自信、好色的、势利的等。而与创意力呈负相关的形容词是：易受别人影响的、谨慎的、平凡的、保守的、抱怨的、老实的、兴趣狭窄的、有礼貌的、忠诚的、顺从的、多疑的等。

这里所说的"形容词"，实际上是指人的个性品质。我们说某个人能够用哪些"形容词"来描述，也就是说他具有哪些品质与个性特征。从高夫所得出的结论可以看出，有助于创意能力的那些品质，有些属于天生的性格方面，有些显然是后天家庭和社会教育的结果。而其中大部分的品质，都是能够通过科学安排的训练来获得的。这也从另一个途径证明，一个人的创意思维能力是受到多方面的因素制约的。

创意思维能够训练

社会需要创意，创意来自思维，思维的能力有强有弱，那么创意思维是从哪里来的呢？我们知道有些人天生就很聪明，智力超人，比如李白或胡适。我们也听说过有的家庭经过努力，培养出创意能力很强的人，比如那位有名的逻辑学家密尔。显然，先天因素和后天因素同时影响着一个人的创意思维水平。

也许读者最关心的问题是，对于中等智力水平的人来说，通过科学的头脑训练，究竟能在多大程度上增强其创意思维能力？这的确是一个值得探讨的问题。

在某种程度上，循规蹈矩是大多数人的习惯，规矩的流行，使人自然而然地不去费神思考，而是随波逐流。长此以往，个性将被磨平，思维将会迟钝，自己的聪明智慧渐渐化作了斑驳的影子……本来应该是一颗熠熠发光的珍珠，结果却蒙上了一层又一层的尘埃，这难道不可悲吗？

所以，果敢地打碎陈旧的思维习惯，及时让你的创意放射出动人的光彩吧！下面介绍一下激发创意力的十种方法：

第一，确立你的目标。明确的目标是激发创意力的原动力。任何人的头脑中都充满着奇思妙想的胚芽，创意的关键不在于这些胚芽的多少，而在于如何让它们萌发；而树立目标是让这些胚芽萌发的前提条件。

第二，相信自己。激发创意力最大的绊脚石是认为自己缺乏创意力。很多人持有这种观念，他们以为创意力是不可企及之物，应该以敬畏之心看待发明家。但是，即使最伟大的创意点子，也并非无计可循、难以琢磨的。以电视游乐器发明人诺南·巴希奈为例，他的灵感即来自游戏与电视这两项最受人喜爱的东西，经他一结合，变成了价值5亿美元的点子。其实，这只不过是一个平凡的联想而已。

第三，灵感来临，随时记下来。当意识进入睡眠状态或沉浸在其他事情中时，潜意识仍会继续思索。诗人雪莱曾说："伟大的作家、诗人和艺术家，都曾经证实自己作品的灵感来自于潜意识。"

你可以尝试在灵感来时，放下手边的事，立即捕捉它。富有创意力的人都宣称，他们的灵感通常是在入睡之前，或者刚睡醒时产生的。事实上，他们所说的话是有科学依据的。创意力和脑波阀有关，而脑波阀控制着人熟睡前这段时间的意识知觉。

不妨将便纸条、录音笔放在床边，以便灵感来时能尽快记录下来。即使睡意正浓，也别懒于起身整理突如其来的构思，这样所得到的回报，将远远超过加班加点致使睡眠不足所获得的收获。

第四，敢于打破安于现状的束缚。创意，就是要敢于对现状不满，敢于质疑，敢于追求你更高的目标。

不妨以画画的方式，把问题"记"在纸上。画画和右半脑的活动有关，它能触发影像、观念及直觉；写字则和主控知识、数字、逻辑的左半脑息息相关。让思绪随着信手乱画而飞扬，画出你所想的问题，并从各种角度来描述它，进一步在脑中将它转变成动画。逐步习惯以视觉和脑部知觉来处理问题后，你会惊奇地发现，原来激发灵感是这么容易。

第五，创意是一项事业而不只是一项生意。在"知识经济"时代，每个人都应该把自己从事的工作当做一项事业，切实感受到自己为他人、为社会正在做出贡献，从而内心充满自豪感。正如伟大的奥地利心理学家维克多·弗兰克所说："成功就像幸福，是不可被追求的，它必须是一个人献身于一项比自身更伟大的事业时接踵而来的、非故意的副效应。"

第六，思考多种方案。平常我们多养成"只找一种答案"的习惯。很多商界人士只要发现一个解决问题的好方法，马上就会松口气，说："这个办法不错，我们就这么做。"但是更富创意的主管却会说:"方法是不错,不过再想想,看有没有其他更好的方法。"

找出各式各样的解决方法需靠不断的思考,一有难题,便将它记录在备忘录上,并写出所有你能想到的相关事件及解决方法,然后再向那些你认为可能会提供好建议的人询问解决之道.

第七,经常诘问自己。这种定期反省的方法,可以帮你确信自己的创意构思。问问自己:"不提出工作计划对我有什么好处?我非得在下属面前扮演指挥者的角色吗?"常常诘问自己,能使你更肯定(或矫正、或全然放弃)原先的构思。不论使用何种诘问的方法,你都在启开着新点子的大门。

第八,相信自己有可行之道。这种想法可以使你摆脱压力,让思潮自然涌现。如果遇到问题时,老是问自己:"我做得来吗?这点子行得通吗?"因担心做不好、做不成而畏缩不前,反而会阻碍创意力。坦然接受自己,相信自己采取的每种方法、每个步骤,能激发自己找到答案。

第九,组织"脑力激荡"小组。"脑力激荡"是一群人(最好5~8人),针对一个问题,各尽所能地提出任何可以想到的解决方案。组成这个小组的关键,在于必须暂时抛却批评争辩,不论别人提出多么离奇古怪的点子都要认同,使每位成员的思绪在完全无忧无虑的状态下,尽情发挥想象力。当大家的点子都掏空时,小组便可以就记录开始讨论了,但为了节省集体讨论的时间,必须先让每位成员把记录内容过目一遍,再进行辩论。

这个有趣而有效的方法,可以动员更多的脑袋来构思寻找解决之道。

最后,化创意为行动。所有的构思都必须付诸实践,才能真正具有价值。不要吝于将创意付诸行动。试试看哪些点子行得通,哪些行不通,然后你就会自己想象出点子,而且对这个世界很有帮助。肯定自己的创意能力,并付诸实践,你也能成为创意天才。

创意意识能够培养

创意意识是创意的基础,它是指人们根据社会发展的需要,引起创造以前不曾有的事物或思想的动机,并在创造中表现出自己的意向、愿望和设想。它是人们进行创造活动的出发点和内在动力,是创造性思维和创造力产生的前提。创意意识包括创造动机、创造兴趣、创造情感和创造意志。创造动机是创造性活动的动力因素,它能推动和激励人们发展和维持创造性活动;创造兴趣能促进创意活动的成功,是促进人们积极寻求新奇事物的一种心理倾向;创造情感是引起、推进乃至完成创造的心理因素,只有具备正确的创造情感才能创造成功;创造意志是在创造中克服困难、冲破阻碍的顽强毅力和不屈不挠的精神,使心理因素具有目的性、顽强性和克制性。

创意意识是创造型人才所必须具备的,培养创造型人才的起点是创意意识的培养和开发。要求我们具有创意意识,实际上是要我们改变传统的思维方式,改变传统的提出问题、思考问题的方式。在这个多变的时代,如果做不到这一点,即便拥有了最新的知识也有可能在激烈的竞争中被淘汰。不是有句话吗,"今天你如果不生活在未来,那么明天你将生活在过去。"这绝不是危言耸听,在新的时代,由于新旧事物更替速度倍增,我们的思维方式也必须顺应形势的需要,对各种事物多用异样的眼光去审视,多从不同的角度去观察。

爱因斯坦曾经分析创造的机制是:由于知识的继承性,在每个人的头脑里都容易形成一个比较固定的概念世界,而当某一经验与这一概念世界发生冲突时,惊奇就会产生,问题也开始出现。而人们摆脱"惊奇"和消除疑问的愿望便构成了创意的最初冲动,因此,"提出问题"是创意的前提。而恰恰是这个"提出问题"的环节对我们来说可能非常困难。也许你认为个人的观念带有很强的主观性，容易随各种环境、形势、条件等的变化而变化，但实际上并非如此。相反的是，一旦某种观念在我们的头脑中形成，要改变甚至放弃这种观念将是异常艰难的，但是我们又必须克服这种困难。因此在未来的时代，新事物、新观点、新概念的出现是如此之多又是如此之快，我们几乎每时每刻都受到"更新"的剧烈冲击。我们要接受别人的更新，就必须更新自己旧有的东西；我们要挑战、要竞争、要胜利，就更需要更新自己旧的东西和属于他人的东西。如何更新？关键是要学会与众不同。

诺贝尔物理奖获得者朱棣文在接受《中国青年报》记者采访时曾说过这样一句话："科学的最高目标是要不断地发现新的东西，因此，要想在科学上取得成功，最重要的一点就是要学会用与别人不同的方式、别人忽略的方式来思考问题。"对于我们每个人来说，无论是想在科学上还是想在任何一个领域、任何一项事业中获得成功，都必须学会用与别人不同的方式来思考问题，学会用别人忽略的方式来思考问题。而这首先要求我们要有一种创意的意识。意识是起点，是内在动力。著名的苹果电脑公司为什么会从极度的辉煌中跌落呢？虽然这其中有各个方面的、多层次的原因，但是没有创意的意识恐怕是重要原因之一。

另一个类似的例子同样出现在电脑业，美国的国际商用机器公司（IBM）早些时候为了保护好其所建立的电脑王国，奋战、周旋于DOS系统的个人电脑、开放式作业系统以及主从式的电脑结构之间。但他们的目标不是去淘汰，也不是去创意，而是去保存，并且反对他人更新的产品。他们不愿意报废、改进、完善自己的产品，结果他们的竞争者替他们做了这件事，而且，整个结果已在商场上毫不留情地展示了出来。那些著名的产品之所以在更新换代如此频繁、竞争异常激烈的市场中屹立不倒，就在于其领导者有不断创意的意识，他们明白自己今天的畅销品实际上正是明天的淘汰品，因此，他们才有创意的动力。

创意意识的形成不是一蹴而就的，它需要我们长期培养。按著名经济学家熊彼特的说法，创意的核心含义是"引入新要素""实现新组合"。他认为创意要求向原有的框架中引入新要素，因而必然包含着对旧有要素的"创造性破坏"。这对于我们开发和培养创意意识是有启迪的。我们在接触一个事物、思考一个问题的时候，要养成敢于打破常规的习惯，从别人认为是荒诞的、离奇的、不可思议的角度出发想问题，大胆引进新的东西。另有人指出：观念的创意实际上是"旧的成分的组合"。这也提醒我们在思考问题的时候可以大胆地进行组合、激发出新的设想。只要我们有意识地按照上述的办法来锻炼自己从多角度、多维度、多种类思考问题的能力，创意意识就会逐渐地扎根于我们的头脑之中，我们也会自觉不自觉地以创意的眼光安排、设计我们的一切。

中 篇 突破思维定势,
启动创意潜能的引擎

拆掉思维的墙

思维定势是指当人们思考问题时，总会存在一种思维的惯性，会习惯地根据自己已有的知识，按照一种固定的思路去考虑问题。这种习惯性的思维程序使得人们一面对问题就会按照熟悉的方向和路径去思考，从而找出解决问题的办法。

这种思维定势对于人们解决一般的问题，可以起到"轻车熟路"的积极作用，使人们熟练地解决问题。但是，当人们需要开创性的解决问题时，思维定势往往会成为一种障碍和束缚。它将人们局限在某种固定的思维模式内，打不开思路；不能形成创意的新观念、新意识。

我们在思考问题时，往往由于思维定势的作用而影响到我们对事物的正确判断。因此，必须警惕和摆脱思维定势的负面作用。当我们的思考陷入困境、无法进展时，就有必要检查一下是否被定势思维捆住了手脚，并努力想办法跳出这个思维定势的怪圈子。

有一次，邻居盗走了华盛顿的马。华盛顿和警察一起在邻居的农场里找到了马，可是邻居一口咬定这匹马是自己的。华盛顿想了一下，用双手将马的双眼捂住说："既然这是你的马，那么你说它哪只眼睛是瞎的？""右眼。"邻居说。华盛顿把手从马的右眼拿开，马的右眼光彩照人。"啊，我弄错了，"邻居纠正说，"是左眼！"华盛顿把左手也移开，马的左眼也是亮闪闪的。邻居的谎言为什么会被识破？这是因为华盛顿利用思维定式的原理，先使邻居在心理上认定马的眼睛有一只是瞎的，这在心理学上被称作"沉锚效应"。邻居受一句"它的哪只眼睛是瞎的"暗示，认定了"马有一只眼睛是瞎的"，所以，他猜来猜去，就是没有想到马的眼睛根本没有瞎，使自己的谎言不攻自破。

思维定势是人对刺激情境以某种习惯方式做出的反应。在遇到新问题时，思维定势不利于创意思考；在创意思维时，也会成为一种障碍。因为思维定势是处理问题的自动程序系统，具有很强的形式结构化特征和惯性特征。一旦落入到思维定势中，思维就会不自觉地沿着固定的模式运行，并且很难改变。思维定势可以阻碍我们思路的打开，容易使思路进入岔道，想不到那个本应该想到的问题，或者找不到正确的答案。

有些问题，从常理看来，似乎有些摸不着头脑，不知如何解决才好，但是如果你不受思维定势的影响，可以发现解答起来并不困难。

如今我们处在竞争日益激烈的知识经济时代，科学技术发展的速度越来越快，新的科技知识和信息迅猛增加。要想在竞争激烈的环境中赢得一席之地，就要使自己有竞争力，而具有创意的能力无疑会给你带来更大的自身优势。哈佛大学创意课强调，要想创意，就要从传统的思维定势中走出来，培养创意思维，不断地提出解决问题的新思路、新观念。

激发思维潜能

哈佛大学创意课指明，创意思维是人类特有的高级思维活动，是成为各种出类拔萃人才必须具备的条件。即使遗失了与生俱来的创意思维，我们也可以通过运用心理学上的自我调节，有意识地在各个方面认真思考和勤奋练习，重新将创新思维找回来。

卓别林说过："和拉提琴或弹钢琴相似，思考也是需要每天练习的。"那么，如何激发我们的思维潜能呢？

第一，张开想象的翅膀。著名的科学家爱因斯坦曾经说过："想象力比知识更重要，因为知识是有限的，而想象力概括着世界的一切，推动着进步，并且是知识进化的源泉。"

他之所以能研究出"狭义相对论"，得益于他在孩童时期便常常幻想自己同光线赛跑。而世界上第一架飞机也来自人们想要像鸟类一样飞翔的梦想。幻想是创造性想象的一种特殊形式，适当的幻想能够引导人们发现新事物，做出新努力、新探索和创造性的劳动。

想象力是人类运用储存在大脑中的信息进行综合分析、推断和设想的思维能力。大部分人终其一生只运用了大脑想象区的大约15%的空间，开发这个空间应该从想象开始。

第二，培养发散性思维。发散性思维的含义是指一个问题假如存在不止一种答案，就要通过思维向外发散，找出更多更妥帖的创造性答案。

"涉猎多方面的学问可以开阔思路……对世界或人类社会的事物形象掌握得越多，越有助于抽象思维。"1979年，诺贝尔物理学奖金获得者、美国科学家格拉肖这样启发我们。

当我们思考砖头有多少用途的时候，充分运用发散性思维可以给出很多的答案：建筑房屋、铺路、刹住停靠在斜坡的车辆、砸东西、压纸、垫高、防卫的武器……这就是发散性思维的力量！

第三，发展直觉思维。直觉思维是指不经思考分析的顿悟，是创造性思维活跃的表现之一。在学习过程中，直觉思维可能表现在许多方面，比如大胆的猜测、急中生智的回答，或者新奇的想法和方案等。在发现和解决问题的过程中，我们要及时留住这些突然闯入的来客，努力发展自己的直觉思维。

达尔文在观察植物幼苗生长的过程中，发现幼苗顶端向太阳照射的方向弯曲，推测出可能是由于其顶端含有某种物质，在光照的作用下，转向背光一侧。后来，在达尔文研究的基础上，科学家作了反复研究，才找到这种物质——生长素。

希腊王叫阿基米德想出一个办法检测王冠是否为纯金的，阿基米德冥思苦想好几天。在洗澡时，阿基米德突然发现，他所排出的水在体积上与他的身体相等，灵光一闪，顿悟了王冠的测量方法。

第四，培养思维的独创性、灵活性和流畅性。创造力建立在广博的知识基础上，包括三个因素：独创性、灵活性和流畅性。

对刺激作出不同寻常的反应是思维的独创性，能流畅地做出反应的能力是流畅性，而灵活性是指随机应变的能力。

20世纪60年代，美国心理学家曾经对大学生进行自由联想与迅速反应训练，要大学生针对迅速抛出的观念做出最快的反应。速度越快，讲得越多，表示流畅性越高。这种疾风骤雨式的训练，非常有益于促进创造性思维的发展。

第五，培养强烈的求知欲。人类对自然界和自身存在的惊奇是哲学的起源。

古希腊哲学家柏拉图和亚里士多德认为，当人们对某一问题具有追根究底的探索欲望时，积极的创造性思维便会由此萌发。精神上的需求是产生求知欲的基础，我们要有意识地设置难题或者探索前人遗留的未解之谜，激发自己创造性学习的欲望，把强烈的求知欲望转移到工作、事业和生活中去，不断探索，使它永远保持旺盛。只有这样，才能使自己在学习过程中积极主动地求索，进而探索未知的新境界、新知识，创造前所未有的新成就。

第六课　不守旧——突破传统思维定势

我们的头脑在对外界对象进行选取、抽象和截取的时候，总是要通过一定的外部环境才能完成。

对于个人来说，创意思维的运行需要某种良好的外部环境。你肯定有这样的体会，在某种环境里，头脑特别灵光，新观念、新办法层出不穷；而在另外一些场合，则头脑麻木，或者心乱如麻理不出头绪，有"江郎才尽"的感觉。所以每个人都应该选择并把握住自己的最佳思维环境。

中外历史上的许多思想家和发明家，常有适合于他本人的独特的思维环境，有些环境在我们普通人看起来简直无法忍受，而他们却如鱼得水，乐在其中，独特的环境成了他们伟大观念和伟大作品的催化剂。

有的学者喜欢在寒冷的地方思考，比如古希腊的哲学家苏格拉底经常站在冰天雪地里思索哲学问题；有的学者则喜欢在温暖的房间内思考，比如法国学者笛卡尔一定要在烧着壁炉的房间内裹着被子沉思。还有更为奇特的思维环境，像德国学者席勒，他喜欢在写字台上摆满腐烂的苹果，据说那种"美妙的气味"有助于激发他的灵感。而文学家普鲁斯特的书房里则摆着一排软木塞，每当找不出恰当词汇的时候，他就盯着那排木塞出神。音乐家莫扎特喜欢一边做体操一边构思旋律。词典编纂家约翰逊博士在写作的时候，身边常陪伴着一只喵喵叫的花猫。还有人说，著名哲学家康德在写作《纯粹理性批判》这本划时代巨著的时候，习惯于站立在窗前，眺望远处的一座古塔。当他凝神远望的时候，头脑中便飞扬起一连串抽象范畴的联结、贯通与融合。后来，窗外有几棵树长大了，枝叶遮住了古塔，这使得康德心乱如麻，十分不自在。当地市政府为了支持哲学家的工作，便派人把那几棵树砍掉了。

对于以上的传闻，读者不必太认真，因为人们对于成名人物总想搜出些奇闻轶事，以显示名人的与众不同。

不过，外部环境能够影响创意思维的数量和质量，这一点是毫无疑问的。至于每个人喜欢在何种环境下思考，那要经过个人的摸索和实践才能知道，而不可能有一个统一的标准。

有兴趣的读者可以在多种环境中试验一下，看看哪种环境或者哪种物体能够最有效地刺激自己的头脑，使之源源不断地产生新创意。

利用外物激发创意固然是个好办法，但是话又得说回来，如果过分依赖外部环境，离开了特定的环境就心乱如麻，这也是不好的习惯，是心理适应性太差的表现。良好的思维习惯应该是，在各种外部环境中都能进行有效的创意思考，都能利用身边的各种物体作为良性刺激物，激发头脑产生创意。听说毛泽东在长沙上学的时候，经常在戏院、闹市等嘈杂的环境里读书和思考，有意识地训练自己的头脑，增强其抗干扰的能力。

跳出传统的守旧观念

"创意"这个词，也许是近年来使用频率最高的词，翻开报刊，打开电视，网上漫游，听朋友聊天……举国上下都在"创意"。然而，口头上的"创意"距离实践上的创意还有相当长的路要走，因为任何创意都需要一个良好的社会环境，而我们长期生活在一种僵化的体制下，头脑中充斥着各式各样的守旧观念。比如：

（1）无创意欲望，得过且过，当一天和尚撞一天钟。

（2）认为现有产品和技术已完善，不需再创意。

（3）迷信权威和传统，不敢提出挑战。

（4）怕失败，视失败为耻，怕别人嘲笑。

（5）怕被说是出风头、搞特殊、别有用心。

（6）习惯于按老规矩或老习惯办事。

（7）不愿离开自己的专业，不愿学其他专业来为自己的专业服务。

（8）只愿跟着别人干，不愿自己创意。

（9）办一切事都按书本或规定的方法进行。

（10）思考问题时纵向深入多，横向扩展少；正向思维多，逆向思维少。

此外，还有逻辑思维、分析判断多，想象和直觉引发少等。有一位创意学家曾经说：一个人运用创意思维的次数，与运用后受到奖励的次数成正比；与运用后受到惩罚的次数成反比。在某种社会条件下，人们习惯于鼓励和奖赏创意思维；而在另外一些社会条件下，人们则习惯于压制并惩罚创意思维。因此，同样是人类的头脑，有时候有的人创意如涌泉，而另一些时候另一些人则僵呆像木瓜。由此可见，创意思维并不仅仅是一个人的头脑行为，还要受到外在社会条件的制约。

传统的守旧观念来自传统社会。"传统"是与"现代化"相对而言的，是指现代化之前的历史发展阶段。其基本特征是：以农业为主、以手工操作为主、信息闭塞、缺乏交流、不存在世界市场。在传统社会中，整个社会自上而下形成一个稳固的金字塔，社会主体是单一的而不是多元的，所以极少发生横向之间的竞争。没有竞争，当然就不需要创意，人们已经习惯于依照"老规矩"办事。

在计划经济体制下也是这种情况。那时的创意思维是属于极少数"天才人物"的特权，他们站在社会的金字塔尖上发号施令，而绝大多数的普通民众并不需要创意型的思维，只需要自上而下地"理解"、"传达"并"执行"就可以了；并且"理解的要执行，不理解的也要执行，在执行中加深理解"。

传统社会对于某些人的独立思考和创意精神是极端仇视的，因为创意将会破坏传统观念，导致社会的不稳定。所以，布鲁诺因为坚持"地球绕着太阳转"的新学说而被烧死在罗马的鲜花广场；连津浦铁路在刚修建时也被拆了好多次，因为守旧的人们把火车头当成"怪物"，担心这个"怪物"会破坏本地积存数千年的好"风水"。

直至今日，在社会生活的各方面，依然存在着许多扼杀创意的态度，这种态度正是传统守旧观念的流毒。请想一想自己，你对新事物、新观念和新方案是否有如下的一些想法：

（1）我们从来没这样做过呀！

（2）这改变太激进了！

（3）有别人试过这做法吗？

（4）成本太高了吧！

（5）这不是我们的职责！

（6）我们以前就做过啦！

（7）我们没有时间！

（8）我们规模太小做不来。

（9）这样其他的设备就会闲置下来。

（10）你别开玩笑了！

（11）我们的竞争对手这样做吗？

（12）我们回到现实来吧！

（13）这才不是我们的问题呢！

（14）为什么要改？以前运作得还是不错的。

（15）你超前时代十年。

（16）我们还没准备好做这样的事情。

（17）我们没有这个也做得很好啊！

（18）老狗学不来新把戏。

（19）领导绝对不会赞成的！

（20）我们会变成别人的笑柄。

这就是传统社会的价值观，在这种价值观的指导下，人们感到一切变动都不必要，一切新事物都是坏的。在那样的社会条件下，正如鲁迅所说，搬动一张桌子都要付出血的代价。

在传统社会走向现代化社会的过程中，甚至到现代化完全实现之后，传统的文化意识和价值观念依然存在，并且继续对人们的创意思维过程产生着消极影响。

在教育方面，传统文化的影响似乎更为明显。有位西方教育学家认为，一般情况下，小孩子的头脑中总是盘旋着许多莫名其妙的新想法，而成人们总惯于认为这些想法荒唐可笑、不屑一顾。每当小孩内心一阵冲动，站起来想发表自己的看法时，他常常会招来一顿训斥："坐下！别插嘴！"成人们也许没有想到，一个颇有天分的未来发明家就在这样的训斥声中被扼杀了。

这种情况在我们中国更为普遍，相对于西方现代化国家来说，我们的传统文化提倡求稳意识，而轻视风险精神。一般情况下，任何创意总要承担一定的风险，它使你有可能犯错误，有可能失败，有可能受到亲朋好友或者竞争对手的嘲笑，甚至有可能遭受重大的经济损失。即便是一个小小的创意，也有可能让你在众人面前丢脸。面对这些风险，你还有多少创意的勇气？

成败在于观念的改变

人在潜意识里，思维容易受到传统观念的支配，这就是创意的思维障碍。要冲破这种障碍，就必须自觉地对根深蒂固的思想进行反思，勇于怀疑、批判别人和自己，这是创意的必要条件。如果一个人陷于保守之中，因为害怕碰壁而不敢踩过传统的红线，就会永远被传统挡在创意的门外。

某公司招聘职员，有一道试题是这样的：

一个狂风暴雨的晚上，你开车经过一个车站，发现有三个人正苦苦地等待公交车的到来：第一个是看上去濒临死亡的老妇，第二个是曾经挽救过你生命的医生，第三个是你的梦中情人。你的汽车只能容得下一位乘客，你选择谁？

每个人的回答都有他的理由：选择老妇，是因为她很快就会死去，我们应该挽救她的生命；选择医生，是因为他曾经救过你的命，现在是你报答他的最好机会；选择梦中情人，是因为如果错过这个机会，也许就永远找不回她（他）了。

在200个候选人中，最后获聘的一位答案是什么呢？"我把车钥匙交给医生，让他赶紧把老妇送往医院；而我则留下来，陪着我心爱的人一起等候公交车的到来。"

我们常常会被"非此即彼"的思维模式所限，自己"从车上下来"，抛开思维的固有模式，我们可以获得更多。

法国著名女高音歌唱家玛·迪梅普莱有一个美丽的私人园林。每到周末，总会有人到她的园林摘花，拾蘑菇，有的甚至搭起帐篷，在草地上野营，弄得园林一片狼藉，肮脏不堪。

管家曾让人在园林四周围上篱笆，并竖起"私人园林禁止入内"的木牌，但均无济于事，园林依然不断遭践踏、破坏。于是，管家只得向主人请示。迪梅普莱听了管家的汇报后，让管家做一些大牌子立在各个路口，上面醒目地写明：如果在林中被毒蛇咬伤，最近的医院距此15公里，驾车约半小时即可到达。从此，再也没有人闯入她的园林。

"私人园林禁止入内"和"如果在林中被毒蛇咬伤……"有什么不同——有时成败只在于一个观念的转变。

作家毛姆成名之前，生活清苦。为求文章有价，有一次写完一部小说后，毛姆在报纸上刊登了这样一份征婚启事："本人喜欢音乐和运动,是个年轻又有教养的百万富翁,希望能和毛姆小说中女主角完全一样的女性结婚。"几天之后,毛姆的小说被抢购一空。

应当说,毛姆开了现代畅销书炒作的先河。只不过,今天的这些文人炒作手法比毛姆要差远了。

你穿过牛仔裤吧,可你知道牛仔裤的来历吗?

在美国西部,一个乡下青年要去参加斗牛赛,可他穷得除了一条破裤子,再也没得换了。事先,他曾想借一条裤子,可朋友们说,他要去参加斗牛赛,回来时,好裤子可能又成了破裤子。于是,谁都不肯借给他。

青年只好穿着露了膝盖的破裤子到了赛场。没想到,他竟奇迹般地得了第一。他上台领奖时,破裤子使他很难为情。台下十几名摄影记者却不管不顾地为他拍照,他简直无地自容。

谁想,他的相片被登在报上后,他的破牛仔裤竟然成了当时许多年轻人效仿的款式。几天之后,大街小巷到处都是穿着破裤子的青年。这一景象一直流传到今天。

在这个个性缺失、模仿成风的年代,所有的人都能弄一条破裤子穿在身上,可英雄的胆略、智者的智慧、成功者的思维,他们都能继承吗?

"山重水复疑无路,柳暗花明又一村",变换思维模式和审视问题的方法就会发现惊喜。对我们自身思想和思维的反思常常是我们思维的死角。

法国著名科学家法伯发现了一种很有趣的虫子,这种虫子都有一种"跟随者"的习性,它们外出觅食或者玩耍,都会跟随在另一只同类的后面,而从来不会换一种思维方式,另寻出路。发现这种虫子后,法伯做了一个实验,他花费了很长时间捉了许多这种虫子,然后把它们一只只首尾相连,放在了一个花盆周围,在离花盆不远处放置了一些这种虫子很爱吃的食物。一个小时之后,法伯前去观察,发现虫子一只只不知疲倦地在围绕着花盆转圈。一天之后,法伯再去观察,发现虫子们仍然在一只紧接一只地围绕着花盆疲于奔命。七天之后,法伯去看,发现所有的虫子已经一只只首尾相连地累死在了花盆周围。

后来，法伯在他的实验笔记中写道：这些虫子死不足惜，但如果它们中的一只能够越出雷池半步，换一种思维方式，就能找到自己喜欢吃的食物，命运也会迥然不同，最起码不会饿死在离食物不远的地方。

其实，该换一种思维方式生存的不仅仅是虫子，还有比它们高级得多的人类！

一个非常著名的公司要招聘一名业务经理，丰厚的薪水和各项福利待遇吸引了数百名求职者前来应聘，经过一番初试和复试，剩下了10名求职者。主考官对这10名求职者说："你们回去好好准备一下，一个星期之后，本公司的总裁将亲自面试你们。"一个星期之后，10名做了准备的求职者如约而至。结果，一名其貌不扬的求职者被留用下来，总裁问这名求职者："知道你为什么会被留用吗？"这名求职者老实地回答："不清楚。"总裁说："其实，你不是这10名求职者中最优秀的。他们做了充分的准备，比如时髦的服装、娴熟的面试技巧，但都不像你所做的准备这样务实。你用了一种超常规的方式，对本公司产品的市场情况及别家公司同类产品的情况作了深入的调查与分析，并提交了一份市场调查报告。你没被本公司聘用之前，就做了这么多工作，不用你又用谁呢？"

世上的事情有时就这么简单得让人难以置信：如果你墨守成规，等待你的只有失败；相反，如果你稍微动一下脑筋，对传统的思维方式进行一番创意，就能获得成功。比如，那种具有"跟随者"习性的虫子，为什么就不能动动脑筋，对自己固有的习性进行一下创意——不跟在别人身后漫无目的地奔跑，而像那个其貌不扬的求职者一样换一种思维方式呢？

创意思维，就是将不合时宜的思维方法去除，从而让人们在生活和工作中，能反观自己的思维，能根据客观现实，随时调整改变自己的思维方式。

假如我们仅仅局限于常规思维，路子不仅越走越窄，甚至还会走入死胡同。而打破思维惯性，换个角度思考，尝试多角度、多层面的思考方式和审视方法，往往就会有意想不到的收获。

有时候，所有人都去做的事情不一定就是最有发展前景的事情，更不一定是最适合你的事情，而另辟蹊径，寻找自己的强项和优势，寻找别人看不见的解决问题的方法，才可能使自己始终立于不败之地。

创意是人类大脑的一种特殊机能，每个人都有创意的天赋，但是人们的这种天赋常常难以发挥其应有的作用，这是因为创意思维受到了阻碍。

哈佛大学创意课指明，如果想去除阻碍，就必须要克服胆怯，增加批判意识，有效运用创意思维。要积累知识、独立思考、突破束缚、学会联想、捕捉直觉和灵感、挖掘创意的潜能。

多角度地去认识事物

人们头脑中传统的思维定势会使人们总是按照一种熟悉的途径和方式认识事物、思考问题，因此思维定势往往会使人们从某一固定的角度去认识事物，而忽视了认识事物的其他的角度。为了避免思维定势在人们思维过程中的消极作用，我们应该增加自己的思维视角，学会从多种不同的角度来认识事物、分析问题。

"横看成岭侧成峰，远近高低各不同。"这句诗就很形象地说明了事物自身是具有不同的侧面的，从不同的角度去认识事物，就可能给我们以不同的认识。比如，同样是面对珍珠这种东西，不同的人会有不同的认识：在生物学家看来，珍珠是一种由贝壳动物所产生的分泌物；在化学家看来，珍珠是一种由磷酸盐和磷酸钙相混合而产生的有胶质的物质；而在女人看来，珍珠是一种漂亮的饰品。可见，对待同样的客观事物，由于人们认识角度的不同，所获得的认识就会有差异，这种差异有可能会有正确错误之分，但很多情况下，是无所谓正确和错误的，所以我们不要把视角总是停留在事物的某一方面，应该试着从多种角度来观察事物。在此过程中，你可能就会有以前从未察觉到的意外发现，从而给你带来创意性的灵感。

再者，世界上的万物都不是孤立存在的，他们作为普遍联系世界的一部分，与周围的事物总是有着千丝万缕的联系，所以我们在认识事物时，不能把视线只放到注意你所要认识的事物上，也要注意与此事物相关的其他事物，必要的时候可以从其他事物中找到问题的切入点。生活在地球上的人们，每天都看到太阳东升西落，所以，远在古代人们就凭感觉直观地形成了"地球中心说"。在近代以前，人们认为这种认识是同自己的经验相吻合的，因此十分虔诚地信奉这种学说。哥白尼在长期的天文观察中，他所看到的观察对象及现象与一般人是没有区别的，然而他并未就此止步。他借鉴前人关于地球绕日公转的猜想，转换了看待问题的视角，设想自己是从恒星上来观察地球和其他天体。他运用运动的相对性原理，比"地球中心说"更合理地解释了天体的运动和地球上自然现象的周期性变化，从而为具有划时代意义的"太阳中心说"的提出扫除了观念上的障碍。

又如，为了察看汽车发动机运动部件的磨损情况，通常的办法是先拆卸发动机，然后对零部件的磨损部位进行直接观察和用量具进行测量，根据发现磨损部位和磨损量来确定维修方式。这种方法费时费力，而且需要停车拆卸后才能实施。那么能不能发明一种不需拆卸机器就可发现零部件磨损程度的方法呢？于是有人借鉴人体验血看病的原理，提出了"验油测磨损"的新技术，即先从发动机油底壳中取出少量机油，然后通过铁谱分析技术或光谱分析技术，观察机油中金属微粒的变化情况，进而间接发现磨损的程度。这种新方法由于不需拆卸机器，所以具有快速、高效、低耗的优点，因此引起人们的广泛重视。在工业生产中，越来越广泛应用的无损检测技术，也闪烁着改变转换角度分析问题的智慧之光。

所以，在实践中，我们首先要了解什么是传统视角或常规视角，然后在此基础上进行观察基点位置的改变或观察方式的改变。

一般来说，改变观察位置比较容易，但从不同视野中领悟出新的创意则不容易。这实际上就是一种通过把注意力引向外部其他相关联的领域和事物，从而受到启示，找到超出限定条件之外的新思路，进而使问题得以顺利解决的方法。

哈佛大学创意课指出，通过从多种不同的角度来观察事物的方方面面，有利于我们更好的认识事物的本质，从而找到解决问题的突破口。

标新立异，独辟蹊径

心理学家的研究表明，一个人的创意能力与他的思维能力成正相关关系，一个人的思维能力越强，则他的创意力就会越强。而创意思维不受已有的思维定势和已有条条框框的限制，因此通过运用创意思维，我们能够独辟蹊径，从完全崭新的角度来认识事物和分析问题，从而达到"柳暗花明"的效果。路总是人一步一步走出来的，每个人都应该学会走路，而且要学会走自己的路。在创意过程中，如果只固守一种方法、一种思路不改变的话，有时候很可能走进死胡同，找不出解决问题的办法。所以我们要善于迂回思考，对待问题既可以从正面去思考也可以从反面去思考，或者将二者结合起来去进行思考。只有这样，思路才会更开阔，头脑才会更灵活，才可能产生更多的新想法新观点。俗话说，条条大路通罗马。说的也是这个意思。诺贝尔物理奖获得者艾伯特·詹奥吉曾经指出："创意就是和别人看同样的东西却能想出不同的事情。"培养创意精神，实质上就是鼓励与支持人们树立敢于破除迷信权威和经验的思想以及敢于打破成规的雄心壮志。

据说，吴道子刚开始学画时，拜一位普通的画匠为师，这位老画匠对他循循善诱，毫无保留地将自己全部画技传授给了吴道子。当他发现弟子的画技已经超过了自己时，就胸怀坦荡地让吴道子另择明师，继续学习。而且，他用自己一生总结的经验教训，教育弟子要想取得突出的成就，必须勇于打破常规，去走前人所没有走过的路。当吴道子拜别师父出外求学时，老画匠对他意味深长地说：如今你的画技，已经在师父之上，凭你这身本领，自然可以出去闯荡了。但是一定要记住：要想取得事业的成功，必须'不拘成法，另辟蹊径'。"

吴道子在离开老师以后，始终遵循师父的"不拘成法，另辟蹊径"的教诲，首先在学习上打破已有的框框，他勇于从传统学画的老路中走了出来，不是拜画家为师，而是拜书法家张旭为师，进行创意学习。张旭是唐代著名的狂草书法大师，他一向以不拘一格、敢于创意的精神而为人称道，人们颂扬他为"狂"，也正是对他的创意精神的一种肯定。吴道子跟张旭学习书法，一方面从他笔走龙蛇的草书艺术中吸取营养，另一方面也学习张旭的创意精神。经过刻苦努力，终于做到了将书法绘画融为一体，并首创了"兰叶描"技法，当他完成了这段学习任务，准备拜离张旭时，对张旭讲了自己的心里话。他说："弟子本习丹青绘画，可惜现今画坛技法俱已陈旧。弟子志在创意。幸得偶见恩师书法，笔走龙蛇，大气磅礴，猛悟得若能以书法绘画，便可一改前代画风，于是拜在恩师门下。现在弟子就此告辞，还要去云游山川、庙宇，再创山水画技！"吴道子的大胆创意精神使得富有创意精神的张旭也为之叹服。他也承认："绝顶聪颖绝顶狂，天生道子世无双！"

此后，吴道子在蒙师"不拘成法，另辟蹊径"的指引下，游遍了祖国壮丽河山，师法自然。他从丰富多彩的大自然中受到启发和陶冶，创意出不用勾勒放笔挥洒的"泼墨写意山水画"，终于成为中国美术史上具有开创精神的著名画家。

吴道子是我国著名的画家，正是因为他有这种"不拘成法，另辟蹊径"的独创精神，才有了那幅千年闻名的画作——《天王送子图》。

哈佛大学创意课告诉我们，盲目从众、人云亦云的人是不可能有创意品质的。只有敢于标新立异、善于独辟蹊径、爱好独树一帜者才会有独立的思想和独到的见解。独立性是创意者的必备品质。

第七课　不教条——突破书本思维定势

尽信书不如无书

哈佛大学创意课指出，学知识是一件好事，但如果不结合实际情况加以运用，这样的知识是僵化的，我们的大脑就成了存贮的仓库，而不是创意的源泉。这就如同一潭水，如果水不流动起来，只能成为死水；而如果经常注入新鲜的水，并且经常流动才是我们思维的活水源头。狭隘的知识结构通常会限制问题的解决。

我们现在许多大学毕业的学生，他们在学校里已学到了许多前人传授的知识并以此来解决问题，到工作岗位后，他们还是习惯于从教科书中找现成的答案，不去考虑其他或许更有创意的方法。他们不知教科书上介绍的只是旧有的知识，创意的方法或答案在那里是找不到的。因此这样的毕业生往往是拿问题去套解决方法，这样做的结果也只能是劳而无功。

思维能力强的人善于管理自己大脑吸收的各种信息。我们处在一个信息社会，知识爆炸，信息满天飞，但是切不可被大量无用的信息占据头脑，而失去积极思考的能力。只会吸收知识而无处理能力的人也只能是一个"书橱"，难以创意出新的东西来，要学会过滤所学的知识。

爱因斯坦就很会利用自己的大脑。当有人问他一些数学书上常见的公式或定理时，他却说在工具书上就能查到的，我为什么要记住。

占据他头脑的是如何利用这些现成的知识去创意新的学说。

一般情况下，人们遇到重要或疑难的问题时，脑袋里被一些没创意的信息填得满满的，这时大脑机能也变得不太灵活了。

原来我们认为平行线不相交，这是中学生都明白的道理。但是有些数学家却怀疑这不是一条独立的公理，而是由其他公理推论出来的。于是采用"归谬法"来论证，先假定平行线是相交的，看这个"错误"的命题会引出什么荒谬的结论。不料以此推论，产生出一个崭新的几何系统——非欧几何，并在近代数学中发挥了重要的作用。所以，我们不要迷信已有的知识，某些特殊情况下，要敢于标新立异，这样才能有所成就。法国科学家贝尔纳说过："构成我们学习的最大阻碍是已知的东西，而不是未知的东西。"说明我们已有的知识会阻碍我们解决问题做出新的创意。当然，这不是知识本身的错处，而是我们应该对已有的知识进行重新认识，要有清醒的估计，使自己能够摆脱这些不利因素的约束，找到问题的关键。

知识并不能使我们无所不能。没有思维做向导，无异于盲人摸象，就很难了解事情的真相。一般情况下，所受的正规教育越多，一个人的专业知识也就越丰富；但同时，他的思维受到束缚的可能性也就越大。"纸上得来终觉浅，绝知此事要躬行"说的就是不要被书本上的知识所迷惑。

从书本中走出来

书本是一种理论化、系统化的知识，是人类智慧和经验的结晶。有了书本，我们可以吸取前人总结出来的知识和经验，作为我们行为的指导，而不必一切事情都重新探索。书本知识带给我们很多的好处，难怪人们常说"知识就是力量"。

但是凡事无绝对，有利必有弊。书本知识也不例外。书本知识是通过人们头脑加工形成的理论化的东西，所以它和客观事实会有一定的差距。虽然你有丰富的理论知识，但如果不把它运用到实践中来，那所谓的知识是没有实际意义的。成语中的"纸上谈兵"说的就是这个道理。

战国时期，赵国的名将赵奢之子赵括从小就熟读兵书，对于用兵之道无所不知。后来秦国进攻赵国，在两军对峙数年后，赵王任用赵括为大将，统帅军队，结果遭秦军偷袭，赵军40万军队被围歼，赵括也被乱箭射死。

虽然赵括满腹兵书，他却不懂得将书本知识灵活运用到实践中。结果不仅自己败亡，而且给赵国造成惨重的损失。可见，只是学会了知识并不能产生实际的力量，只有把所学到的知识放到实践中运用灵活，才能够产生真正的力量，才会对社会和他人产生影响。

直到目前为止，读书仍然是我们获得知识的重要手段，但是我们决不能因此禁锢在书本知识里。否则，还不如不读书，正如古人所说："尽信书则不如无书。"而且，我们在学习书本知识的时候，应该不拘泥于书本，因为书中所传授的理论和知识，是书本作者以自身的经验对事物所作的系统化抽象化的描述，是一种范本，我们应该从书中得到启发，进而把书本知识与自己的实践联系起来，从而做到融会贯通、举一反三，并且要学会从多个不同的角度来思考书中的理论知识，把不同书本中的理论加以比较。这样我们才不会局限于某本书中所特有的知识和理论。

摆脱书本的束缚不仅意味着在学习书本知识的过程中要做到不"尽信书"，还表现在要善于从自己的专业知识的领域里走出来。由于人的精力毕竟有限，所以，不同专业的划分使得个人可以在自己的专业领域里进行更为深入的研究。但是专业知识也会使人们局限于所擅长的领域，放不开视野，打不开思路，从而束缚了创意意识的发挥。

19世纪中叶，法国因为出现蚕瘟，从而使一度繁荣的养蚕业陷入了危机。这场蚕瘟延续了很长的时间，使得法国的养蚕业几乎濒临毁灭。为此，法国政府先后请了许多昆虫学家来商讨解决蚕瘟的办法，其中也包括有名的昆虫学家法布尔。昆虫学家根据自身积累的知识和经验，提出了很多控制蚕瘟的办法，但是结果都没有奏效。后来，法国政府又请来了化学家巴斯得来寻求解决问题的办法。巴斯得虽然是化学家，不懂昆虫学的专业知识，但他通过反复细心的观察，认为蚕瘟很可能与蚕身上的小斑点有关，于是他又进行了更为深入的研究与实验，并确定蚕身上的斑点是一种传染性的细菌，蚕瘟正是由于这种传染性细菌引起的。在此基础上，他研究出了消灭此种细菌的措施，于是，蚕农们按照巴斯得的措施，经过6年的努力，终于控制了蚕瘟，使法国的养蚕业摆脱了危机。

可见，虽然巴斯得是化学家，对昆虫学领域的知识一窍不通，但是他却解决了很多昆虫学家都束手无策的有关昆虫学的难题。相比之下，法布尔作为有名的昆虫学家，有着丰富的昆虫学知识与经验，但由于他没有能走出专业知识的框框，遇到新问题时，仍然用习惯的老办法，从熟悉的角度去考虑问题，结果被自己的专业知识所束缚，想不出创意性的办法。难怪事后法布尔说："看来，开始时对某个问题一无所知，是解决这个问题的理想起点。"

哈佛大学创意课强调，世界中的各种事物都是纷繁复杂的，各有其不同的属性，会不停地发生变化。我们如果一直用相对固定的书本知识来进行套用，是无法解决层出不穷的新情况、新问题的。所以我们在对待书本知识时，应从实用的角度出发，既要做到知识的融会贯通，又要将书本知识活学活用。

第八课　不循规——突破经验思维定势

经验是一把双刃剑

中国古代有一个叫句章的地方，有一天，一位农夫发现自己家的茅草堆里有什么东西在响动，就走过去扒开茅草一看，原来是一只野鸡。他捉住野鸡，回家美美地吃了一顿。"野鸡的味道就是比家里养的鸡好得多啊！"他感叹道。

从此，他没事就去茅草堆看看，希望再抓到一只野鸡。一天，他又听见草堆里有东西在响，悄悄地走过去，把手伸进茅草堆里一摸，却摸出来一条毒蛇。毒蛇在他手上咬了一口，当天晚上，他就中毒死了。

在这位农夫的经验中，他相信草堆里有响动肯定有野鸡，结果导致他把毒蛇也当做野鸡来抓的惨剧发生，这就是经验思维害了他。

人们在长期实践过程中积累了丰富的知识和技能，这些知识和技能就是经验。人们总是习惯于从已有的知识和经验出发来认识事物、处理问题，久而久之就形成了思考问题的固有思路或框框，这就是我们所说的经验性思维。经验性思维虽然是人们解决问题的基础，但是经验性思维不是灵丹妙药，一味地依赖于经验思维会僵化我们的思维。

人们通常以"吃一堑，长一智"的方式来总结所经历的东西，这就有了"经验即智慧"一说。长期以来，人们重视成功经验的学习胜过对成功者思路的学习，人们只看到成功的模式而不知该模式是如何想出来的。这种学习方式所带来的不利后果就是照搬他人的成功经验，机械地去分析问题和解决问题。这就是经验思维给我们带来的不利因素。同样是运用"置之死地而后生"的兵法，韩信就能背水一战而大获全胜，而马谡却痛失街亭，损兵折将。同一方法在应用时，若不考虑时间和空间的差异，必然会带来迥然不同的结局。

一种学习方法或是一种经营思路，如果不考虑具体的情况，而一味地原封不动地套用旧有模式，只能是出现"橘生淮南则为橘，生于淮北则为枳"的结果。

我们肯定有这样的经验：下雨天一定要打雨伞，因为没有不怕水的衣服，水浇在普通的衣服上，衣服就会湿透。如果我们根据这样的经验来办事，那么就不会有防水服的产生。其实这种衣服早已经上市。这种衣料的纤维经过了特富龙（一种材料，既防油又防水，涂在锅底会不粘锅）处理，它不粘水也不粘油。水浇在了这样的衣服上衣服不湿，而且一抖衣服水就掉了。可见，突破经验思维的影响对我们创造新事物是多么重要。

我们在面对新的问题和事物时需要彻底改变经验性思维，如果完全依赖过去的经验，我们的判断就会产生失误。尤其在当今社会，世界变化非常快，科学发展日新月异，以前有很多不可能的事情变得可能。我们不能完全依照过去的经验来判断未来。过去经验的积累影响了我们思维潜力的发挥。所以有这样一句话说，过去的经验既是我们的财富，某种程度上又是我们的包袱。经验思维容易使人误入歧途。如果我们用过去的经验来理解某一问题，答案恐怕无从找到，只有跳出旧有的经验思维，以新的角度来解决才能找到正确的思路。

按过去老一套办法处理问题，可谓既省力又保险；而按经验办事无非是今日重复昨日的行为，用昨天的老办法解决今天的新问题。可是事物在发展，情况在变化，如果只按老经验办事，结果是连新问题都不能应付，更无从去谈创意。为什么有许多的中年下岗职工很难找到合适的工作，除就业岗位因素外，更主要的是他们旧有的经验已经难以适应现代社会发展的需要，新的岗位需要他们更新旧有的知识和经验。

经验思维的作用还表现在对待困难时，不能举一反三，不能触类旁通，一条路走到底，钻牛角尖。这样的人往往不能解决灵活多变的实际问题，不善于适应变化莫测的社会现实，更谈不上有所发明、有所创意。这些人，别人替他们着急，他们自己也很苦恼，常常责怪自己是木头脑袋不开窍。所以，我们要培养随机应变的思维能力，防止经验性思维所带来的不良影响。

单纯地依赖已有的经验往往会成为你思维的枷锁——你能超越自己吗？你能不被经验所束缚吗？哈佛大学创意课一向强调，打破固定的经验思维，才能为大脑进行创意思维开拓广阔的路径。

克服你的经验偏见

从前有只驴子背盐渡河，它偶然在河边滑了一跤，跌在水里。

盐溶化后，驴子感到身上轻松了许多。驴子非常高兴，获得了经验。后来有一回，它背着棉花又故意跌倒在水中。可是棉花吸了水，驴子没能再站起来，被压在水里淹死了。

无独有偶，还有一个类似的故事，也令人深思。有这么一则古老的寓言，讲到一个卖草帽的人的故事。

一天，卖草帽的人叫卖得十分疲累，便坐在大树下打起盹来。

等他醒来时，发现身旁的帽子都不见了，抬头一看，树上有很多猴子，而每只猴子的头上都有一顶草帽。他十分惊慌，如果帽子弄丢了，他将无法养家糊口。

突然之间，卖帽人想到猴子喜欢模仿人的动作，他就试着举起左手，果然猴子也跟着他举起左手；他拍拍手，猴子也跟着拍拍手。他把头上的帽子拿下来，丢在地上。猴子也学着他，将帽子纷纷扔在地上。

卖帽人捡起帽子，高高兴兴地离开了。

回家之后，他将这件事告诉了他的儿孙。

多年以后，他的孙子继承了家业。一天，他在卖草帽的途中也跟爷爷一样，在大树下睡着了，而帽子也同样被猴子拿走了。

孙子想到爷爷曾经告诉他的方法。于是，他举起左手，猴子也跟着举起左手；他拍拍手，猴子也跟着拍拍手，爷爷说的话果然管用。

于是，他摘下帽子丢在地上。猴子却没有跟着他做，还是直瞪着眼看他，看个不停。这时，猴王出现了，它捡起地上的帽子，大笑道："开什么玩笑！你以为只有你有爷爷吗？"

驴子为何淹死？孙子为何不能像爷爷当年那样拿回帽子？因为机械套用经验，受经验影响，走入思维定式，他们未能根据变化的客观现实对经验进行有效的改造和创意。

经验通常都是经过长时间的实践活动所取得和积累的。对人们具有启发和指导意义，通过借鉴他人的经验，可以使我们在实践活动中更容易地认识客观事物，更得心应手地处理问题。但我们同时也应该看到，过去的经验不一定能够适用于解决现在的问题。我们不能让过去的经验成为我们创意的障碍。而且每一个人，不管他经验有多么丰富，他还是会遇到没有经历过的新情况、新问题，如果不能从新的角度进行开创性的思维，还是按照以往的经验处理问题，那结果很可能就会失败。

经验只是人们在实践活动中取得的感性认识的总结，没有揭示出事物的本质和规律，它抓住了事物比较常见的方面，却忽视了一些偶然的方面。在现实生活中，我们经常会遇到一些带有偶然因素的事件，这时候如果我们仍然用所谓的经验来处理，很可能出现偏差，使问题无法解决。

1973年，第四次中东战争前夕，埃及军队进行了多次大规模的军事演习，以色列通过卫星监控系统，已经掌握了埃及军队的活动。当埃及军队进行第23次军事行动时，以色列的军方领导人认为，埃及军队的前22次军事行动都是军事演习，从这个经验出发，他们认为这次埃及军队的行动不过又是一场军事演习而已，所以没有做任何应战的准备，结果，埃及军队突然向以军发起了进攻，轻易地突破了以军的防线。

可见，针对具体问题不作具体分析，而仅仅凭借经验办事，后果是不堪设想的。

再来看一个名为"邓克尔蜡烛"的智力测试题：给你一根蜡烛，半纸盒图钉，要你在尽量短的时间内，把蜡烛放在垂直的木板墙上。

你想到这道题的答案了吗？其实这道题有多个不同的答案，不过最简单的一种是：先把图钉盒钉在木板墙上，然后再把蜡烛安放在图钉盒上。实际上，好多人都没有想到这个答案，因为在他以往的经验里，图钉盒一直是用来装图钉的，从没有想到过要把图钉盒当做蜡烛托来用。走不出以往经验的圈子，自然也就想不到这个简单的办法了。

有一个商人想推销他的气压表，为了证明气压表的灵敏度和实用性，他找到了工作性质不同的三个人，一个物理学家、一个工程学家和一个画家，让他们分别用气压表来测量一座塔的高度。于是，他们利用职业特点，使用了各种不同的方法来测量塔的高度。物理学家的做法是，他登上塔顶，通过手表来计时，然后轻轻松手让气压表作自由落体运动，并且记录下气压表落到地面所需的时间，最后再根据自由落体公式，计算出了塔的高度。但是物理学家这种使用气压表来计算塔高的办法，商人并不满意。轮到了工程学家，他的做法是，先在塔底测量了一下大气气压，然后登上塔顶又测量了一次气压，得到塔底和塔顶气压的差值，再根据每升高12米气压下降1毫米汞柱，最后计算出塔的高度，商人非常满意。最后轮到画家，这对于画家来说，可能是个难题，因为他没有物理学家的学识，也没有工程学家的经验，但是这倒也不是件坏事，因为他没有经验，更谈不上思维定势，所以可能会有更多的方法可以选择。于是画家想到了一个很好的办法，他把气压表送给看守塔的人，作为交换条件，他让看守塔的人到储藏间把塔的设计图找出来，通过看了塔的设计图，画家得到了塔的精确高度。商更高兴了，因为画家寻找到的设计图，精确地验证了工程学家用气压表测量塔高的结果。

看来，已有的知识和经验有时候也会成为人们的思维障碍，暂时抛弃你的经验，你往往会有意想不到的发现，会找到解决问题的更为简便的方法。

美国福特汽车公司创始人福特就曾经说过："一个人按照旧的办法办事，在生活上是许可的，但在经营上是注定要失败的。"因此面对我们既有的经验，我们一方面要认识到它有一定的参考和借鉴价值，应该吸取其中有实用意义的部分，另一方面，我们还要看到经验所不可避免的局限性，对于那些妨碍束缚我们进行创意思考的陈旧经验，一定要抛弃。

克服你的经验思维

经验能影响我们对新问题的解决，那么如何改变经验带来的负面影响呢？

第一，学会经验的迁移。在已解决的旧有问题与将要解决的新问题之间寻找类似的方面，看看以往经验对解决眼前面临的问题有哪些帮助和启发。在迁移过程中涉及三个方面：一是对某一问题解决的结果如何；二是解决这类问题的方法有哪些；三是提出需要解决的新问题。前两个要素是已知的，后一个要素是未知的。从需要解决的问题出发，把以前诸多的知识和经验进行升华，再重新寻找使新问题得到解决的办法和途径，这就是经验迁移的过程。

"发明大王"爱迪生思路开阔，善于创意。他搞科学研究擅长采用"系统研究法"来积极拓宽自己的思维视野。比如，他认为电灯只不过是属于整个系统中的一环，还有其他一系列的东西，如发电机、仪表、开关以及许多零件都应属于这一系统。这种"系统思想"曾使爱迪生迸发了持久的创意激情,并获得举世瞩目的成就。这一思维方式对于考虑同类性质问题的确能取得一定的效果。然而在解决不同性质问题时,如果生搬硬套这种知识,又往往会造成凝固、僵化的思维局面,不利于新问题的解决。

爱迪生发明电灯以后,花了3年时间研究直流输电线路和输电系统问题。尽管采取了种种措施,输电距离最远还是不超过3千米。正当爱迪生百思不得其解时,他看到了在国外最新采用的通过变压器来升高电压、减少电能消耗的输电系统,深受启发,于是对这一新技术作了进一步的改进,把从发电机发出的直流电变成高压交流电,取得了远程大规模输电的圆满成功,从而克服了已有的知识和经验给自己带来的不利影响。

第二,多培养自己的联想能力。联想属于思维的深层次,更具灵活性。它不易受条条框框的制约,能跳出知识和经验思维的束缚,从更多的角度,以更新的方式,使问题在瞬间找到解决的办法。联想离不开一定的记忆表象,记忆表象是客观事物在人脑中留下的痕迹,是客观事物的直接反映,没有记忆表象,联想也就无从谈起。联想的本质是新形象的创意,其最主要特点是形象概括性,也就是说,它是借助于具有一定程度概括性意向的联结与组合。联想是创意思维的重要品质,它能使我们超越已有的知识经验,使思维插上翅膀,超越逻辑思维的束缚,使思维达到新的境界。

联想是人的头脑中种种记忆表象联系的纽带。学会联想能丰富你的思维内容,更新你的思维方式,使你从经验思维中解脱出来,进入一个新的思维境界。

第三,在解决某一学科的问题时,要学会从其他不同学科中寻找解决的办法。比如,一道数学题,既可以用代数方法解,也可以用几何方法解,甚至还可以用三角方法解。又如,要解决生物学中的环境污染问题,可以从物理学、化学、历史学、地理学、经济学、人口学以及社会学、战略学、决策学等诸多学科进行思考。这就是我们常说的"举一反三"。再如,学习数学知识有利于物理学习,学习物理的知识又有利于化学的学习。这就是学科间的"触类旁通"。这样的迁移有利于对已有知识和经验进行概括与分析,并能与解决面临问题产生联系。当然,知识和经验迁移的成功与否也与一个人的心理、生理状态及工作方法有很大关系。

哈佛大学创意课指出,任何具体问题都是综合的,运用诸多学科和方法对具体问题作综合分析,对于克服经验思维是必要的。这样才能不断拓宽思路,头脑才能豁然开朗,问题的答案才能迅速产生。

有重塑自我的勇气

公元前333年的冬天,古希腊的亚历山大率领大军进入亚洲的格尔迪奥恩城。城中的神庙内有一个著名的"格尔迪奥斯绳结",十分难解。据当地流传的神谕说,谁能解开这个绳结,谁就能成为亚细亚之王。

尽了最大的努力,亚历山大都没有把它解开。最后他对自己说:"我为什么要遵守他人的规则呢?我要建立自己的规则。"说罢便拔出佩剑,将绳结一劈两半。

后来,亚历山大果真成为亚细亚之王。

我们要提高思维能力,就要有敢于打碎自我,重塑自我的勇气,必须打破旧有的思维模式,打破旧有的规则,以一种全新的角度来看待和理解我们所面对的新问题。要在原有的思维习惯和思维观念上进行变革,因为这会改变你整个的外在世界和内心世界。

20世纪70年代,中国科学家在发展火箭技术时,遇到了一个难题:火箭的推动力不够,摆脱不了地心的引力,不能把大型的人造卫星送入运行轨道。怎么办呢?当时不少人提出了很多解决的办法,比如改进火箭助推剂,或者增加火箭串联的数量,以进一步增强推动力。但事实证明这些都解决不了问题。

后来，中国的科学家集思广益，突破了以前所形成的思维习惯，产生了一个新的设想，就是在火箭的下面再捆绑四个小型火箭，以增加火箭飞行时的助推力。经过严密的计算、科学的论证和几次实践检验，这个办法终于获得成功。这样一来，火箭的初始动力的速度就达到了摆脱地心引力的程度。于是，一个长时间使专家们束手无策的技术难题，由于这样一个新设想的提出，很快便得到了解决，从而使中国的航天技术迅速在国际上处于领先地位。这就是中国新型的捆绑式长征系列火箭。这为以后的载人飞行打下了坚实的基础。

打破经验定势，还要善于把看起来无关联的事物有意识地将它们联系在一起，充分发挥自身的想象力，改变原有的思路，直到出现新的、有价值的东西。比如，我们首先可以列出所面对的各种事物或各种问题，然后提取它们相关联的属性，然后利用想象力把它们结合在一起，就可以寻找新的思路。

我们常常会把某些习惯视为理所当然，殊不知许多偏见就是这样形成的。请想一想，一年一度的奥斯卡金像奖颁奖项目，有"最佳男演员奖"和"最佳女演员奖"之分，以性别来划分奖项的"最佳男主角奖"和"最佳女主角奖"不也一样荒谬吗？但是我们愿意接纳它，其原因不外乎习以为常，从没想过要质疑。为什么不是该颁奖给"最佳白人男演员"、"最佳黑人男演员"或者"50岁以上的最佳女演员"？所以，如果一件事情在我们生来就已经存在，自然会把它纳为生活的一部分，就很难对它提出自己的疑问。

我们还可以利用类别变动法来克服经验思维定势的束缚，提高思维的变通性和灵活性，打破思维认知功能上的固有性。如列举出"盒子"的不同用途，如装水果、装衣服、装玩具都属于"容器类"。我们还可以从"装饰类""玩具类"等不同角度列举其用途，达到扩展思维认知功能视野、提高思维灵活性的目的。

下面再介绍几种能够突破经验思维定势的技巧与方法。

对于外界的信息，我们大部分是通过感觉得来的，而在我们所有的感觉中，由视觉获得的信息占全部信息的85%以上，正是由于这个原因，过分发展的视觉反而妨碍了其他感觉功能的发挥。下面这个训练，就是通过暂时取消视觉的方法来充分发挥其他感觉的功能，使你获得意想不到的丰富的外界信息，冲淡单纯依赖视觉形成的思维定势。

用一块黑布蒙上双眼，也可以直接闭上双眼，控制自己不看外界的物像。首先在室内走上一圈，再到室外自己熟悉的地方走一圈，最后可在一位朋友的引导下，到陌生的地方走上一圈。在整个过程中，完全依赖你的听觉和触觉的方向感与平衡感。这样训练几次，你在对事物的感受和认知上肯定会有新的理解与收获。

走不出眼前的困境，说明就没有走出思维定势的不良影响，而只有突破思维定势，才能突破眼前的障碍。要超越自我，就要对习以为常的事物多质疑，多提出问题，多从相反的角度去考虑，多做一些与自己习惯和爱好相反的事情。喜水的不妨登山，坐船的可以改为乘车，下棋的不妨打球，等等，这都是打破思维定势不错的途径。

我们也可以参考国外思维训练师称之为"乔治热身练习"的办法来打破思维定势的影响，以区别日常习惯性思维中的合理部分与不合理部分。

（1）在家里看喜剧时，你会不会大声笑出来？会不会跟在电影院里看喜剧一样频频大笑，而且笑得那么放肆？为什么？

（2）如果你穿70码的鞋，有一双鞋标着66码，却很合脚。你会不会拒买这双鞋？为什么？

（3）你第一次抽烟或第一次喝酒，是独自一个人，还是跟其他人一起？

（4）你有没有向医生请教过与医药无关的问题？为什么？

（5）你喜欢歌剧吗？为什么？

（6）如果政府拿走你财产的10%，你会大发雷霆吗？

（7）你的观念与信仰是否跟父母相同？为什么？

第九课　不迷信——突破权威思维定势

打破权威神话，不盲目崇拜权威

打破权威神话的关键是打破知识的神话和年龄的神话。

所谓知识权威，是高高在上的知识掌握者。在学生心目中，教师、书本、专家都是权威，是知识的化身，因而学生对他们充满了崇拜与信赖。其实，权威的知识未必代表真理。

《小学自然学习辅导》《十万个为什么》上说，蜜蜂没有发音器官，它们在飞行时不断高速扇动翅膀，使空气振动，才产生嗡嗡声音。监利县黄歇中心小学的聂利同学却大胆挑战这一权威论断。她通过40多次的观察试验，得到的结论是：蜜蜂不靠翅膀振动也能发音。她撰写的论文《蜜蜂不是靠翅膀振动发音》荣获第18届全国青少年科技创意大赛银奖和高士其科普奖。她的惊人发现挑战了权威论断。这样不迷信权威的独立思维的品格十分难得。

著名物理学家、诺贝尔奖获得者杨振宁在清华大学讲，中国青年人的胆子要大一些。拿专家们的话来讲，现在不少孩子的思维受惯性影响，顺着成人模式来想事情，很少从相反方向考虑，这不利于从小培养孩子敢想、不唯上、不唯书的品质。可贵的是，聂利同学大胆怀疑、认真求证，最后得出了结论。虽还未最后确认这个结论究竟怎么样，但小学生能发现这个问题，这本身是个了不起的事情。

从幼儿时期咿呀学语到今天，我们阅读过的书籍应该是不计其数了，书本、老师、专家在我们心中到底应该是什么样的地位呢？首先，值得肯定的是，书本、老师、专家为我们提供了一种系统化、理论化的知识，其中有千百年来人类经验和领悟的结晶。但是，在创意的天空里，又常常是由于对书本、教师、专家的崇拜，反而阻碍了我们探索的脚步。只有敢于突破权威障碍，打破权威神话，我们才会产生更多的创意。

正确的知识和观念可能会成为权威，但权威未必正确。我们在一定程度上应该对老师、书本、专家等权威持有批判态度，不能盲目地崇拜他们。在某些时候，突破权威的束缚，就可能会有重大的发明创造产生，为人类社会增添物质文明和精神文明成果。敢于对权威提出疑问才是年轻人必须具备的、难能可贵的精神气质。

打破权威神话的另一个含义是打破年龄的神话。许多人不敢挑战权威是认为自己年少、见识少，怎么可能向见识多的人挑战，年长的人当然见识多，可是，见识多的人往往又比较保守和麻木，恰恰需要年轻人的冲劲和敏感。年轻人是未来的希望。毛泽东曾经对留学生说过一段最富哲理的话："世界是你们的，也是我们的，但归根结底是你们的。你们青年人，好像早晨八九点钟的太阳，希望寄托在你们身上。"

纵观世界科技发展史，人类科技的许多重大突破都产生于科学家的青年时期。爱因斯坦26岁提出狭义相对论，爱迪生29岁发明留声机，哥白尼38岁提出日心说。人类的伟大思想家和政治家也大都是在年轻时励精图治，创立学说和事业的。马克思和恩格斯发表《共产党宣言》时分别是30岁和28岁，毛泽东诵出"自信人生二百年，会当水击三千里"的诗句时，也只有20岁左右。青年时期是最富有创意精神的黄金时期。有学者对1500～1960年全世界1249名杰出自然科学家和1928项重大科学成果进行统计分析，发现自然科学发明的最佳年龄区是25～45岁，峰值为37岁。正是年轻时候敢于质疑、敢于挑战的精神，才使人们获得了最后的成功。

影响人们思维发展的另一个问题是过分信赖权威。人们对专家权威做出的判断与方法深信不疑，往往作为全部真理接受下来。事实上，即便是某个领域的泰斗，他们也难免在判断上有失误。比如，爱迪生曾写过几篇研究非议交流电的论文，他断言交流电太危险，家庭不适用，直流电是唯一途径。又如，爱因斯坦曾顽固地反对物理学的某些新理论，如量子力学与海森堡测不准理论，尽管这些理论是根据爱因斯坦的发现推导出来的。

充分使大脑开动起来，不仅限于科学、政治和哲学等领域，而且也广泛适用于我们的日常生活。有这样一位学生，有一次他在餐馆吃到糖醋鲫鱼，竟然不知道那是什么。原来在他的印象里，鱼从来都应该是清蒸的，因为他的爸爸告诉他，鱼就是应该这样做的。因此他从来没有试过别的方法，因为他爸爸的话对他来说就是权威。

虽然崇拜权威有助于我们更好地学习他人的智慧经验，扩大思维视野，克服固执己见和盲目自信，修正自己的思维方式。但是如果我们过于崇拜权威，完全相信报刊书籍和专家的东西，不去批判地怀疑他们，害怕被孤立，拘泥于"真理"，这只能阻碍思维的通道，影响问题的迅速解决。

崇拜权威的人首先表现为有自卑心理，缺乏自尊心、自信心和自强心。自卑的人，他看不起自己，也根本不想发挥自己的才能。有自卑，就不想去创意，也不敢去创意。再就是表现为缺乏好奇心、求知欲和进取心。好奇心指对司空见惯的事物或新鲜事物的求知欲。进取心指对现实的不满足感和强烈的进取精神。这种崇拜心理还表现在缺乏勇敢、刚毅和牺牲精神。布鲁诺提出日心说，哥伦布提出地球是圆形的，就在于他们没有跪倒在权威者的脚下，以无惧无畏的勇气和信心，打破了权威者对人们思想的束缚，他们的思想是站起来的。

人们对权威往往有一种天然的敬重、信赖感。一般来说，威望越高、权威越大的人，人们越容易遵从他，因而在决策中常常围着权威者的意见转。当然，怕负责任，怕担风险，也是一个重要原因。而那些杰出的创意者在面临严重困难时，他们常常会凭借自信心与自强心，释放出巨大的人格力量，想尽办法，战胜困难，直到取得成功。

否则，创意活动则会功败垂成。

人不能鹦鹉学舌，要有独立思考能力，要用自己的眼光去发现问题，要敢于质疑，不盲从权威，要敢提出新的见解与主张，要在权威面前站起来，而不是匍匐于他们的脚下。爱因斯坦曾说过："从少年时代起，对所有权威的怀疑，对任何社会环境里都会存在的信息完全抱一种怀疑态度，这种态度再也没有离开过我。"

真理并非始终在多数人手中，往往少数人的意见恰恰是真知灼见，这是哈佛大学多年来所一直主张的治学态度。有了敢于质疑的精神，才能走出权威的篱笆，激发创意意识，才能有助于做出具有独创性的决策。

超越权威束缚，敢于对权威质疑

权威指的是在某种范围内最有威望和地位的人或事物或使人信服的力量。在我们社会的各个领域都存在权威，人们在相信权威的同时，往往会对权威产生崇拜，对权威所确立的观点、理论，会丝毫不作考虑的肯定其正确性，并且将其转化为自己的知识和经验，用它去分析、解决相关的问题。一旦遇到和权威不同的理论和观点，便会不假思索地认为那些观点是错误的。这样，就会使人们陷入尊崇权威的思维定势中。

我们需要对权威一分为二地看。

一方面，通过汲取权威所确立的理论和知识，在处理我们的日常事务时，会给我们带来很大的便利性，使我们不必要凡事都要从零开始研究、开始摸索。因为一个人的时间和精力毕竟是有限的，即使是天才，也不可能做到样样精通，他通常只能在一个或几个有限的领域里进行深入的研究，而对其他的许多领域却知之很少。于是当实践中运用已有知识不能解决问题的时候，就会求助于各个领域的专家，结果按照专家的建议去行事，往往使问题得以很好的解决。

另一方面，人们认为专家的意见就是权威，是准确无误的。久而久之，形成了尊崇权威的思维定势，不但盲目遵从，而且从未对所谓的权威产生过质疑。于是当需要人们进行创意性思考时，人们往往很难摆脱权威的束缚，在怀疑自己能力的同时，自觉或不自觉地总会按照权威所确定的方式去思考问题，从而无法进行创意性的思考，也就无法在前人的基础上有所突破。

早在1750~1769年期间，天文工作者勒莫尼亚就曾12次观察到了天王星的存在。但是有关天文学的权威性的著作一直认为，土星是太阳系最边缘的行星，太阳系的范围到土星为止。由于无法冲破权威性论断的束缚，勒莫尼亚始终没能认识到它所发现的这颗星也是太阳系的行星之一。直到1781年，才由英国天文学家威廉赫谢尔认定天王星确实是太阳系的行星之一。

勒莫尼亚因为不敢向权威挑战，使人类认定天王星的时间推迟了十几年。这是很可惜的。事实上，历史上很多创意的成果都是建立在推翻权威的基础上的。

在医学史上，盖伦是西方古代医学的最大理论家之一，他的成就为西方医学的解剖学、生理学、诊断学的发展奠定了基础。由于得到了宗教神学的支持，盖伦的学说如同托勒密的地心说一样，成为当时的金科玉律，是绝对的权威。1543年，比利时的维萨里不顾权威的束缚，出版了《人体的结构》一书，他在著作里大胆地驳斥了《圣经》所说的上帝抽出亚当的一根肋骨而创造了夏娃，提出并证明了男女均有24根肋骨。同时他还纠正了盖伦著作中的200多处错误。维萨里的同学，西班牙的萨尔维特在自己的著作中也向权威发起了挑战，他批判了盖伦的"心血潮流说"，提出了血液"小循环"观点。

在生物学上，进化论的确立也是跟权威作斗争的结果。在欧洲，从中世纪以来就是"神创论"占有统治地位，《圣经》中说，上帝创意了天地和日月星辰，又创意了动物、植物，最后用泥土造人。到了

18世纪，瑞典生物学家林耐大胆地提出了人、猿、猴同属灵长类的"人猿同类论"。不久，法国的布丰又提出了"人猿同源论"。19世纪初，法国博物学家拉马克更进一步，首次提出了由猿变人的理论。最后，在1859年，达尔文发表了名著《物种起源》，正式提出了进化论。

那么，如何超越权威呢？

首先，学会对权威进行质疑。学贵有疑，我们要学会不再盲从，而会质疑书本里的知识。宋代爱国诗人陆游在《冬夜读书示子聿》中用"古人学问无遗力，少壮功夫老始成。纸上得来终觉浅，绝知此事要躬行"的诗句告诫儿子：只从书本上得来的知识是片面的，更重要的是要亲身实践。韩愈曾经写道："业精于勤，荒于嬉；行成于思，毁于随。"指的是如果要有所建树，就必须学会独立思考。

对书本知识，我们不妨换一种视角，即我们在欣赏书籍、吸收知识的同时，也来挑挑书本里的"毛病"，提出一些相反的或者不同的观点，然后把两种观点放在一起综合比较，这样，我们的收获也许会更大。中国古语云："学贵有疑，小疑则小进，大疑则大进。"只有学会质疑，你才能够从书本的权威中走出来。

走出书本的权威，还有很多权威在影响着我们的思维。当学生的见解和老师的看法相悖的时候，怎么办呢？亚里士多德曾经说过："吾爱吾师，吾更爱真理。"虽然我们非常感谢老师、曾经的科学家和学者们为我们带来了丰富的精神食粮，让我们现在能够站在巨人的肩膀上看问题，从而看得更高、更远。但是我们依然要学会对这些学术界的权威、生活中的权威进行质疑。这是因为科学的道路是无止境的，只有敢于质疑，才能够有勇气在科学的路上不断地探索。科学史也表明，每当科学上有重大突破和理论上有重大建树时，人们总是倾向于认为已找到了最后真理。20世纪量子力学、粒子物理取得了辉煌的成就以后，20世纪80年代曾有物理学家错误地认为，物理学对物质的认知已经达到顶峰。未过20年，航天观测发现宇宙有加速膨胀的迹象。美国航空航天局于1998年宣布，在宇宙中可能存在一种过去未发现过的"暗能量"，占总能量的70%以上，对星系产生负压力或斥力,超过了物质之间的引力,导致宇宙在过去数十亿年的历史中加速膨胀。此外,还发现在占宇宙质能27%的物质中,我们能看到的和能觉察到的仅有4%左右,还有23%的"暗物质"存在,其组成和性质无人知道,物理学尚无法解释。这有如冷水浇头,使认为科学已经终结的人清醒了很多;也提醒着我们,只有不断质疑、不断探索,我们才能够拥有更多的收获。

其次,提出假设,进行验证。当我们开始质疑书本、质疑权威、质疑经验的时候,我们已经开始学会提出问题了。那么,下一步就需要我们通过努力来验证我们的质疑是正确的。可以通过查找资料、做实验、推理等方法进行验证,最后得出自己的结论。

为什么中国学生在全世界都能够考出优秀的成绩,却缺乏创意的突破和独立的思维呢?诺贝尔奖获得者杨振宁曾经说过,中国的学生知识丰富,善于考试,却不善于想象、发挥和创意。延续2500多年的儒家文化中形成的亲、尊、长、幼、君、臣、父、子逐级服从的社会风尚,它所要求的是孩子们必须服从父母,学生必须相信老师所讲的一切,教科书上的东西都是对的,权威的训导必须服从,科学定律不准讨论或修改。试卷设标准答案,不允许考生有所发挥。正是这些无形的枷锁钳制着人们挑战权威的勇气,禁锢了人们成长的翅膀,让人们无法飞翔。而人们真正应该做的是——不要迷信书本,也不要迷信权威,更不要被经验所束缚,拥有自己的思想,才能够拥有更加广阔的思维天空。

坦桑尼亚中学生姆潘巴在1963年偶然发现,热牛奶倒入冰格一个半小时后会冻结,而先放入的冷牛奶还是很稠的液体,没有冻结。后经达累斯萨拉姆大学物理系主任奥斯波恩博士实验证明,姆潘巴发现的现象属实。40多年来,许多论文与实验试图阐明这个现象背后的原理,但由于缺乏科学实验数据以及定量分析,至今没有定论。

2004年11月起,在中学科技名师黄曾新的指导下,三名女中学生——庾顺禧、叶莎莎和上海中学的董佳雯开始研究姆潘巴现象。四个月来,她们利用糖、清水、牛奶、淀粉、冰激凌等多种材料,采用先进的多点自动测温记录仪，在记录了上万个数据后进行多因素分析，最后得出结论：在同质同量同外部温度环境下，热液体比冷液体先结冰是不可能的，并提出了三种可能。她们认为，只有当冰箱有温差、牛奶含糖量不同或糖没有溶解、含有较多淀粉等非液体成分时，姆潘巴现象才有可能发生。

不管最后的结论是否正确，姆潘巴和这些中学生挑战书本的勇气和坚持研究的执著精神都是值得我们学习的。

第十课　不盲从——突破从众思维定势

克服从众心理

所谓的从众就是跟从大伙，随大流。在从众心理的指导下，我们往往是别人怎么考虑，我就怎样考虑，别人怎么说我就怎么说，别人怎么做我就怎么做。

造成这种从众心理的因素很多。首先，这种心理和社会的整体环境有一定的关系。有人说，一个社会的传统色彩越浓，其中个人从众心理就越重。的确，传统色彩浓厚的社会，统治阶级总会运用各种手段，强化民众的从众意识，以禁锢人们的思想，避免不利于其统治的"异端邪说"，从而保证社会的稳定和政权的巩固。

其次，人们之所以选择从众，还考虑到安全问题，即如果提出与众不同的观点很可能会招致"枪打出头鸟"的后果。所以按照大家公认的态度和方法来处理问题，是一种比较保险的处事方法。跟随众人，如果这件事处理得很好，自然有你的功劳；如果处理得不理想，你也不会一个人承担责任。

实践中的经验也表明，在一个从众心理较普遍的环境里，那些敢于提出自己与众不同的见解的人，往往会被人认为不合群、爱表现自己，从而影响了人际关系的融洽。

也正是为了避免于己不利的事情发生，所以社会上很多人的行为都是在随大溜的心理下做出的，很少或根本没有经过自己的深入思考。

最后，在众口一词的情况下，许多人往往已经失去了评判的标准，迷失了自己本来要坚持的与众不同的观点。其实，对于世界上的任何事情，我们每个人都有它自己的评判尺度和标准，因为每个人看待问题的角度不同，思考问题的方式也不尽相同，加上个人的自身情况各有差异，最后对于某件事情得出不同的看法和结论也是理所当然的。但是在从众心理的作用下，大家对待某事实众口一词，久而久之，大家的这种观点就被认为是正确的。于是，本来要表明自己不同的观点的人也对自己的观点产生了很大的怀疑，毕竟是"众口铄金"啊。所以也就不再表明自己的看法，也加入了大家的行列。

用一个很简单的例子来说，大家都认为人习惯使用右手是正常的，那天生就习惯使用左手的人，即左撇子，就被人视为不正常了，所以如果谁家的孩子是左撇子，家长就会从孩子小时候起，要求他改掉这个"毛病"，改成所谓的"正常的"使用右手的习惯性动作，殊不知，习惯使用左手，可能正表明了孩子在右脑方面某种天赋。

这种从众的思维方式有利于解决常见的问题，保持群体的稳定性，有利于大家的一致行动。但是，凡事只是随大溜，自己不独立进行思考，不利于思考者形成创意观点。一般来说，从众心理比较强的人，他的创意思维能力就会较弱，而那些不善于随大溜的人，往往创意思维能力都比较强。这里所说的后者，他们通常不会按照大家公认的标准来发表自己的观点。他总是要提出自己的与众不同的意见。因为在他的意识中，大家都认为是正确的往往很可能就是不正确的。

其实，实践中的很多实例都证明了那些敢于标新立异提出新观点的人，虽然曾经遭到了很多人的激烈反对，但最后这些新观点都被证明了是正确的，并且得到了社会的普遍接受。比如，实验科学先驱者罗吉·培根早在13世纪就提出，彩虹是由于太阳光照着雨水反映在天空中而形成的。这种观点和当时大家普遍接受的观点，即天上的彩虹是上帝的指头在天空划过的痕迹，是格格不入的。他的不从众的观点使他被关了15年的黑牢。波兰著名的天文学家哥白尼在当时"地心说"占统治地位的年代,发表了《天体运行论》,提出了与传统不同的"日心说",主张地球围绕太阳转动。这种学说从一开始就遭到了人们普遍反对,被认为是"异端邪说",因为它和当时人们已经普遍接受的"地心说"相反。在"神创论"占统治地位的中世纪,人们普遍接受了《圣经》中关于上帝造人的理论,达尔文经过20多年的艰苦研究,于1859年出版了名著《物种起源》,顿时在社会上掀起了轩然大波。他的理论也被人称为"牲畜哲学""粗野的哲学"。

人们之所以会对这种不从众的观点如此激烈反对,是由于社会上的大多数人在从众心理的作用下,已经形成了相对固定的思维模式,他们自己不能摆脱思维框架的束缚,就只能强烈地反对抵制这种不从众的观点。人类历史上的每一次新观念的提出都会面对这种被众人拒绝的情况。经过一段很长的时间,这种由少数不从众的人提出的观点才得到社会的普遍承认,最后成为大家都接受的真理。

哈佛大学创意课指出,当我们面对新情况、新问题,需要我们进行创意思考的时候,就要从从众的圈子里走出来,不要被多数人的所谓正确的观点所影响,要拓宽视角,开阔思路,进行自己的有创意的思考。

树立自信

挑战权威的前提是自信。自信是发自内心的自我肯定与相信。当我们的意见和权威的看法相悖的时候,如果确认自己是对的,是选择服从权威还是坚持自己的主见呢?古今中外的历史表明,只有那些能够坚持自己主见的人,才能够不屈不挠,最后走向成功。

有一次,俄国著名戏剧家斯坦尼夫斯基在排演一出话剧的时候,女主角突然因故不能演出了,斯坦尼斯拉夫斯基实在找不到人,只好叫他的大姐担任这个角色。他的大姐以前只是一个服装道具管理员,现在突然出演主角，便产生了自卑胆怯的心理，演得极差，引起了斯坦尼斯拉夫斯基的烦躁和不满。

一次，他突然停下排练，说："这场戏是全剧的关键，如果女主角仍然演得这样差劲儿，整个戏就不能再往下排了！"这时全场寂然，他的大姐久久没有说话。突然，她抬起头来说："排练！"一扫以前的自卑、羞怯和拘谨，演得非常自信，非常真实。斯坦尼斯拉夫斯基高兴地说："我们又拥有了一位新的表演艺术家。"

可见，只有对自己充满自信，才能真正获得成功。

我国著名的妇产科专家林巧稚读书时受到男同学的歧视。一次期末考试，男同学冲着她趾高气扬地说："你们女同学能考及格就不简单了！"林巧稚毫不示弱地答道："女同学怎么样？你们得100分，我们也要100分！"在自信心的鞭策下，她刻苦攻读，那次考试果然得了第一名，用自己的自信和努力得到了其他人的尊重。

面对来自其他人的质疑，人们往往容易因为不自信而放弃自己的观点，从而丧失努力争取他人认可的信心。而斯坦尼斯拉夫斯基的大姐与妇产科专家林巧稚坚持自信，面对其他人的质疑和不屑，敢于正视，最终通过努力博得了人们的肯定。我们也应该向她们学习，无论在任何时候，都应坚持自信，这样才会不断进步，有所创造。

自信就要树立敢于挑战困难和在困境中积极进行自我激励的勇气。

1900年7月，林德曼独自驾着一叶小舟驶进了波涛汹涌的大西洋，他在进行一项历史上从未有过的心理学实验。为此，他预备付出的代价是自己的生命。林德曼认为，一个人只要对自己抱有信心，就能保持精神和身体的健康。当时，德国举国上下都关注着林德曼驾舟横渡大西洋的悲壮冒险，已经有100多名勇士相继驾舟均遭失败，无人生还。林德曼推断，这些受难者首先不是从肉体上败下来的，而是死于精神崩溃、恐慌与绝望。为了验证自己的观点，他不顾亲友的反对，亲自进行了实验。在航行中，林德曼遇到难以想象的困难，多次濒临死亡，他眼前甚至出现了幻觉，运动感觉也处于麻痹状态，有时真有绝望之感。但是只要这个念头一出现，他马上就大声自责：懦夫！你想重蹈覆辙、葬身此地吗？不，我一定能成功！终于，他胜利地渡过了大西洋。就这样，他证明了他的结论是正确的。

突破世俗的框架

林肯曾经说过："我从来不为自己确定永远使用的政策。我只是在每一具体时刻争取做最合乎情理的事情。"

在创意活动中，思想的自由尤为重要。思想是人个体的心理活动，但它受外界的影响非常明显。社会的传统文化背景、自身的知识体系等都在很大程度上左右一个人的思想活动方式。人的思想总是在某一范畴内活动，这个范畴的大小体现了思想的自由程度。创意往往是自由思想冲破既有范畴的一个过程。

但是，人是在社会中存在的，他不可能完全孤立于他人，所以人的思想和行为也常常受到他人的制约和世俗的约束。在我们的生活世界中，存在着人为的一些规则和条款，存在着一些"必须"和"应该"的框框。在这张条框的大网中，人们被套在其中，常常不假思索地按程序办事，按规则去干。

但是万事都是在变化着，没有一成不变的东西。所以任何规则和程序都不能保证永远有效，都不能永远作为行事的规范，不能把它们应用于任何场合和所有的人。如果要想使它们有最佳的指导效果，就需要根据变化了的情况进行改变。所以对于个人来说，僵化的头脑无法适应社会的发展，也无法让自己有一个良好的发展前景。

有人说，盲目地服从比犯规更有害，如果你盲目地去循规蹈矩，那就无法真正的生活下去。如果要想让自己活得更有意义，就应该重新审视各种规定，就必须重新审视自己的行为，而不要让一种规定限制了你的头脑。

有的人在办事时，追求的是一种稳妥，以为只要按章办事就不会出现大的错误。或者从心理上有了一个绝对的标准，认为只要被规定了的东西就是好的，只要是章程上写的就是对的。但这种绝对的认识并不是就做到了公正处理，如果情况变了你还是守着那个标准办事，可能会把事情办坏。如果你能放下这个框框的限制，你就能找到一个更明智的解决办法。此外，并不是所有明确的追求都会有一个良好的结果，有时候，有些东西还是模糊一些更能让你过得舒心。

模糊并不一定就是让你时时都要有模棱两可的做法。因为优柔寡断并不适合紧急的场合，也不适合一些突发事件。这种左右徘徊的做法可能是由于对某种标准的长期接受，或者是习惯了衡量。常常想做出正确的决定，并不一定就能完全实现，有时反而会起反作用。正如穆勒在《论自由》中说的："我们永远无法确定我们所压制的是不是错误的意见。即使我们压制的是错误的意见，压制意见的做法比错误意见本身更为邪恶。"如果你要做出决定时，能抛开一切僵化的观念，能不顾及是是非非，那么你就能做出恰当的决定。

如果你要把自己固定下来，就是陷入了一种框架式的思维，你就找不到一种适合生活的标准和判断的标准。如果你想让自己完全摆脱思维上的"应该"标准，消除判断是非的误区，就应当努力打破常规，就应该大胆做出各种决定。

对于《海上钢琴师》这部经典影片，看过的人一定会对它留下深刻的印象：

主人公"一九零零"从小被人遗弃，船上一个烧煤工人捡到他并抚养他长大。他一直就跟自己的养父生活在船舱的最下层，从来没有到过头等舱。直到他的养父在一次意外中丧生，他才在伤心的日子里偶然走到了头等舱。在那里他第一次听到了美妙的音乐，第一次从门上的花纹玻璃中看到钢琴师演奏时的优雅动作，还有大厅里跳舞的人们。一下子，他就被这一切深深吸引住了。当天晚上，他就偷偷跑到了钢琴前，并弹了起来。天才的音乐头脑使从来没学过钢琴的他瞬间弹出了动听的音乐。这声音传遍了整个头等舱，人们来到大厅，惊喜地发现原来是这么小的孩子弹出的好音乐。但船长走到他身边说，这不合规矩，下等人不能到上等人的大厅演奏。小小年纪的"一九零零"居然说出了一句让所有在场的人都很震惊的话："滚蛋，老规矩！"所有的人都笑着赞赏他的胆量，他就因为这句话改变了自己的一生，从此他被允许坐到头等舱的钢琴前，开始了他的演奏之旅。

可以说，如果没有大胆地向世俗的观念挑战，没有不向老规矩屈服的勇气，那就不可能改变"一九零零"的命运，他可能永远都会待在最底层，与他的养父一样安分地做一个烧煤工人，而不可能成为一个出色的钢琴师。他向每一个人都做出了一个榜样，要想让自己过得好，就需要树立一个改变的观念，就应该向一切陈旧的教条规矩发出抗议。

坚持独立思考

法国昆虫学家法布尔曾经做过一个有趣的"毛虫试验"。他把一队毛虫引到一个高大的花盆上，等全队的毛虫爬上花盆边缘形成圆圈时，法布尔就用布将花盆边上的丝擦掉，仅留下花盆边缘上的丝，并在花盆中央放了一些松叶。松树毛虫开始绕着花盆边缘走，一只接一只盲目地走，一圈又一圈重复地走，它们认为只要有丝路在，就不会迷路。

如此走了许多天，它们根本不知道距离几厘米处有丰富的食物，最后终因饥饿而死。

我们中的许多人跟松毛虫一样，只会盲目地过日子。一个没有目标的人，就像一艘没有罗盘的船只，随风飘荡，这样，非但到不了彼岸，而且极易触礁沉没。选定一个适合自己的目标极为重要，如果人云亦云，随大溜，就像这些毛毛虫一样，只能在原地踏步，到头来只会一事无成。

一位心理学家曾做过这样一个实验，找出7名学生，让他们坐在一张桌子的周围，其中真正的被试者只有一个人，令其坐在较靠后的位置，其余的6人都是陪衬者，并接受了实验人员的秘密暗示。7名学生围桌坐好以后，给他们看两张图片。前一张图上有一条线为标准线，另一张图中有A、B、C三条比较线，其中线段C与标准线等长。当7名学生看完图片后，让他们指出哪条比较线与标准线长度等长。

回答时，先让那6个事先安排好的陪衬者故意作出错误判断，说比较线A或B与标准线相等，然后再让不了解真实情况的那个真正的"被试"判断。结果这个人也做出同样的错误判断。而单个人做这个实验时，几乎没有一个人做出错误判断。

这个实验揭示了一种重要的现象——"从众心理"。也就是我们常说的"随大溜"。它指个人在知觉、判断和思维活动中，容易受团体中其他人的影响，而屈从于他们的观点。

"从众"现象在日常生活中是经常发生的。在学校里，老师布置了一道比较难的数学题，全班同学对自己答案的对错都没有多大的把握。如果大部分学生的答案是一致的，其余的同学即使做对了，心理也总觉得不踏实，大脑里不停地在作思想斗争：我还是把答案改成和他们一样的吧。"随大溜"的人往往不敢坚持己见，人云亦云，结果和别人一起犯错误。

"从众心理"是一种比较普遍的社会心理和行为现象。人们生活在某个群体中，都希望融入群体，而任何群体都有一种无形的排异力，要求个体与它保持一致。如果个体的言行偏离这种一致性，就会受到孤立。有的人由于承受不了被孤立的压力，因而就出现了"随大溜"的现象。一般来说，自信心较强的人，发生"从众"行为的可能性较小；缺乏自信心的人更容易产生"从众"行为。"从众"心理容易抑制个性发展，束缚思维，扼杀创意力，让人变得无主见、墨守成规、盲目从众、不善于独立思考，即使多数人的意见和方案存在问题，也不敢提出反对意见。

比如，在某个大楼的电梯门口，有位职员站着等电梯。一会儿，电梯下来了，门一打开，只见电梯内的每个人都脸朝内背朝外地站着，那位职员起初感到有些奇怪，想不出大家都这样做的理由，但是，他自己走进电梯后，同样也是脸朝内背朝外地站着。

又如，某男士走进医院候诊室，看到候诊室内的男士都穿着内衣内裤。有的在读书读报，有的在聊天，但无一例外地都没有穿外套。这位后来的人心想：大家都不穿外套，其中一定有缘由。于是，他马上跟着脱掉外套，仅穿着内衣内裤在那里等候就诊。其实那些人是在等体检。

可见，在我们的生活中到处存在这样的随大溜现象，这只能影响我们对事物的正确理解与判断，让我们的思路误入歧途。

具有"从众心理"的人，在公众场所，由于周围环境、气氛及周围人的表现，最容易丧失自己的独立思考能力，这样的人不是用自己独特的眼光理解问题，而是借助别人的现有的经验和智慧来看问题。随大溜的人，没有自己独立解决问题的能力，往往只愿跟着别人干，不愿自己创意。

走出随大溜的阴影，就要树立自己明确的目标，而不是人云亦云。美国一个研究"成功"的机构，曾经长期追踪100个年轻人，直到他们年满65岁。结果发现：只有1个人很富有，其中有5个人有经济保障，剩下94人情况不太好，可算是失败者。而这94个人之所以晚年拮据，并非年轻时努力不够，主要因为没有自己清晰的目标。

哈佛大学创意课强调，要想走出随大溜的思维误区，就是遇事要多问"为什么"，善于质疑发问。生活中，我们要努力培养和提高自己独立思考和明辨是非的能力，遇事和看待问题要有自己的思考和分析，从而使判断能够正确，并以此来决定自己的行动。要避免随大溜的心理，还要有强烈的事业心、责任感，以激发追求真理、捍卫真理的勇气，在决策时不计个人得失，敢于负责，不盲从各种压力，坚持独立思考，解放思想，实事求是，才能使我们的思维方式充满生机与活力。

第十一课　不僵化——突破麻木思维定势

走出封闭式思维

在一个房间里从天花板上垂下两根绳子，要求你把它们系起来，但是两根绳子离得很远，你无法同时抓住它们。房间里还有一把椅子、一把雨伞、一把钳子。你如何解决这个问题呢？

站在椅子上能同时抓住两根绳子吗？不行。用雨伞作为工具，能够得着吗？也不行。

怎么办呢？这时候，就要对各种事物都作一下功能变通。

钳子除了能拧东西，还能干什么？可以把它作为一个重物，系在一根绳子的末端，把绳子做成一个"钟摆"，并让它摆起来，然后抓住另一根绳子，等"钟摆"荡到附近时抓住它，问题就解决了。

通过上面的测试，可以看出你的思路是否开阔，你是否还存在思维上的"死角"。如果按照常规性的思维，很难找到正确的解决办法，那么就变换一下角度，以开放性的思维，让你的思维活跃起来，跳出思维本身的局限性，多角度、全方位地来思考，问题可能会迎刃而解。

克服思维的惰性

人一生下来,便会遇到一个生活方式的问题,包括应该怎样吃饭、怎样穿衣、怎样干活、怎样相处,等等。解决这些问题可以帮助人们比较容易地学会生活。但同时这也给人们一种错觉,好像人本来就该如此按部就班地生活,将来也应该是如此生活的,而且还往往会以为任何地方的人也和我们一样如此生活。

马戏团的演出场地突然失火,结果并没有造成人员伤亡,但令马戏团老板伤心和不解的是:马戏团里最有名的大象被活活烧死了。

"拴住大象的仅仅是一条细铁链和一根小木桩啊!大象怎么可能被活活烧死呢?"老板非常不解。

原来,平时在没有表演节目时,大象的右后腿被一根细铁链拴在一根插在地上的小木桩上。每当大象企图挣扎时,被铁链拴住的脚就会被磨得疼痛、流血,经过无数次的尝试,大象始终没有成功挣脱脚上的铁链。

于是它的脑海中形成了一种惰性思维:那条绑在脚上的铁链是永远无法挣脱的。对我们每个人来说,我们的思维深处也存在着这样的保守力量——惰性思维。

惰性思维让人总是习惯用老眼光来看新问题,总是试图用曾经被反复证明有效的旧概念去解释变化世界中的新现象。假如我们拒绝尝试、不敢冒险、按部就班、因循守旧,那么大好的时机和自身无限的潜能只能被白白地葬送,挫折和失败的悲剧不可避免。

具有这种意识的人就会在生活中表现出典型的惰性心理。人们惯于利用经验思维、经常随大溜、迷信权威等都是惰性思维的种种表现。不仅如此,当一种新事物、新理论刚出世时,总会受到各个方面的挑剔和反对，许多新发现往往这样被扼杀在摇篮之中，可许多已经流行的观点，即使有弊病，却很难纠正。具有惰性思维的人有以下特点：懒于思考，不思钻研；谨慎怕事，妄自尊大；囿于定势，没有创见；知识陈旧，视野狭窄；想象枯竭，目光短浅；唯书唯上，行为从众。

归纳起来，形成思维惰性的心理因素有以下几方面。

一、看问题片面

人对客观世界的认识是一个充满矛盾的复杂过程，它不是直线式进行，而是近似于螺旋的曲线式进行。在认识问题时，不思进取，懒于思维，不是站在全局看问题，这只会导致对事物只知其一，不知其二；一叶障目，不见泰山。要改变这种状态，我们就应即看到它的正面，又看到它的反面；即想到它的现在，又能预测到它的未来。

二、因循守旧

人类的思维除了有能动性与创意的一面外，又有落后于实践而墨守成规的一面。就连一些著名科学家也常常要受因循守旧的思想的影响。如晚年的牛顿没有提出新的理论和学说，而是潜心研究起《圣经》来，借希望从《圣经》中找到出路，最终使牛顿在晚年时毫无建树。

三、满足于现状

如果你仅仅满足于事务的目前现状，那你就肯定不会有创意的激情。安于现状，陷于保守，满足现有水平对现有的产品设计、制造方法、工装设备、质量标准以及现有的组织机构、管理规章、销售方式等，只是跟过去比，不向前看，不横向比，不放眼未来，盲目自大，最后只能使个人或企业的发展步入死胡同。

发明家在其他方面可能类同常人，但有一点例外，即他们总是对新生事物有强烈的好奇心和进取心。即使他们在系鞋带时，也会考虑如何使用鞋扣、按扣、松紧带、磁扣等解决鞋的束紧问题；当他们外出返回至办公室听到"有信函"时，他们就会希望能有一些新方法使他们不在办公室期间也能收到重要信息，这样他们就构思起寻呼机来；当他们烹调晚餐时，他们希望能有一些方法能避免擦伤锅体，这样他们就构思起不粘锅来……思维的惰性很容易让人过起吃老本、高枕无忧的日子，而不去想更上一层楼，结果不知不觉中被后来者代替。很多红极一时的个人或企业就是因此从高峰跌落下来的。

所以，我们不要仅满足于一两个好主意就为止，更不要满足于现状，而是让思维活起来，能动起来，才能产生新的思路，进入更高的境界。

哈佛大学创意课指出，要克服思维的惰性，首先必须冲破习惯意识的束缚，更新旧有的观念和思维方式，运用立体的眼光，从全局的角度，用新方法改进事物的形态、特性和功能等，以便取得问题的解决。

这就要求我们要敢于异想天开，标新立异。当然，在实际工作中，我们这里说的异想天开和标新立异，是与日常生活和工作密切相关的，是理性的和务实的。

由于事物多种多样的特性、用途和功能，我们要学会从各个不同角度和侧面，使用各种不同的方法和工具，运用各类不同的科学知识，逐一研究问题或考察现成的事物，以便制订适当的方法和措施，尽量减少缺点与失误，而求得更大效益。

还要打破对思维的理解上存在的一些误区。具有惰性思维的人往往认为思维能力是天生的，后天训练没有用。这样的想法是不对的，人人都有思维的潜力，只是程度不同而已。可能有的人思维活跃一些，有的人思维迟钝一些，但只要经过有针对性的训练，人人都会有出色的思维能力。

可以这样说："积极的思维可贵又可畏。"积极的思维使你走向成功，消极惰性的思维将使你误入歧途。当你意识到思维的消极作用，并能发挥出创意思维时，走向成功的希望就大大增加了。

学会全方位思维

我们知道,雷达就是通过不断旋转方向,来搜索更大空域内的目标,我们在思考问题时也是如此,如果你一直沿用老一套思维方式去理解问题,那么你很可能就会永远跳不出思维的"暗箱",找不到问题解决的办法。为此,请你转换一下思考的方位,变换一下思维方式,或许会收到意想不到的结果。

有一位画家,画了两幅同样的画。他先把其中的一幅放在大街上,告诉过往人如果发现这幅画的败笔之处,就用红笔圈出来。三天后,画被圈满了。之后,他又把另一幅同样的画挂在大街上,告诉过往的人们,把这幅画的最成功之处圈出来,三天之后,画同样被圈满了。

这个故事告诉人们:思考是多角度的,同样一件事情,有时不在于它本身优劣如何,而关键是我们怎么看它,而且人们的看法又是容易被引导的。用欣赏的眼光看事情,事情会是美好的;用批评的眼光看事情,同样一件事又会糟糕透顶。所以为避免片面地处理问题,我们就有必要学会多角度地来思考问题,学会全方位思维。

一、寻求多种答案,学会多向思维

在自我突破过程中,成功的概率与设想出来的选择途径的数量成正比。例如,如果我们能想出100条路子,选出最佳方案的机会就比只想出10条路子多10倍。所以我们从多个方向来思考问题,并且尽可能多地列出多个解决的答案,这样会找到最佳的解决问题的途径。我们要力求避免那种刻板僵化的思维模式,要以一种动态的眼光看待事物,要有考虑多种可能性的思维方式和态度。

因此,我们在思考问题时,要拓宽思维的渠道,学会从不同角度设想问题，能尽量提出不同类型的多种答案，能灵活地变换影响事物发展的因素，全力寻找最优答案，保证问题的最终解决。比如我们可进行词语的流畅性训练，如尽量多地写出同音字、同部首词等；进行观念的流畅训练，要求举出属于同类的东西，如会飞的有哪些；进行联想的流畅训练，如写出和某一词意义相同或相近的词；进行运算的流畅训练，如用数字或字母以及各种数学运算形式来完成这一等式；进行图形的流畅训练，如任意找几块纸板拼装出尽可能多的图形。

总之，运用这些方法的主要目的是通过给问题找出尽可能多的答案来训练思维的流畅性，让你的思维视野更为开阔。

二、学会自由想象

丰富的想象力往往能活跃你的大脑，拓宽你的思路，让你的思维更具弹性。它有可能会把你带进一个意想不到的境界中，从而使你获得更大的思维动力。

我们的大脑有着完美的想象能力，能将现实的生活转变为不可思议的美好景象。西方有一位被称为奇异之才的工程师，叫泰斯拉。据说，他拥有一种不可思议的能力。例如，他只凝视一张张画满零件数据的设计图纸，就可以在自己的头脑中显出一台已经装配完整的机器形象，甚至于细微到每一个小螺丝都清晰可见。即使设计中出现错误，他也可以在头脑中运行检验，并指出错在哪里。泰斯拉非凡的形象化思维能力，在于他能把所有的客观因素都转化为自己头脑思维的因素。

正如莎士比亚在《哈姆雷特》中讲过的："你就是把我关在胡桃盒子里，我也是无限想象空间的君主。"

学会自由想象，就是展开你思维的翅膀，就是打开了你思维的天线，应当任凭它自由翱翔，而不受现实得失考虑的约束。实验表明，在创意诞生的初级阶段，设想越是海阔天空越好。因此，在进入具体的应用问题以前，无须对设想的相对优势做出决定，真正有创意的人是先让想象力自由驰骋，然后再回到现实中来，让自己的思维既放得开，又收得拢。

三、放弃急于求成的思维方式，防止片面思维

即使你的思维有了结果，也不要过早付诸行动，否则可能会发现这样的结果并不是自己原来想要的。明智地、冷静地、不带偏见地做出判断，但须在适当时机到来时再得出结论。很多人坚持立竿见影的工作作风，不愿意围绕一个问题来冥思苦想。要知道，过早下结论，往往容易忽视真正富有创意的东西，而不能发现事物的本质特性。

防止片面地看待问题，就需要我们尝试跳出自身专业局限，以拓宽思维视野。现在有一个事实不可否认，那就是培养人才还是按掌握一定程度的专业知识来进行。如果仅仅这样的话，将是一件非常可惜的事，因为这只能将人才的眼光局限在一个领域范围内。这好比手电筒，除了那一束光照亮的范围之外，我们什么也看不见——这就是所谓视线或观察的盲点。也正因此，有人说："一个领域的专家往往在其他领域里就是一个白痴。"我们仔细观察可以发现，很多成功人士都是在本专业以外的领域取得成功的。如郭沫若原先是学医学的，但他后来却在诗歌、戏剧、小说等文艺领域取得成功，而且在考古学上也有独到之处。

如果只是限于专业之内来处理问题，这只能阻碍创意思维的产生，因为缺少触类旁通的联系来谈创意发明是不可想象的。最好的、最有创意的答案很可能来自一个与专业无关的领域，但不去探索是得不到的。试着抛开专业的眼光，去培养用另外一种好奇心来观察问题，你可能会发现另外一个新天地。

最后，我们引用一位智者说的话：伟大的秘诀，首先就在于去掉自以为被封在有限能力的躯体内的可怜想法。请展开你思维的翅膀吧。在现代社会，人要有克服困难的精神和毅力，但我们更需灵活的思维方式。让我们以开放式的思维，走出眼前的困境，开拓出一片崭新的天地来。

第十二课　不自缚——突破其他思维定势

摆脱狭隘思维

这里有个案例，叫做"避免霍布森选择"。"避免霍布森选择"是什么意思呢？300多年前在英国伦敦的郊区有一个人叫霍布森。他养了很多的马，高马、矮马、花马、斑马、肥马、瘦马都有。他就对来的人说，你们挑选我的马，可以选大的、小的、肥的，可以租马，可以买马，可以任意选择。人们非常高兴地来了，但是在马圈的旁边只留有一个很小的门，如果你选大一点儿的马，就很难牵出来，因为门开得很小。后来有一个获得诺贝尔奖的人叫西蒙，就把这种现象叫做霍布森选择。就是说，你的思维境界只有这么大，没有打开，没有上层次，思维视野狭隘而封闭。那怎么办呢？我们要采取多向思维，以开放性的思维，拓宽那扇窄小的"思维之门"，如果能拓宽自身的思维视野的话，在解决任何困难和问题时就会游刃有余。

美国科学家曾做过一个实验，把一只蜜蜂和一只苍蝇分别放进一个开着口的玻璃瓶里，只留有瓶底是透光的，观察它们的反应。一些苍蝇乱飞一气，它们则从出口飞了出来，而有些蜜蜂则始终对着透光的瓶底飞，最后累死在瓶子底。

蜜蜂没有意识到所处环境的变化，还是按照旧有的思路来向着"光明"飞行，结果却因此将自己累死。这个实验告诉我们，在面临新问题时，要启动头脑，进行开放性的思考，这是走出困境的最好思路。我们不管做什么事,不要囿于已有的思维方式,要打开思维的天线,从外界吸收更多新鲜的信息,面对新的问题与困难,不断调整思维方向,直到解决问题,而不能一条道走到底。

马克思说过:"最蹩脚的建筑师也要比最聪明的蜜蜂高明许多。"因为任何建筑师在造大楼之前,那栋楼就已经创意地存在于建筑师的大脑中;而蜂房再精妙绝伦,也只是蜜蜂们依靠本能在工作,它们事先并不知道将会把它造成什么样子。人们在匆忙的工作中都有一个明确的目标和计划,并能够对自己奔忙的结果进行预料。也就是说,人类更多的是在有目的地运用自己的创意力,而不只是凭着本能或经验慢慢向前推进。

封闭式思维的形成实际上受方方面面因素的影响,比如来自于环境、教育、感情、文化、认识等方面,这些因素都会自觉或不自觉地将你的思维渠道阻塞。我们要战胜造成阻碍思维发展的各种因素,就要学会以开放性的思维方式来理解和分析问题。又如,我们在思考问题时经常聚变思维多,裂变思维少;正向思维多,逆向思维少;逻辑分析判断多,想象和直觉思维少。对于个人来说,思维僵化,思路狭窄,就是我们俗话所说的"钻牛角尖""走死胡同",一旦人的思维钻入"牛角尖"、走入"死胡同",问题解决起来就困难了。不能以开放式的思维来认识和解决问题,就等于束缚了自己的思维。哥伦布能够在众目睽睽之下把鸡蛋竖起来,就是敢于打破思维的自我束缚性。

我们经常会看到,企业执行官不愿意查阅旧账,以免使自己过去制定的决策重新受到人们的评论或质疑;企业班组负责人也不愿意让自己上个月刚刚设法否定过的事情又再度被提起或复审;职员们也同样不想让自己的已获公司审批通过的构思再惹出麻烦,诸如此类的因素实际上往往使人们的思维故步自封。要想消除掉这些人为的因素,别无他法,就是要有勇气打破自我,敢于面对自己,以另外一种新的思维视角来看待和理解这些问题。

俗话说:"当局者迷,旁观者清。"由于当事人对利害得失考虑得太多，过分耗费心机，看问题反而糊涂，没有旁观者冷静、客观、看得清楚，想得明白。我们要突破封闭式思维的束缚，就要跳出那种原地踏步式的思维圈子，用局外思维，站在更高层次上，把握事物的规律，从而摸准事物发展的脉络，找到最佳的解决方法。

这时就要特别注意处理好两个关系：

一是站在局外思维与立足局内决策的关系。站在局外思维可以摆脱局限性，但又不能脱离实际，做出不切实际的决策。

二是局外观察与局内权衡的关系。局外思维可以站在局外观察问题，但不能超脱局内利害得失来权衡决策。

一个旁观者常常轻易发表意见，因为后果好坏与他没有直接的利害关系。因此，局外思维必须是在局外观察，在局内权衡定夺，这才能得到最佳的思维效果。

突破思维惯性

英国一家报纸举办一项高额奖金的有奖征答活动。题目是：在一个充气不足的热气球上，载着三位关系人类兴亡的科学家，热气球即将坠毁，必须丢出一个人减轻载重。三个人中，一位是环保专家，他的研究可拯救无数生命因环境污染而身陷死亡的噩运；一位是原子专家，他有能力防止全球性的原子战争，使地球免遭毁灭；另一位是粮食专家，他能够使不毛之地长出谷物，让数以亿计的人们脱离饥饿。

奖金丰厚，应答信件众说不一。巨额奖金的得主却是一个小男孩，小男孩的答案是——把最胖的科学家丢出去。

这个故事带给人们深刻的启示。有时，复杂的不是问题，而是看问题的。人们在考虑问题的同时，把自己生平所有积累的经验和知识加了进去，殊不知，这不只是一个人的思维惯性，而且是人的包袱。

自然界里最后能生存下来的物种，并不是那些最强壮的物种，也不是那些最聪明的物种，而是那些最能适应环境变化的物种。

然而，不是每一个人都能立即全心全意地接受改变，因为接受新事物意味着放弃旧东西，意味着改变旧有生活模式。我们今天用惯了电话，没有电话已经无法正常地工作和生活，要知道贝尔刚发明电话时，人们嘲笑说人是不可能对着一个装满电线的匣子说话的。

如果你只想保持眼前舒适顺畅的生活而毫不思变，很可能是因为习惯了，或害怕失败，反对任何新的尝试。

"大家都是这样做的""我做这一行以来，从没听说过这种事……"一旦自我设限，只会墨守成规时，有趣的新组合以及打破规则的创意就永无出头的机会。不管怎样，抗拒改变的心态会牵绊你前进的脚步。

有这样一个故事：

一位年轻有为的炮兵军官上任不久，到下属的部队检查炮兵操练的情况。他在几个部队发现相同的情况：在一个操练单位中，总有一位士兵始终站在大炮的炮管下面，一动不动。军官实在想不通怎么回事，就上前询问，得到的回答是：操练条例是这样要求的。军官觉得奇怪，回去查阅条例，终于搞清楚了。

在非机械化时代，是用马车运载大炮到前线的，站在炮管下面的士兵的任务是负责拉住马的缰绳，以便在大炮发射后调整由于后坐力产生的距离偏差，缩短再次瞄准的时间。现在大炮已经机械化和自动化了，不再需要拉马缰绳了，操练条例却没有及时调整，因此出现了不拉马缰绳的士兵。长期以来，炮兵的操练条例始终坚持着旧时代的那个规则。

其实在我们的生活中，这种"不拉马缰绳的士兵"到处都是，惯性思维真的是前进途中的一个羁绊。

不要画地为牢

一头巨象被一根细细的铁链子锁在一根小小的木桩上，周围只有一圈矮矮的木栅栏。以那头巨象的力量，一个小跑就能把链子挣断，一甩鼻子就能把栅栏甩到天上。人们好奇地问："大象不会跑掉吗？"导游说："不用担心大象会跑掉。这头象刚来这里时还很小，当时就用这根链子、这根桩和这个栅栏来困住它。因为它当时根本没有挣断铁链子的力量。小象一天天长大，可是它并不知道自己现在的力量可以挣断链子逃出去。它不敢再那样想，也不再那样尝试，于是，它就永远待在这里。"

现在锁住我们的也是这样的"链子"。刚上小学时，老师一提出问题，一只只小手齐刷刷地举起，互不相让，争着发言。随着学龄和年级的不断升高，曾经潇洒抬起的手渐渐减少。最初的那些明亮的眼睛、高扬的手到哪里去了？被无形的"铁链"捆住了。无形的"铁链"是什么？是回答错误时老师的否定，是意见相悖时其他同学嬉笑的表情，是对小心翼翼的错误答案当头一棒的斥责断喝……慢慢地，我们已不再相信自己的思维价值，不敢用自己的语言表达自己的内心情感。面对许许多多的限制，面对重重叠叠的规范，我们默默地低下头，小心谨慎地把自己的思维半径痛苦地划定在标准答案之内，俯首帖耳地在A、B、C、D围成的思想栅栏里困兽般地徘徊。现在，就让创意这把"利斧"将我们头脑中的种种限制全部砍掉，让我们自己的心灵自由地驰骋在创意的家园。

在20世纪90年代中期之前，飞利浦公司的所有广告和营销活动都是在产品层面、以本地市场为基础开展的。结果在同一时间，虽然有许多不同的飞利浦活动在进行，但并没能把飞利浦作为一家全球公司的形象在世界范围内统一展现。1995年，飞利浦引入了第一个全球主题"让我们做得更好"，这也是第一个体现"一个飞利浦"的全球活动，它第一次把整个飞利浦公司整合起来，给员工归属感，向外界展示统一的公司形象。在某种意义上说，直到这一主题的出现，"PHILIPS"这个标志才被赋予了统一的、内涵丰富的、拥有强大生命力的意义。2000年前后，飞利浦连续7个季度亏损；2004年9月13日，飞利浦在全球同时发布了新的品牌战略：在飞利浦所有的广告、产品包装和其他宣传品上，除了"PHILIPS"这个标志，还在相应的位置配上了一句"Senseand Simplicity"（中文翻译为"精于心，简于形"）。

这次看似小小的改革却对"PHILIPS"这个品牌意义重大。它使飞利浦以此为契机，在人力资源、IT、财务、公关、市场营销、品牌推广、组织架构等方面进行了整合，为公司在新的形势下顺畅发展奠定了基础。

无论对于公司还是对于个人来说，超越自我都可以带来新的突破和成长。

创意是人类最美好的行为，是人类最高尚的劳动。人类社会的文明史就是一部创意发明史。在原始社会，若没有燧人氏发明钻木取火，人类恐怕还得生吃食物；若没有工具的发明，人类就不能与动物相揖而别。创意推动了人类的进步，创意带来了今天的文明，创意还将把人类推向更美好的未来。

在充满失败的探索创意的路上，我们是否会失去自己应有的创意高度？不会。因为在创意的天地中，我们一直坚信，每个人都有自己独特的个性和长处，每个人都可以选择自己的目标，并通过不懈的努力去争取属于自己的成功。

只要我们正确审视自己并不断完善自己，每个人都会发挥出巨大的创意潜力，都能够有自己的创意空间。

突破各种偏见

如何才能突破思想意识中固有的种种偏见？一般来说，可从以下几方面着手。

一、利益偏见

利益偏见是由于利益关系而导致人们产生的一种无意识偏斜，即对公正的微妙偏离。

利益偏见在普通人身上并不鲜见，马克思所说的"鸡眼思维"就是一个常见的例子："愚蠢庸俗、斤斤计较、贪图私利的人总是看到自以为吃亏的事情。譬如，一个毫无修养的粗人常常只是因为一个过路人踩了他的鸡眼，就把这个人看做世界上最可恶和最卑鄙的坏蛋。他把自己的鸡眼当做评价人们行为的标准。"

"王婆卖瓜，自卖自夸"其实也是一种典型的利益偏见思维模式。

在生活中人们的话语表述背后也同样充满了利益偏见。比如，大多数的恋人都认为自己找到了世上最好的人，大多数孩子也都会得出结论说自己的父母是世界上最好的父母。

二、位置偏见

下面是一段小海浪与大海浪的对话。

小海浪：我常听人说起海，可是海是什么？它在哪里？

大海浪：你周围就是海啊。

小海浪：可是我看不到啊？

大海浪：海在你里面，也在你外面；你生于海，终归于海；海包围着你，就像你自己的身体。

其实，每个人都生活在一定的社会坐标体系中，各种思想无不打上各自鲜明的烙印。正如宋末词人蒋捷的词中所说："少年听雨歌楼上，红烛昏罗帐。壮年听雨客舟中，江阔云低断雁叫西风。而今听雨僧庐下，鬓已星星也。悲欢离合总无情，一任阶前点滴到天明。"

黑格尔也曾说："同一句格言，出自青年人之口与出自老年人是不同的，对一个老年人来说，也许是他一辈子辛酸经验的总结。"站在什么样的年龄位置就会有什么样的感情，站在什么样的社会位置，就会得出什么样的认知结论。

在企业管理中，一些老板总抱怨员工出工不出力、磨洋工，而员工则总是抱怨老板发的钱太少、心太黑。这其实就是各自所处的位置不同，思考问题的出发点不同，才导致了双方无法弥合的思维差异。

三、文化偏见

曾任美国人类协会主席的华裔人类学家许烺光在《美国人与中国人》一书中举了一个例子：

"在一部中国电影中，一对青年夫妇发生了争吵，妻子提着衣箱怒冲冲地跑出公寓。这时，镜头中出现了住在楼下的婆婆，她出来安慰儿子：'你不会孤独的，孩子，有我在这儿呢。'中国观众很少会因此发笑，而美国观众却爆发出一阵哄笑。"

这两种截然不同的反应所透出的文化差异是异常明显的。在美国人的观念中，任何感情都无法代替因婚姻带来的两性关系，而中国观众却能恰当地理解母亲所说的含义。

我们所有的人都受到自己所在地域、国家、民族长期积淀的文化的影响，看待问题的角度不可避免地打上文化、宗教、习俗的烙印。

四、以偏概全

白纸上有一个黑点，你会联想到什么？

答案是多种多样的：芝麻、苍蝇、图钉、太阳黑子、污迹……抽象思维较为活跃的人可能会回答缺点、遗憾、损失等较为抽象的概念。

但是，为什么就没有想到其他的？为什么眼睛要紧紧盯住那个黑点？有没有看到黑色的只是一小点，而旁边的白纸却是一大片？正是这个黑点束缚、禁锢了我们的思维，使我们看不到更多、更好、更丰富的世界。

某些人一件事情没有办好，就垂头丧气："我真没用，我真窝囊，我是天底下最愚蠢的人。"有些人则透过别人不经意的一句话或一件事就给旁人下定义："他品质有问题。"

其实，我们应当关注广阔的存在，而不仅仅是那个小小的黑点。

五、固执

在一个池塘边生活着两只青蛙，一绿一黄。绿青蛙经常到稻田里觅食害虫，黄青蛙却经常悠闲地躲在路边的草丛中闭目养神。

有一天黄青蛙正在草丛中睡大觉，突然听到有人叫："老弟，老弟。"它懒洋洋地睁开眼睛，发现是田里的绿青蛙。

"你在这里太危险了，搬来跟我住吧！"田里的绿青蛙关切地说，"到田里来，每天都可以吃到昆虫，不但可以填饱肚子，而且还能为庄稼除害，况且也不会有什么危险。"

路边的黄青蛙不耐烦地说："我已经习惯了，干吗要费神地搬到田里去？我懒得动！况且，路边一样也有昆虫吃。"

田里的绿青蛙无可奈何地走了。几天后，它又去探望路边的伙伴，发现路边的黄青蛙已被车子轧死了，暴尸在马路上。

很多灾难与不测都是因为我们固执己见而不听从别人的意见造成的。

固执就是思维的僵化和教条。换位思考要求我们学会从各个不同的角度全面研究问题，抛开无谓的固执，冷静地用开放的心胸做出正确的抉择。是否这样做往往决定你能否走向成功。

固执的黄青蛙企图仅凭一个不变的哲学，固执己见地想强渡人生所有的关卡，显然是行不通的。它忘了在人生的每一次关键时刻，应随时检查自己选择的方向是否产生偏差，忘了应该适时地进行调整，更谈不上审慎地运用智慧，做出适当的抉择。

可以说，生活中很多人都像那只路边的黄青蛙一样，不喜欢改变，喜欢固执己见，死守一成不变的思维模式，在这种模式中不断地自我消耗、自我衰退。

　　哈佛大学创意课指明，安于现状、固执己见，是造成人生劣势的主要原因之一，而勇于突破自我的思维习惯，不让自己停留在熟悉而危险的现状中，让自我更健全，更有应对力，才能真正拯救自己，完成人生的大业。

第十三课　塑造创意的力量

培养和开发创意思维

创意思维是一种具有开创意义的思维活动。对此可以从狭义和广义两个方面去把握。

狭义的创意思维，是指在探明未知的认识过程中，能提出新理论、形成新观念、创造新方法的思维活动。它不仅强调思维成果的独创性，而且重视思维成果在社会发展过程中的重大影响。例如，杰出的思想家提出的重大新理论，杰出的政治家提出的重大新观点，杰出的科学家发明的重大新技术，这些对于社会历史发展具有重要的指导意义和巨大推动作用的思维活动就是创意思维。

广义的创意思维，是指在思维过程中，没有有效方法可以直接运用，不存在确定规则可以遵循的那些思维活动。也就是说，在实践活动中，凡是想别人所未想、做别人所未做、敢于破旧立新的思维活动，都属创意思维活动，它强调的是能克服常人、前人所克服不了的困难，解决常人、前人所解决不了的问题，在实践活动中有新的见解、新的发现、新的突破。总之，只要不是重复已有的结论，模仿已有的方法，而是在原有的结论和方法的基础上做出了新的独创、新的结论，用新的方法分析和解决了新的问题，都是创意思维。

不仅在科学领域中那些重大的发现和发明过程中需要创意思维，就是在人们日常的政治、经济、生产、教育、艺术等活动中也需要创意思维。因此，创意思维对人们的实践活动具有普遍意义。

哈佛大学创意课阐明，创意思维是一种需要人们付出艰巨劳动，运用高超能力的思维活动。这是因为，人们要获得一项创意思维的成果，往往要经过长期的观察、艰辛的探索、潜心的研究，并且要经过多次挫折失败的反复过程。创意思维能力要经过长期的知识学习和积累、智能的开发和训练、素质的提高和磨砺。

与常规性思维相比较，创意思维具有自己的特点，主要有：

一是独创性。创意思维的特点在于创意，它在思路的探索上、思维的方式方法上和思维的结论上，都独具卓识，能提出新的创见，做出新的发现，实现新的突破，具有开拓性和独创性。常规性思维是遵循现存常规思维的思路和方法时进行思维，重复前人、常人过去已经进行的思维过程，思维的结论属于现成的知识范围。人生思维所要解决的是实践中不断出现的新情况、新问题。常规性思维所要解决的是实践中经常重复出现的情况和问题。注意观察研究，可以看到我们周围有两种类型的人：一种是不加分析的接受现有的知识和观念，思想僵化、墨守成规、安于现状。这种人既无生活热情，更无创意意识。另一种是思想活跃，不受陈旧的传统观念的束缚，注意观察研究新事物。这种人不满足于现状，常常给自己提出疑难问题，勤于思考，积极探索，敢于创意。我们应该学习后一种人，培养和锻炼创意思维的能力。

二是机动灵活性。创意思维不局限于某种固定的思维模式、程序和方法，它既独立于别人的思维框子，又独立于自己以往的思维框子。它是一种开创性的、灵活多变的思维活动，并伴随有"想象"、"直觉"、"灵感"等非规范性的思维活动，因而具有极大的随机性、灵活性，它能做到因人、因时、因事而异。

常规性思维一般是按照一定的固有思路方法进行的思维活动，使人们的思维缺乏灵活性。

三是风险性。创意思维的核心是创意突破，而不是过去的再现重复。它没有成功的经验可借鉴，没有有效的方法可套用，它是在没有前人思维痕迹的路线上去努力探索。因此，创意思维的结果不能保证每次都取得成功，有时可能毫无成效、有时可能得出错误的结论。这就是它的风险。但是，无论它取得什么样的结果，都具有重要的认识论和方法论的意义。因为即使是不成功的结果，它也向人们提供了以后少走弯路的教训。常规性思维虽然看来"稳妥"，但是它的根本缺陷是不能为人们提供新的启示。

在很多情况下，无论是科学家或者是其他成功的人士，他们并不是得天独厚的"天资聪颖"，他们的成功在于他们积累了一定的知识与经验以后，再将其创意思维通过超常的想象力而迸发出来，形成一种发明或者创意，而这种发明或者创意又极大限度地满足了许多人在物质上的或精神上的需求，于是，他们成功了。

其实，超常思维和创意思维在概念上有着一定的差别，超常思维可以给你带来一定的灵感，而创意思维却可以让你在冥冥之中"豁然开朗"。也许超常思维就是创意思维的"前身"吧？没有超常思维，就谈不上创意思维，而创意思维却是在超常思维的基础之上建立起来的一种能够对问题进行全面分析的综合思维形式。

不仅如此，创意思维需要一个人经历一定的训练才能够拥有，它有时候需要一个人对事物的正确理解，需要勇于打破传统思维定势的精神，需要对事物的综合分析能力。

没有人是天生就能够发明和创意的，有的人天生头脑聪明，有的人却不是，因为这是智商的差别，而天生聪明的人不一定是天生的发明家，天生"笨"的人未必不能够成大器。关键在于，你能够认识自己的本质吗？你能够开发自己的潜能吗？

哈佛大学创意课指出，突破传统的思维模式是发挥超常思维的前提条件，但是能够正确地开发自己的潜能，通过自己对事物的多方面理解，然后对事物进行归纳性的总结，在此基础上，你就可以创意新的与众不同的东西。

许多行为科学家在研究成功的企业家的时候几乎同时发现了这样的一个"特殊"现象：几乎大多数企业家并不是天资聪颖，而是他们有另外的一种本能,一种潜在的本能,那就是卡耐基成功学里所提出的"情商"。一个智商很高的人,不一定就是"情商"很高的人。企业的运作没有一套固定的模式,这就需要一个人的运作能力,需要一个人对商业市场的特殊敏感力以及把握市场走向的综合的判断力和想象力,而这些能力无形之中就体现了一个人的创意思维形式。因此,许多成功的企业都会有一种属于自己的运作模式,有一套有别于他人的管理方式,这就是因为创意思维的结果。

其实,在很多场合下,通过一个人说话以及对事物的观点和认识,就可以知道其是否具有一定的创意思维。比如说在一个单位,谁也没有胆量拿自己的领导开玩笑,那样的话,你就小心自己的脚了(给你小鞋穿),但是有一位先生却不然,在单位,他敢于大胆地说话,敢于标新立异,在进单位的第一天就在众目睽睽之下称其领导为"大哥",而被他称为大哥的人年龄却大他一倍还多。不过,这位先生不但没有受到"压制",反而在几年以后,被他的大哥相中为"千里马"受到重用,最后在大哥退休的时候接任其职位,这不能不说是一个"奇迹"。

在特殊的场合下,很多时候,由于环境的限制,人们不能大胆说话,不敢提出与别人相反的意见,因为那是"权威",你如果提出相反的意见,立即会成为"众矢之的",因此,往往在这个时候,也就会压抑了你灵感的产生,久而久之,也就会把你的许多灵感和创意思维磨灭殆尽,于是你就会随大溜,没有了自己的主张,在关键时候也就不能够展现你的真正本事了,因为你一直只是一味地附庸别人,从没有过自己的独创。

超常思维和创意思维也不是意味着一味地对别人的任何论点的反驳,那样的话就是张狂,自以为是,也就显得一个人的自我中心意识太强了。

只有善于观察、善于分析的人,才能够发挥创意力,因为他在观察和分析的时候会发现很多问题或者新的想法,于是他就用不一样的眼光去审视、去研究,就会在超常思维的带领下去突破,去发明或者创造。因此,创意思维是超常思维的结果,是对事物本质的总结与提炼。

有了创意思维,可以将你带向成功的方向,充分发挥你的想象,也就为你的成功找到了一把金钥匙。

有强烈的创新意愿

创造和幸福是什么关系?创造是力量、自由及幸福的源泉。英国著名哲学家罗素把创造看做"快乐的生活",是"一种根本的快乐"。苏联教育家苏霍姆林斯基认为,创造是生活的最大乐趣,幸福寓于创造之中,他在《给儿子的信》中写道:"什么是生活的最大乐趣?我认为,这种乐趣寓于与艺术相似的创造性劳动之中,寓于高超的技艺之中。如果一个人热爱自己所从事的劳动,他一定会竭尽全力使其劳动过程和劳动成果充满美好的东西,生活的伟大、幸福就寓于这种劳动之中。"这些论述深刻地揭示了创造和幸福的内在联系,说明创造是获得新的幸福的源泉。

为什么说创造是人类获得新的幸福的源泉和动力?我们知道,幸福是人们在进行物质生产和精神生产的实践中,由于感受到所追求目标的实现而得到的精神上的满足。然而怎样才能满足人们物质生活和精神生活的需要?要靠劳动、靠工作,靠为事业奋斗。而人们需要的内容是不断发展的,需要的层次是不断提高的,旧的需要满足了,又会产生新的需要;低层次的需要满足了,又会产生高层次的需要。

要满足人们不断提高的需要,实现人们对幸福的新追求,就要靠创造,创造新的物质财富和精神财富。所以,要深入理解创造和幸福的关系,就必须探讨研究人的需要问题。

美国的现代人文主义心理学家马斯洛把人的需求从低级到高级排列为五个层次:生理需求、安全需求、情感和归属的需求、尊重的需求和自我实现的需求。他把自我实现的需求看做人的最高层次的需求。他认为，人都有发展或成长的趋势，成为探索真理的、有创造力的、有美好愿望的人。对于这种自我实现的需求来说，人的其他一切需求都可以看做达到这个终极目的的手段。

马斯洛所说的人的自我实现的需求类似于人的自我发展的需求。发展人的生命力，进行创造性实践活动是人的本质力量的实现，因而也是人通过对象化活动实现自我的表现。例如，作家勤于写作，画家乐于绘画，科学家潜心研究，技术工人努力攻克技术难关，他们专心致志地从事自己的工作，在精神上感受到极大的幸福。而有些人没有崇高的目标和远大的理想，他们就会感到精神空虚，使自己的青春年华虚度。人以其需要的无限性和广泛性区别于其他一切动物。动物受到自然和机体的限制，因而其需要是狭隘的、有限的。

人因其创造性的实践活动，创造了丰富多彩的需要，就其发展趋势来说是广阔的。随着生产力的发展，人的物质需要的实现将越来越有保证，其结构将趋向丰富化、优质化；人的精神需要将会变得越来越强烈，趋向于大量化、高雅化。

总之，在创造性的实践活动过程中，人的需要不断发展，并不断产生新的需要；而人需要的不断发展和新需要的不断产生又推动着人的创造性实践活动水平的不断提高；人的创造性实践活动水平的不断提高，将会满足不断发展的需要和新产生的需要，从而把人类的物质生活和精神生活不断推向幸福的新境界。

自我实现创意意识

关于创意力，我们以往的理解十分狭隘，就是只注意那些著名的科学家、发明家、文学家和艺术家是具有非凡的创意力的，所谓"天才的创意力"。我们要强调创意力，就要改变观念，要承认并重视广泛的创意力。因为创意力不是某些"天才"人物和专业人员的特权与专利，而是人人都具有的一种潜在能力。

任何一个成功的作家、音乐家或发明家，他们的劳动当然是开发了自身的创意的潜能。而一个没上过学、出身贫寒、没从事过什么专业工作的纯粹家庭主妇呢？未必没有创意力。她有可能花很少的钱把一家人的日常生活安排料理得相当不错；她可能是个奇妙的厨师，做的饭菜十分美味可口；她可能在处理家务、布置家庭环境方面有许多独到、新颖、精巧之处，这些不就是创意的表现吗？任何事情都可以做得具有创意。创意的潜能几乎人人都有，但所有的角色和工作，都可以是有创意的，也可能是没有创意的。

一位心理治疗医生，他从未写过著作，也从未创意出任何新的理论，但他乐于帮助别人去改善他们的生活。他把每一个患者都看成世界上独一无二的人。他没有多少高深的理论和先入为主的框框，他却具有孩子般的天真和杰出的智慧，他能以灵活新颖的方式理解和解决面临的问题，甚至在非常困难的病例上，他都获得了成功。这就证实了他的工作是有创意的。

自我实现的创意力本来是人人都有的一种潜能，但主要是心态积极、热爱生活的人才会在他们的生活和工作中显露出来。它通常表现为一种特殊的洞察力，他们往往能发现新颖的、未加工的、具体的、有个性的东西，正如有些人习惯于注意一般的、抽象的、已经定型成规的东西一样。前者经常生活在真实的自然的世界中，而不像后者总是生活在抽象、概念、期望、信仰和刻板的世界中。我们常常分不清这两个不同世界，把它们混淆起来，还以为有的人有创意力，而另一些人似乎天生就没有创意力。

创意的潜能是人人固有的基本特性，由于许多人总是消极地适应社会环境，墨守成规，这就不知不觉地抑制、埋没以致丧失了自己的创意潜能。而另一些人则相反，倾向于求变创新。所以说自我实现创意主要在于心态和人格的积极向上，而不是其成就的大小。有些人之所以缺乏创意力，是由于心态消极而把自己的潜能给埋没了。

有些人觉得自己不够聪明，常常为自己的脑子是否够使而感到怀疑。其实，这个担心是多余的，大脑接受、储存和综合各种信息的潜能是极其巨大的。

人的大脑可以看做电脑，因为电脑和人脑一样，能够吸收、储存和运行大量的信息，但人脑的功能却比现在任何最先进的电脑强大得多。美国加利福尼亚的大脑智力研究所的一些专家认为，人的大脑功能实际上是无限的。那么是什么因素阻碍着我们充分利用大脑如此巨大的潜能呢？关键就是我们还没有学会给自己编排解决一系列问题的程序，也就是我们迫切需要发展积极的心理态度。如果我们把大脑的构造比作电脑，那么心态和意识就是输入的程序。

精神力量对创意成功是至关重要的。人们在选择控制自己的情感和与人交流思想感情方面也有巨大的潜能可以开发利用。人的言谈举止、交际水平和心律、血压、消化器官运动以及脑电波都可以受到精神力量的控制和影响。比如有的人不幸患了不治之症，身离黄泉路不远，但一旦心态积极和精神振作，决心与病魔斗争，该干什么就专心致志干什么，最后竟能创造出奇迹。正因为这类事例世界各国都有，并有案可查，科学家们才会预言：终有一天，我们会发现人体有能力使自身再生。这不是指医学手段的新发展，在人体内更换各种零件，而是指精神力量的巨大作用。

"生命在于运动"，这是众所周知的至理名言。然而现代科学研究的新发展认为"生命在于脑运动"，因为人的机体衰老首先是从大脑开始的。

研究表明，每个人长到10岁以后，每10年大约有10%控制高级思维的神经细胞萎缩、死亡。信息的传递速度也随年龄的增长而逐渐减慢。但这不要紧，如果坚持脑运动和脑营养的供应，则每天又都有新的细胞产生，而且新生的细胞比死亡的细胞还要多。

日本科学家曾经对200名20～80岁的健康人进行跟踪调查。他们发现经常用脑的人到60岁时，思维能力仍然像30岁那样敏捷，而那些30

~40岁不愿动脑的人，脑力便加速退化。

美国科学家做了另一项实验，把73位平均年龄在81岁以上的老人分成3组：自觉勤于思考组、思维迟钝组、受人监督组。初级结果是：自觉勤于思考组的血压、记忆力和寿命都达到最佳指标。3年以后，勤于思考组的老人都还健在；思维迟钝组死亡12.5%；而受人监督组有37.5%的人已经死亡。

由此可见，勤于思考、追求事业是人们健康长寿的奥秘所在。这一点有许多事实可以说明，比如，英国剧作家、社会活动家萧伯纳享年94岁，晚年仍有剧作问世；伟大的发明家爱迪生坚持用脑到84岁，发明成果1100多项；法国的一位女钢琴家104岁还能登台演奏；著名黑人作家杜波依斯87岁写作《黑色的火焰》，轰动世界；我国著名学者马寅初一生坎坷，由于勤于用脑活到100岁；我国现代气象学的开创者竺可桢，上中学时身体虚弱，还患过肺病，有人断言他活不到20岁，但他一直坚持奋斗，活到84岁，贡献卓著。

哈佛大学创意课指出，一个人只有相信并开发自己的巨大潜能，才会具有超群的智慧和强大的精神力量。只有这样，才会获得成功。在这个世界上，我们要学会不要依靠别人，因为一个总是靠别人扶持的人是不可能获得成功的。你唯一可以依靠的就是你自己。

自信意识、成功心理就是要我们靠自己！就像天上不会掉馅饼一样，也不会有人端着大盘子把幸运和成功送给我们任何一个人。

如果人生交给我们一道难题要求解答，那么它也会同时交给我们解决这道难题的智慧和能力。但这种智慧和能力总是潜藏在我们的生命里，只有当我们自信地去奋斗，自己救自己，它们才会聚集起来，发挥作用。

即便你自身条件不好，身世不幸，但只要你有积极的心态，你就能成为一个成功者和有用的人，你就能交上好运！

不断进行自我激励

一个人爬楼梯，分别以六层为目标和以十二层为目标，其疲劳状态出现的早晚是不一样的。卡耐基总结了人们生活的经验，认为：把目标定在十二层，疲劳状态就会晚出现些，当爬到六层时，你的潜意识便会暗示自己：还有一半呢，现在可不能累，于是就鼓起勇气继续上行……在这里，目标高低带来的自我暗示几乎直接决定了你行动力的大小。其实，在我们成长过程中，几乎无时无刻不在"爬楼"，或许你会意识到其中起作用的不只是生理因素，心理因素的作用将占极大的比例。再往深说一些，就是一个把期望放在怎样实现自我激励的问题。

提高需要层次和强化优势动机必须有具体方法。清醒地意识到激励因素在自己心理活动中的作用，并尝试运用自我激励的手段，便是有效的方法之一。

卡耐基认为，在以人为核心的管理科学中，激励理论受到格外的青睐不是没有道理的。人的需要结构和动机体系都是在一定的社会环境中建立起来的，环境对人们心态的影响常常表现为一种刺激，如果这种刺激是一种良性刺激，不论是来自内部或外部，都会对需要结构的调节和需要层次的提高产生良好作用，这便是激励。不满足于现状，是人的心理常态。当别人向你指出，或是通过自己的学习思考发现，"我"有可能改变现状，有可能干得更好，有可能获得更大的成果时，激励便有了立足之地。需要无止境，激励在各个层次上发挥作用的机会便也层出不穷。西方科学家在试验中发现：人的能力在一般情况下，只发挥了很小一部分，而在受到激励的条件下有可能几乎全部发挥出来。这说明大多数人自身还没有意识到，自己的能量简直就是一个处于潜伏期的活火山！而诱导其爆发的内因就是激励！

现代激励理论中有代表性的流派很多。根据管理自己的需要，我们重点介绍一下"期望模式论"。

美国心理学家佛隆的"期望模式论"的要点在于：人们在自觉去做任何一件事之前，总要在自己的心目中对这件事情的结果有某种价值评价，并对实现目标的可能性大小进行估计。例如，许多战士准备报考军校，上军校在他们心目中代表着自己人生中的一个重要的里程碑，是一个在思想、文化、军事素质上跃升的新层次。同时，如果他已经决定了报考，那么他还要根据对自己实力的估计和对周围环境的分析，考虑一下自己真正考上的可能性，就是我们俗话说的"掂量掂量自己"。对目标的价值和对目标实现可能性的估价，这两条将直接决定一个人为实现此目标将会付出多大的努力。因此，一个人行为激发力量的大小，取决于他对目标价值的估计和实现可能的估计，这就是"期望模式论"。

从管理自己、自我激励的角度看，佛隆给了我们两点启示：其一，决定行为动力大小的两个制约因素往往取决于个人主观上的估价，尽管这种估价不可能百分之百地准确反映客观现实，但它毕竟展示出了一个相当广阔的自我激励的天地。人的成功，在很大程度上不是靠外力，不是靠别人，而是靠自己，自己成为自己行为的推动者和主宰者。科学的分析和实事求是的估价是信心和力量的源泉。其二，我们曾多少次因为目光短浅、信心不足，而与那通向目标的岔路口失之交臂，"期望模式"带给我们的不应是一种盲目而简单的躁动，为了使自己科学的运用自我激励的方法，首先要全面地提高自己的认识能力。要不断通过学习来获取丰富的知识和培养真知灼见，以及锤炼自己的意志和胆略。如果你这样做了，即使以后遇到信心不足的时候，你也会知道从哪里入手可使自己重新振作，从哪里挽住牵引自己前行的某一根缆绳。

在现实生活中，我们被一件小事所鼓舞、所激励的时候极多。在那种时刻，倒也不见得用到什么激励理论，而更多的是根据自身的思想水平、人生目标和当前的迫切需要，把许多外在的因素化为自己的激励因素，这是一场面对自我的无声"较量"。对于一个迫切希望自己博学多识的青年来说，别的同伴比他知识多，甚至是多看了一本书，都能成为一种极强的激励。比如在部队里，有的战士就会因为投弹训练比同班战友少了五米而加班加点地苦练……

许多人曾经这样认为，没有高学历的人，成功的希望不是很大。

詹妮弗·彻尼从不相信传统的成功之路：获取文凭——谋求好职业。因此，她常常由于不遵循传统之道而受到非议。她说："我花不起这些时间。"她现在是房地产投资商，每年获利百万。

她在纽约州立大学只读了一年就退学了。她认为四年大学好像是中学和进入现实社会生活之间的一段间歇。她不愿花这么长时间休息，而是下决心进入商界挣100万美元。

她先进入一家缝纫厂做服装工人，在厂里以惊人的速度取得进步。每当有人离开这个艰苦的岗位时，她便对老板说："我能把活儿接过来吗？"后来，她开始从事销售工作，仍是以好学和拼命的精神投入工作，三年内工资由每年8000美元提高到5万美元。此时，她意识到在这里已干得差不多了，于是辞去工厂的工作。她的父母和朋友都劝她回大学读书："你别发疯了，你再也挣不到那么多钱了。"但彻尼不听劝告，她对从宝石到保险业的销售行情进行了调查，最后加入贝奇房地产公司。头一年对彻尼来说很不顺利，她做的几笔买卖都失败了，几乎没挣到什么钱。她白天东奔西跑，晚上到夜校读房地产经营的课程，第二年夜校的课程上完后，她的生意开始兴隆起来。那年她拿到100万美元的佣金。但当她刚做完一笔最大的交易后，就被老板解雇了。彻尼认为这是由于老板嫉妒她。

彻尼没有被打垮，她痛哭了一场后，接着又参加了夏皮罗房地产公司，仅仅一个星期，该公司买卖的成交额就增加了一倍。彻尼终于获得了巨大的成功。

这就说明，没有高学历，人们照样能够获得成功，能够在这个充满竞争也充满机会的社会里立于不败之地。

日本独立公司是专为伤残人设计和生产服装而设立的，赢得消费者的好评。这家公司的老板是一位叫木下纪子的妇女，过去她曾管理过两个室内装修公司，并且小有名气。可是，正当她在选定的道路上迅速发展的时候，不幸降临到她头上，她突然中风，半身瘫痪了，连吃饭穿衣都难以自理。当她从极度的痛苦中摆脱出来，清醒思考的时候，她问自己：这辈子难道就这样了结了吗？不！必须振作起来。穿衣服这件事虽然是件小事，但又是每天都遇到的事情，对一个残疾人来说又多么重要啊！难道就不能设计出一种供伤残人容易穿的衣服吗？

一个新的念头突然而至，使她顿时兴奋起来。她忘记了自己的痛苦，甚至忘记了自己是一个左半身瘫痪的人。

木下纪子根据自己的设想加之以往管理的经验，办起了世界第一家专门为伤残人设计和生产服装的服装公司——"独立"公司。"独立"这个字眼不仅向人们宣告伤残人的志愿和理想，同时也说出了木下纪子自己的心声：她要走一条独立自主的生活道路。

木下纪子按残疾人的特点及心理，设计出适合伤残人穿的服装。独立公司开张后生意日益兴隆，有时一个季度就可销售5万多美元的服装。由于她事业上的成功，在日本这个以竞争著称的国家，竟得到了10家不同行业的支持，木下纪子还准备把她的产品打入国际市场。她的这一计划不仅得到日本政府的支持，同时也得到了外国友人的帮助，她和一家美国同行组成了一个合资公司。

木下纪子为公司的发展呕心沥血，走过了漫长的路。她向一位来访者宣称：为伤残人生产产品固然重要，改变伤残人的形象更重要。尽管我们的身体残废了，但我们的精神并没有残废。我所做的就是想让人们看到我们伤残人不但生活得非常有朝气，而且也同样是生活中的强者。

从木下纪子成功的事例中可以看出，一个人虽然残废了，但只要不断地激励自己，仍旧可以获得成功。

友善的团队精神

何谓团队精神？微软公司的理解是：

（1）一群人同心协力，集合大家的脑力，共同创意一项智能财产，其产生的群体智慧将远远高于个人智慧。

（2）个人的创意力是一种神奇的东西，源自于潜在的人类心智潜能，它被情感丰富，却被技术束缚。

（3）一群人全心全意地贡献自己的创意力，将结合成巨大的力量。结合的创意力由于这一群人的互动关系彼此激荡，而更加复杂。

（4）这种复杂的情况之下，领导变成像是人际互动的交响乐指挥，辅助并疏导各种微妙的人际沟通。

（5）在团体中的沟通和互动是正确而健康的，能够使这一群人的力量完全结合，会产生相加相乘的效应，沟通顺畅能使思想在团队中充分交流传达，并形成最佳效果。

（6）倘若忽视了"团队精神"，则只会有平庸的后果。其他成功企业对此也各有自己的心得。说穿了，团队精神是指一个团队基于其成员的共同利益，在企业战略目标的导引下，通过一定的科学运营机制和企业文化的规范与熏陶，所形成的一种积极向上、拼搏进取、互相帮助、真诚协作、顾全大局等文明健康的相对稳定的心理品质。

哈佛大学创意课强调，塑造创意性的人格离不开团队精神，只有在团队中，你的综合水平、你的创意力，才会得到进一步提高。

华嘉伟业公司的员工从进入公司时起，就将接受公司对团队精神的教育，强调团队精神是公司文化中的一部分，公司在尊重每一个员工的个性和特长并提供发展空间的同时，更强调与同事的合作和公司整体的团队精神。例如，在工作中出现了一个问题，常常会有一群员工参加讨论，寻找解决方案；在进行比较困难的技术攻关时，常常是跨部门的多位员工携手奋斗；每一位刚来的新员工都体会到了飞速成长的感觉，因为身边的同事总将他想问的问题提前告诉了他。

将"管理"理念变为"服务"理念是该公司经常向管理者强调的理念，对所有参与管理的干部，公司都强调对员工的管理就是对员工的服务，所有管理干部的职责就是为每一位员工创造良好的工作环境和工作空间，使每一个员工在良好的环境中发挥自己的创意力，用最好的方式来解决工作要求。

善于听取他人的意见

善于倾听在搞好人际关系、提高自身创造力中具有十分重要的意义。心理学研究表明，越是善于倾听他人意见的人，人际关系就处得越好，同时个人能力也越能有效得到提高。因为倾听本身就是褒奖对方谈话的一种方式，你能耐心倾听对方的谈话，等于告诉对方"你是一个值得我倾听你讲话的人"。这在无形中就能提高对方的自尊心，加深彼此的感情，有利于人际交往。同时，善于听取别人的意见，可以弥补自己的不足，不断完善自己。在顺境中，听取别人的意见可以使自己保持冷静的头脑，无往不胜；在逆境中，善听别人的意见可以使自己鼓起奋进的勇气，知难而上。所以，要学会倾听，不仅对他人而且对自己都是有积极意义的。下面我们以领导者善于听取下属的意见来进行说明。

对于领导者来说，善于听取下属的意见尤为重要。领导者听取下属的意见，一方面这种虚心的态度会使部下觉得你平易近人、开明纳谏，很容易使他们心服于你而甘心情愿地为你出谋划策，尽心尽力地帮助你走向成功；另一方面领导者可以广纳雅言，使自己思想畅通，通过下属的建议得到启迪,从而使自身的创造力得到很大的提高。

下属的意见多为两类,一类是有关计划或方案策略的计谋意见。对于这类意见,领导者既要虚心听取,又不可偏听偏信。因众说纷纭,有是有非,有好有坏,领导者要善于区分,不可盲从。另一类则是指正领导者自身的工作得失、正误的批评性意见。俗话说:"忠言逆耳。"对于这类意见,态度尤应谨慎。

当然,无论是谁都不愿让人指责缺点,领导者更是如此。但是,部下的批评无论对与错,恰当与否,领导者都应欣然接受,做到虚怀若谷。因为,部下的直言不讳说明了他对你的赤诚,比那些表面吹捧,背地施毒的人要强得多。能得到敢于直言人的支持,你的事业才会成功。领导者听取下属的批评意见,应当做到"有则改之,无则加勉",最忌暴跳如雷,不肯接受。否则,就很容易被小人塞住耳目,应当"亲贤臣,远小人,察纳雅言"。

楚汉战争中项羽被逼得在乌江畔横剑自刎。究其失败的原因和刘邦的取胜之道,就在于刘邦用人之术高于项羽一筹,刘邦善于听取部下意见,能够做到虚心接受,正确采纳。当时,刘邦手下有萧何、张良、韩信等人。刘邦善于用这些人的长处不说,更善于广泛听取手下谋臣武将的意见,有错就改,他最终集中了大家的智慧,帮自己排除异己,一统天下。

而项羽则不会用人。其手下也绝非没有良才,其亚父范增老谋深算,精干老练,项羽却不能虚心接受他的意见,我行我素,固执己见,终至四面楚歌,功亏一篑。

唐太宗是历史上有名的明君,他善纳雅言。晚年时,他曾问魏征:"近来,朝中大臣很少有像原来那样直言不讳的进谏之人,不知是何原因?"

魏征忙答:"陛下不知,直言者是知道陛下开明,敢于冒天威而直谏;那些沉默者则是各有原因。依微臣看来,有的是生性怯懦,心中有话却又不敢当面直说;有的对陛下接触不深,不知陛下的开明,唯恐多言有失,也不敢言;有的则眷恋现有荣华,担心一语不慎丢了富贵，便也不可能积极发言。凡此种种，各怀他念，故而很少有人直谏。"

魏征的分析极有道理，他说出了领导者的部下的各种心理。对于一个想通过自己的创意取得成功的领导者而言，他应该充分了解部下的这些心理，做一个真正的伯乐，善于发现那些真正能给自己的事业带来创见的"千里马"。

第十四课　捕捉创意的灵感

灵感是创意道路上的照明灯

哈佛大学创意课指出，灵感是成功的最基本的原因。爱因斯坦这样说过自己"我还是一个四五岁的小孩，在父亲给我一个罗盘的时候，经历过这种惊奇：这只指南针以如此确定的方式行动，根本不符合那些在无意识的概念世界中能找到位置的事物的本性。我现在还记得，至少我相信我还记得，这种经验给我一个深刻而持久的印象。我想一定有什么东西深深地隐藏在事情的后面。"这里的"惊奇"其实就是爱因斯坦的灵感所在，著名的心理学家朱光潜说："灵感是在潜意识中酝酿而成的情思猛然涌现于意识。"大科学家钱学森也曾多次明确指出："灵感实际上是潜思维，它无非是潜思维在意识中的表现。"灵感在人的大脑中有相当大的活动区域，灵感区是大脑两个半球之间的狭长地带，长时间地考虑某个问题，会造成大脑中血液缺氧，让思维变得迟钝。如果我们停止思考，让大脑休息一下，或者将思考的问题换成另外的一个问题，大脑血液中的含氧量就会增加，思维也会随之变得清醒敏捷，因而容易产生灵感，这就是激发灵感的最佳途径。

灵感的突然来临，就像是一个不速之客，这是它最突出的一个特点；灵感是非常神秘莫测的，包含着许多种因素，但它的作用可以使你在创意道路上发觉奇迹，它的表现形式也是多种多样的；灵感还是人脑对信息加工的产物,是人们认识事物的一种质变和跨越。由于它对信息加工的形式、途径和手段的特殊性,以及思维成果表现形式的特殊性,使它变得更加复杂和扑朔迷离。尽管如此,灵感对于创意发明的神奇作用却是不容被忽视和低估的。

灵感有时会出现在睡眠之中。

格拉茨大学药物学教授洛伊在一天夜里醒来,想到一个极好的设想,他拿过来纸笔简单记了下来,翌晨醒来他知道昨天夜里产生了灵感,但使他惊讶的是,他无论怎样也看不清自己的笔记。他在实验室里整整坐了一天,面对着熟悉的仪器,总是想不出昨天夜里的那个设想,到晚上要睡觉的时候还是一无所获。但是到了夜间,他又一次从睡梦中醒了过来,还是同样的顿悟,他高兴极了,作了细致的记录后,才回去继续睡觉。次日,他走进实验室,以生物学史上少有的利落、简单、肯定的实验方法,证明了神经搏动的化学媒作用,神经冲动的化学传递就这样被发现了,它开启了一个全新的研究领域,并使洛伊获得1936年诺贝尔生理学和医学奖。

虽然灵感的产生看似是突然出现的,其实它是有前提条件的,那就是科学家执著于解决问题的苦苦思索。对要解决的问题,他们已经作了特别充分的准备之后,并强烈地期望着有所突破,由于对这个问题挥之不去、驱之不散,使得大脑建立了许多暂时的联系,一旦受到了某种刺激,就变得豁然开朗——"积之于平日,得之于顷刻"。"众里寻它千百度,蓦然回首,那人却在灯火阑珊处"说的也是同样的道理。

俄国画家列宾曾说:"灵感是对艰苦劳动的奖赏。"凯库勒发现苯环结构,不但应归于炉边的灵感,而且也应归于那之前的长期思索。不进行艰苦的探索而把成功的希望寄托在心血来潮、灵机一动上面,那无异于缘木求鱼、守株待兔。19世纪著名的俄国民主主义者赫尔岑说:"在科学上除了汗流满面,是没有其他获得知识的方法的,热情也罢,幻想也罢,却不能代替劳动。"

灵感产生时,注意力常处于高度集中状态,这时,人们所有的活动都集中在自己的创意对象上，仿佛要汇聚起全身所有的力量去解决所提出的问题，也由于注意力高度集中，其余的东西几乎都忘记了，甚至可以达到忘我的程度。难怪当牛顿专心致志的研究问题时，竟把怀表当做鸡蛋放进锅里。

灵感更是突发的、飞跃式的。我国著名科学家钱学森说："灵感出现在大脑高度激发状态，高潮多时很短暂，瞬息即逝。"科学家对问题长期进行探索，智力活动在出其不意的一刹那——在散步中、在看电影中、在闲暇中——产生飞跃，于是智慧从积累中骤然爆发，问题便迎刃而解。

而对于瞬间即逝的灵感，必须设法牢牢抓住，不要让思想的火花白白浪费了。许多科学家都养成了随时携带纸笔的好习惯，记下闪过脑际的每一个有独到见解的念头。爱迪生习惯记下他所想到的每一个新想法，不管它当时似乎多么卑微、渺小。他一生专利发明有1328项，这与他善于利用灵感是分不开的。爱因斯坦一次到朋友家吃饭，与主人讨论问题时，忽然来了灵感，他拿起钢笔，在口袋里找纸，可没有找到，然后他干脆就在主人家的新桌布上写开了公式。美国著名生理学家坎农说："当我准备讲演的时候，我就先写一个粗略的提纲，在这以后的几天中，我感到灵感来临之际，都是与提纲有关的鲜明例子、恰当的词句和新奇的思想。我把纸笔放在手边，便于捕捉这些稍纵即逝的新想法，以免淡忘。"

科学有赖于灵感，创意亦有赖于灵感，而创意思维中的灵感是一种不同于形象思维和抽象思维的思维形式，文艺工作者有灵感，科技工作者也有灵感，灵感是创意过程所必须的，凡是有思维的人都知道，光靠形象思维和抽象思维是不能创意，不能突破的，要创意要突破就必须有灵感。

在我国，在相当长的一段时期内，有些人一旦听到"灵感"两个字，便不免警觉起来。在他们看来，灵感似乎是个神秘的东西，谁承认灵感的存在，谁就是承认神秘主义，他们把承认灵感与认识论上的唯心主义混淆起来。其实这是一种误解。唯心主义者把灵感解释为一种神秘的精神状态，有的甚至把它归功于神的启示，或者认为只有极少数"天才"才独有灵感，这些见解是错误的。古希腊的柏拉图就是从唯心主义的角度看待灵感的。他认为诗歌创作活动全靠诗神依附所产生的"迷狂"。他说："若是没有这种诗神的迷狂，无论谁去敲诗歌的门，他和他的作品都将永远站在诗歌的门外，尽管他自己妄想单凭诗的艺术就可以成为一位诗人。"可见，在他看来，诗和创意发明以及灵感是神赐的，没有这种"迷狂"是永远不会创意的。而历史上许多事实已经证明，今后的事实也将会进一步证明，灵感的存在，并不是依靠神赐，而是依靠人们自己对灵感的激发。

在第二次世界大战期间，由于德国、意大利、日本对各国的侵略非常猖獗，由美国、苏联、英国等国家开始着手建立反法西斯同盟，为了名正言顺地反讨法西斯帝国，同盟国决定起草一份宣言，可当时那些国家领导人在一起研究了好多次，也起了不少名字，但都因为不够恰当而不得不放弃。有一天大清早，罗斯福刚刚起床，便不顾身份地大叫："我的上帝，终于让我想出来了！"于是他匆匆忙忙地去找丘吉尔，而丘吉尔正在洗澡，罗斯福便迫不及待地在浴室门口大声对着浴室里的丘吉尔喊道："亲爱的温斯顿，我终于想到了，你看《联合国宣言》怎么样？"丘吉尔听后非常高兴，从漂满香皂泡的浴缸里跳出来，像孩子似的拍着白胖胖的肚皮叫道："太好了，真是太好了！"就这样罗斯福的自发灵感做出了伟大的贡献！到了1945年联合国成立的时候，也沿用了这一名称。

灵感的迸发是多种多样的，但细加考虑，它可以归纳为两类基本形式：联想式和省悟式。

联想式的灵感是指当人对某个问题经过一段紧张的研究，百思不得其解的时候，在某一偶然事件的刺激、启发和感触下，思维顿时引起相似性的联想，感到豁然开朗，迸发出创意的新设想，使问题得到解决。这种迸发形式一般多见于自然科学领域的发明或发现，在这里"原型启发"起着重要作用。所谓原型启发，就是从其他事物中得到解决问题的启示，从而找到解决问题的途径或方法的过程。起着启发作用的事物叫做原型。任何事物都可有启发作用，都可能成为原型，如自然景象、日常用品、人物行为、技巧动作、口头提问、自觉描述等，都可能成为对人有启发作用的原型。但是，一个事物能否起原型启发作用，不是决定于这一事物本身的特点和内容，而是与思考者、创意者的主观状态（如思考者或创意者的创意意向、联想能力等）有很大关系。

联想式灵感的激发必须通过某个偶然事件的触发，刺激大脑进行联想，然后产生灵感，而省悟式灵感的激发则不同，它不需要借助于"触媒"的刺激，乃是通过内在的省悟、内部"思想火花"而产生灵感，当人们对某个事物经过长时间的思考、思维达到了饱和程度，仍然没有进展时，在大脑神经系统中就像布满了纵横交错的"电路"，却转来转去无法接通，后来，在潜意识的作用下，突然之间，猛然省悟，使问题得到解决。这种迸发方式多见于文学创作，但在科学史上以这种方式获得灵感的也不乏其例。当思考者与创意者对问题进行了相当充分的研究，在大脑中储存了解决问题所需要的各种信息时，使人产生了种种显意识与潜意识的思维活动，在脑中大脑神经细胞能对曾经接受过储存的信息进行加工，对学得的东西也同时进行整理，从而制造出新的信息来。

灵感只在一念之间

什么是灵感？灵感就是形成创意认识的刹那间在人脑中的反映，它具有新颖性、突破性。从心理学角度看，灵感是"人的精神与能力之特别充沛的状态""是浓厚情绪的充沛状态"。这状态保持着创意意识的高度明确、创意对象的注意力高度集中、创意过程的情绪高度专一。灵感是一种复杂的心理现象，是思维活动中由思想集中、情绪高涨而表现出来的创意能力。创意主体在广博的知识、丰厚的社会经验的基础上进行思考的紧张阶段，通过有关事物的启发，使得在创意活动中所探索和捕捉的某些重要环节得到明确的解决——这就可以说是获得了灵感。

弗莱明发现了盘尼西林（青霉素），他在做实验时，培养了一个实验皿的细菌。但是实验没有成功，因为实验皿中的细菌被别的细菌侵入，长成了绿霉。弗莱明经过仔细观察后，他注意到这个绿霉杀死了器皿中原有的细菌。之后，弗莱明经过分析、判断，产生了灵感：这个绿色的霉菌中，包含着可以杀死葡萄球菌的物质。于是，他把盘尼西林从霉菌中分离了出来。

在弗莱明之前，有很多科学家报告过霉菌杀死细菌这个事实。但是，由于他们没有产生灵感，没有形成创意的认识，所以没有发现盘尼西林。

灵感之所以产生，并不是因为你的智商有多高。现代物理学的奠基人爱因斯坦四岁才学会说话，上学后老师给他的评语是"脑筋迟钝、不善交际、毫无长处"，并轻蔑地称他为"笨蛋"；勉强上了高中后，因为成绩极差竟然被开除了学籍；他后来的伟大巨作《相对论》完全是他丰富而扎实的知识和一念之间的灵感所完成的。大发明家爱迪生小时候全班成绩最差，因为他长了个"偏头"，老师带他到一个著名医生那里作检查，医生诊断后，煞有其事地说："里面的脑子也坏了。"然而这位世界闻名的大发明家说，自己的伟大创意都来自于自己的灵感——如果脑子坏了，怎么会有那么多影响世界的伟大的灵感产生呢？

当然，说这些并不意味着大家在学校里可以"不务正业"，而是要向大家说明无论你智商如何，无论你曾经多么失败，只要你有进取心，总会有某些突发奇想的念头，而只要你牢牢把握住，这一念之间的灵感就会成为你伟大的创意。

从人的大脑中有潜意识和潜思维的观点来看，灵感产生的心理机制是这样的：一个人很长时间反复思考某个问题却得不到答案、而中间休息或娱乐时，也就是放松一下的时候，这时人的显思维就不再去思考这个问题了，而潜思维却仍在那里"工作"，因为潜思维比显思维能获得更多的信息量，因而它能获得显思维不能获得的思维成果。当潜思维对问题有了一定结果的时候，它会将这一结果输送给显思维，这就是我们所说的灵感了。

大家都知道贝多芬的名作《月光曲》，但有人知道它是如何被大师创意出来的吗？贝多芬在一次演出结束后出来散心，走到了一个破屋前，听到里边传来优美的音乐，他不知不觉地走到了门口。"哥哥，要是我们能买到音乐会的门票该多好啊！"弹琴的女孩忽然停下来说道，"可是我们的温饱还不能解决。""那都是有钱人去的地方，我们穷人是进不去的。"一个男人说道。女孩说："我多么希望能亲耳听到他的琴声啊！"说完她低下了头。这时贝多芬推开门走了进去。"先生，您找谁？"男人先开了口。"我只想借用你们的琴弹一下，可以吗？"女孩站了起来，给他让了位置，说道："可惜我们的琴太破了，如果您不嫌弃的话，我们非常欢迎。"贝多芬坐了下来，把他的作品都弹了一遍，女孩和那个男人都沉浸在优美的音乐之中。忽然贝多芬站起来走了出去，因为在他的心里又酝酿出了一首伟大的作品，而且就在这一瞬间，他忽然发现了他要找的东西，所以他快步离开了破屋，而男人和那女孩还陶醉在他的琴声之中。

世界上最伟大的物理学大师爱因斯坦的相对论，被公认为是物理学史上伟大的革命，在谈到它的形成过程时，爱因斯坦说："我躺在床上，那个谜一直在痛苦地折磨着我，像是没有一丝希望能解答这个问题，但突然黑暗里闪出了我期待已久的光明，终于答案出来了，于是我立即进入了工作，连续奋斗了五个礼拜，然后写出了《论动体的电动力学》论文。那几个星期我好像处在狂态里一样。""形成广义相对观点时，"他又回忆说，"一天，我坐在伯尔尼专利局的椅子上，突然想到，假如一个人自由落体时，他会不会感到自身的重量？我为自己的这一假设大吃了一惊，这个简单的思想实验给我打上了一个深深的烙印，这是我创意引力的灵感。"难怪这位大师向世人郑重地说:"我相信直觉和灵感。"

灵感的形成,虽然是在一刹那之间,但是,它与一个人的知识、经验以及分析、判断等能力有密切的关系。因此,灵感的形成离不开个人长时间的积累。而且,在一次灵感形成之后,还要进行验证、充实和完善。

那么如何使自己产生令人羡慕的灵感呢?科学上指出:灵感使创意过程中新观念的产生带有突发性,灵感现象自古以来就曾经使许多人感到神奇,历代都有众多著作和学者对它进行多方面的探索。灵感问题是对人类很有诱惑力的研究课题,同时也是唯物主义和唯心主义长期争论的一个焦点。在人类历史上对于灵感的漫长研究和争论过程中,我们发现,要进一步开发和提高我们自己的智力和创意能力,对灵感现象有所了解,尤其要善于捕捉利用灵感,使它给我们创意出惊人的奇迹。

在我们吃饭、听歌、聊天等过程中,都会突发出某种神奇的灵感,而且它仅仅存在一刹那,所以我们要保持精神高度集中,充分利用好这一灵感。灵感同懒汉无缘,它是勤奋学习的报酬。高尔基说过:"天才就是劳动,人的天赋就像火花。它既可以熄灭,也能燃烧起来,而迫使它燃烧成熊熊大火的方法只有一个,就是劳动,再劳动。"灵感是长期创意劳动的必然结果,所以它自然需要由勤奋的汗水来浇灌。俄国音乐家柴可夫斯基说过:"灵感是一个不喜欢访问懒汉的客人。"

因为人们寻找灵感的目的是为了解决某个实际问题,所以必须要以强烈的求知欲望和勤奋精神为基础。对我们来讲:一要树立崇高的学习目的。一个人追求的目标越远大,他就越有学习的韧性,目标越是崇高,就越有学习的毅力。二要有勤奋的学习精神。勤奋是获得一切成功的必备条件,也是产生灵感所不可缺少的。虽然灵感带有突发性和偶然性,但它终究是长期积累和思考的结果,即所谓"长期积累、偶然得之"。俗话说的"踏破铁鞋无觅处,得来全不费工夫",这看似"不费工夫"的"灵感",正是"踏破铁鞋"的长期努力换来的。所以，我们要坚信"下力多者收功远"的道理，树立"莫嫌海角天涯远，但肯摇鞭有到时"的信心。从而不停地顺畅自己的思路，使灵感在学习中不期而至。

与灵感零距离

大数学家高斯一次在谈到求解曾折磨他两年多的某个问题时说："像闪电一样，谜一下就解开了。"法国物理学家、数学家彭加勒有一次在提到他得到某个灵感的情景时说："我的脚刚踏上刹车板，突然想到一种假设……我用来定义富克斯函数的变换方法同非欧几何的变换方法是完全一致的。"德国物理学家姆霍茨在回忆他的工作时曾说过："在对问题作了各方面的研究之后……巧设的设想不费吹灰之力意外地到来，就如灵感。"这样的名言有很多，他们成功了，成功地创意了，那我们怎样去效仿他们呢？

德国化学家凯库勒提出苯分子的环形结构，为有机化学的发展做出了重大的贡献，后来他在叙述发现的情景时写道："……但事情进行得不顺利，我的心想着别的事了，我把坐椅转向火炉，进入半睡眠状态，原子在我面前飞舞，长长的队伍，它们变化多姿，靠近了连接起来了，一个个扭动着，回转着像蛇一样，看，那是什么？一条蛇咬住了自己的尾巴，在我眼前轻蔑地旋转，我如从闪电中惊醒，那晚我为这个假说的结果工作了一整夜……"就这样，他从"咬住了自己尾巴的蛇"得到启示，豁然开朗，提出了苯分子的环形结构。

达尔文在创立生物进化论学说时，曾受到马尔萨斯《人口论》的启发，他在《物种起源》一书中写道："1838年8月，即我开始有系统地调查工作之后的十五个月，我阅读马尔萨斯的《人口论》以作消遣，同时由于长期观察动物的习惯，当然不难认识随处可见的生存竞争的事实,于是我便恍然大悟,在这种环境下,有利的变化势必保存下来,而不利的则归于消灭,这样的结果,便是新种的形成,这样,我终于得到了一个可以作为工作依据的学说。"

而根据爱因斯坦的回忆,他从1895年就开始思考:"如果我以光速追踪一条光线,我会看到什么?"他反复思考这个问题,但多少年来仍没有得到解决,1905年的一天早晨起床时,他突然想到:对于一个观察者来说是同时的两个事件,对别的观察者来说就不一定是同时的。这一念头使他清醒地意识到这是一个解决问题的突破口,于是他抓住了这一"灵感的闪光",建立起相对论这一概念。

下面我们就近距离地了解一下灵感,灵感是文艺创作和科学创意活动中因思想的高度集中、情绪高涨而突然表现出来的创意能力;它也是科学家和艺术家在创意创作过程中达到高潮阶段出现的一种富有创意的心理状态,在这种创意的心理状态中,科学家们会突然有所发现,艺术家们会突然构思出绝妙的情节、动人的诗句等。

《科学研究方法论》一书提到:"所谓灵感,或者称为直觉或灵机一动,就是偶而在头脑中闪过的对问题的某种特别具有独创性的设想。它是人们在自觉不自觉地想着某一问题时,在头脑中突如其来地产生的一种使问题得到澄清的思想。"所以,灵感就是指长期思考着问题而得不到答案却突然获得解决的一种心理过程。

科学上指出灵感有三个特点:首先,灵感是突然发生的,所谓突然发生,就是说它是在人们不注意的时候,在人们没有想到它的时候,突然出现。它的突然出现带有很大的偶然性,人们既无法通过意志让它发生,也无法事先计划出它的到来,它总是"不期而至"地来到人们的身边;其次,灵感的出现是闪电式的,这一特点是指灵感的显现过程极其的短暂,往往只是一瞬间,一刹那间,瞬息而逝,它像闪电一样,说来就来,说走就走,来不可遏,去不可留,有人把灵感的这一特点也称作"瞬间性";最后,灵感是一种新东西,也具有新颖性的特点,它通常是一种独创性的见解,创意的设想,它以自己的新颖性使思考者鲜明地意识到自己的思想已进入到一个新的高度,有一种彻悟的自我感觉，是一种智力的大跃进。

灵感，或者说直觉、顿悟，虽然名称不一，但都指着这样一种事实，那就是我们脑海中会突然闪现出某种新思想、新念头、新主意，突然找到过去长期思考而没有得到解决的问题的办法，发现一直没有发现的答案，突然从纷繁复杂的现象中顿悟了事情的本质。灵感也正是新事物、新思想的突然闪现。

把灵感捕捉入网

灵感是显意识活动与潜意识活动相结合的产物，灵感是在过去自觉思维活动的基础之上产生的，它的产生又与潜意识的活动相联系。它或者通过外界的偶然事物的触发或者由于内在省悟以"思想的闪光"的形式，迸发出来，因此，要想孕育和捕捉灵感，最重要的和最值得引起重视的，有以下两个方面。

首先，对问题要有执著的追求。曾经有人问过牛顿，他是怎样获得伟大发现的，牛顿的回答是："经常想着他们。"话虽然不多，但意思很深，可以说是牛顿的经验之谈。

"经常想着他们。"这是产生灵感的前提条件。脑子里如果没有问题，或者即使有问题也从不深究的人，是绝对不会产生灵感的。灵感只会产生在这些人的头脑中——他们都有一个明确的问题，也都有想解决问题的强烈愿望，在掌握充分资料和积累必要知识、经验的基础上，对问题作了全面深入的艰苦思考，百思而不得其解，思维达到饱和程度，思想处于高度的"受激状态"，形成了一种"一触即发"的局面。

有解决问题的强烈愿望是指弄清问题以及解决问题的意义、价值，才可以产生解决问题的强烈愿望，而有了这种强烈的愿望，才会乐于从事艰苦的思考，排除困难，不怕挫折，表现出欢乐、镇静、顽强和坚韧的品质。对问题作全面深入的思考，指的是要对问题的"一切方面"从"不同角度"，进行"翻来覆去"的思考，这才是全面深入的思考。平时我们容易犯的毛病就是，往往只从某个方面，并局限于某个固定角度去思考，而不是翻来覆去地去思考，因而对问题的关键根本就把握不住，甚至对问题的认识还是处于似是而非的状态。赫尔姆霍茨在庆祝他七十大寿时说过这样一段话："就我经验的范围内来说……始终必须把问题的一切方面翻来覆去地考虑过，弄到我的头脑里，掌握了这个问题的一切角度和复杂方面，能够不用写出来而轻松自如地从头想到尾，通常没有长久的预备劳动而要达到这一步是不可能的。"

思维要想达到饱和程度则是前面各种工夫的"水到渠成"，这时头脑中密密麻麻地布满了纵横交错的"线路"，只要某个线路得到了"偶合"，就能一触即发，爆发出新的设想、好的主意。然后是灵感的出现，它正是如此艰苦劳动的结果，所谓"长期积累，偶然得之"，道理就在这里。有人曾以为门捷列夫发现元素周期律是将化学元素的性质分别写在纸牌上再加以凑巧排列的结果，对此，门捷列夫在回答彼得堡的一家小报社记者时着重指出："这个问题，我大约考虑了二十年，而您却认为坐着不动，五个戈比一行，五个戈比一行地写着，突然就完成了，事情并不是这样。"

其次，要充分利用潜意识活动所起到的作用。一般来说，灵感是无意识的直觉，不是逻辑推理的结果，而是产生于头脑的潜意识，是无意识的活动，因此应注意利用和发挥潜意识思考的作用。潜意识或无意识是指未被意识到的心理活动，是意识阈值以下的认识，人们可能通过创设某些条件使潜意识活动活跃起来，从而促使或诱发灵感的产生，并加以捕捉。例如，在紧张的思考之后，有意识地转换工作环境、情绪状态等，让思想松弛一段时间，这不仅可以使无意识活动活跃起来，也有利于摆脱固定思路的束缚。

同时，保持良好的精神状态和愉快的情绪也很重要，一个人在心旷神怡、赏心悦目、兴致勃勃、精神愉快的状态下，能增强大脑的感受能力，较容易接受外界信息的诱导或来自潜意识的信息；相反，在闷闷不乐、心情压抑、心乱如麻、无精打采的心情下，很容易失去敏感性，思路就容易受到阻塞而变得很迟钝。另外，要随时注意记录，把那些在不同场合出现的一闪而过的念头、创意、妙想都及时记录下来。

我国古代有些诗人就经常随身携带着"诗囊"。唐代著名诗人李贺"每当日出，偶有所得，书投囊中及暮归，足成之，日率如此"。他虽只活了27岁，却成诗千首。宋代词人梅圣俞，不论吃饭、睡觉、外出，都会随身带个袋子，每有所得，便写下放入袋子中，所以"梅圣俞的诗袋"成了文坛佳话。

奥地利著名作曲家约翰·施特劳斯，一生写了462首乐曲，其中有许多作品流传至今，被誉为"圆舞曲之王"，他的《蓝色多瑙河》蜚声全球，据说它就是在一个优美的环境中，灵感突然涌现的结果，但当时施特劳斯忘记了带纸，于是就脱下了衬衣，在衣袖上谱成的。美国科学家坎农经常在晚上来灵感，他说："长期以来，我靠无意识的作用过程帮助了我，已成习惯……我把纸笔放在手里，便于捕捉倏忽即逝的思想。"

其实灵感的产生就是"无心插柳柳成荫"。只要你善于捕捉，用正确的方法捕捉，一定会有惊奇的效果。具体来说，引发灵感要会用脑、多用脑，也就是在遵循引发灵感的客观规律的基础上科学的用脑。

会用脑。凡是善于引发灵感，能够形成创意认识的人，都很会用脑。在一般人看来显而易见的现象，他们通常会产生疑问；一般人用惯常的方法解决问题，他们喜欢用创意的方法解决问题。他们的特点是喜欢独立思考，凡事喜欢多问几个"为什么"，多提出几个"怎么办"，因为任何创意项目的完成，都是独立思考和钻研探索的结果。因此，就不能只用习惯的方法去认识问题；也不能迷信专家、权威。而是要从事实出发，从实际需要出发，去思考问题，去探索问题。去寻找新的方法、新的观点。

多用脑。要促进灵感的产生，还必须多用脑，因为人的创意能力是在用脑的过程中不断提高的。所谓多用脑，不是指不休息地连续用脑，而是要把人脑的创意潜能充分地发挥出来。爱因斯坦对为他写传记的作家塞利希说："我没有什么特别才能，不过喜欢寻根究底地追求问题罢了。"在这个寻根究底的过程中，最常用的方法就是用脑思考。他自己深有体会地说："学习知识要善于思考、思考、再思考，我就是靠这个学习方法成为科学家的。"

"数字化教父"尼葛洛·庞帝说："我不做具体研究工作，只是在思考。"微软的比尔·盖茨，他从小就表现出勤于思考、善于思考的特点。

由此可见，科学用脑是开发大脑创意潜能、引发灵感，形成创意认识的最一般、最普遍适用的方法。

引发灵感时常用的基本方法如下：

（1）观察分析。在进行创意活动的过程中，自始至终都离不开观察分析。这里所说的观察，不是一般的观看，而是有目的、有计划、有步骤、有选择地去观看和考察所要了解的事物。通过深入细致的观察，可以从平常的现象中发现不平常的东西，可以从表面上貌似无关的东西中发现相似点。

在观察的同时必须进行分析，只有在观察的基础上进行分析，才能引发灵感，形成创意的认识。

（2）启发联想。新认识是在原有认识的基础上发展起来的。旧与新或已知与未知的连接是产生新认识的关键。因此，要创意，就需要联想，以便从联想中受到启发，引发灵感，形成创意的认识。

（3）实践激发。实践是灵感产生的源泉。在实践激发中，既包括现实实践的激发又包括过去实践体会的升华。各项创意成果的获得都离不开实践需要的推动。在实践活动的过程中，迫切解决问题的需要促使人们积极地去思考问题，废寝忘食地进行探索和钻研。科学探索的逻辑起点是问题。因此，在实践中提出问题、思考问题、解决问题，是引发灵感的一种好方法。

（4）激情冲动。激情使人们能够调动全身心的巨大潜能去创意地解决问题。在激情冲动的情况下，可以增强人们的注意力，丰富想象力，提高记忆力，深化理解力。从而使人产生出一种强烈的、不能遏制的创意冲动，并且表现为按照客观事物的既有规律办事。这种自动性，是建立在准备阶段里的反复探索的基础之上的。这说明，激情冲动也可以引发灵感。

（5）判断推理。判断与推理有着密切的联系，这种联系表现为推理由判断组成，而判断的形成又依赖于推理。推理是从现有的判断中获得新判断的过程。因此，在创意活动中，对于新发现或新产生的物质的判断，也是引发灵感、形成创意认识的过程。所以，判断推理也是引发灵感的一种方法。

以上所说的几种方法，是彼此联系、相互影响的。所以在引发灵感的过程中，不是只用一种方法，有时可以以一种方法为主，交叉运用其他方法。

进入"蒙娜丽莎"式的灵感境界

灵感突现时，会是怎么样的一种情境呢？有人用"蒙娜丽莎"式的境界来形容灵感突现的瞬间，这个比喻用得十分巧妙。下面通过两则真实的故事来"再现"一下这种境界。

我国著名的数学家侯振挺教授的论文《排队论中一个巴尔姆断言的证明》，也曾得益于灵感的启示。20世纪60年代，当他还是唐山铁道学院学生的时候，看到有本关于排队论的著作中有这样一段话："关于巴尔姆断言，我们看不出怎样证明的这一点，甚至并不知道这个断言在一般的陈述中是否正确。"

巴尔姆断言真的不能证明吗？侯振挺决心攻下这一堡垒。他潜心研究这一课题，可是进展不大。后来他到北京参加科研调查工作，仍继续顽强地进行着业余研究。

随着一年多岁月的流逝，他怀着急切求教的心情，把自己研究的资料整理出来后匆匆忙忙地赶到了火车站，准备让去唐山的同学带给母校的老师们看看。

在车站的候车室里，他久久地望着排队上车的队伍，望着在人流中忽隐忽现的伙伴的身影，回想着几天来整理资料的情景……突然间，他神思飞跃，觉得这一排排长长的队伍变成了一行行算式，在他眼前浮动跳跃着；这一个个人影，似乎都变成了数学符号在向他扑来……猛然间，他眼前一亮，一年来梦寐以求的说明竟然清晰地出现在他的脑海中，他顾不得服务员的阻拦，冲上站台，向着刚刚开动的火车，向着火车里的同伴大声喊道："解决了！我解决了！完全解决了！"

回到住处后，他用微微颤抖的手写下了《排队论中一个巴尔姆断言的证明》，不久这篇学术论文发表在《数学学报》上，后又由《中国数学》用英文转载，出现在国外数学界的面前，并引起了数学界的重视。

可见，灵感突现时，是如梦如幻的感觉。这也难怪人们把它与"蒙娜丽莎"联系在了一起。那么，在什么样的情景、场合、条件下容易产生灵感呢。我们先来看看文学家们是怎样的情况。

意大利戏剧家阿尔菲内在听音乐时最易产生灵感，他的作品大半是在听音乐时酿成的；法国的作家伏尔泰和巴尔扎克常借助于咖啡；美国的保笛·昆塞则常借助于鸦片。当卢梭思索的时候，总爱让赤热的阳光晒着自己的脑袋；英国诗人弥尔顿作诗时喜欢躺在床上；哲学家尼采在散步时新思想最容易涌现；而法国剧作家贝克认为产生灵感最理想的时刻是在洗澡时躺在澡盆里。我国古代的李贺有"驴背寻诗"的故事；李白则在饮酒之后创作最为旺盛，有"李白斗酒诗百篇"之说；欧阳修在《归田录》里说："余生平所作文章多在三上，乃马上、枕上、厕上也。"看来这位文学大师在骑马、睡觉和上厕所的时候最易出现灵感。

而许多科学家也有类似的情况。例如，法国物理学家皮埃尔·居里认为在森林中容易产生激情；美国物理学家费米喜欢躺在寂静的草地上想问题，等待灵感出现；日本物理学家汤川秀树习惯于夜间躺在床上思考；法国数学家阿马达则常在喧哗声中产生灵感；法国物理学家彭加勒和美国物理学家坎农都认为，躺在柔软的床上而睡不着觉的时候最容易产生某些出色的设想；德国物理学家爱赫尔姆霍茨发现最为巧妙的设想往往是在一夜酣睡之后的清晨，或者是当天气晴朗缓步攀登树木葱葱的小山村时产生的……

让我们也以自己喜欢的方式，在"蒙娜丽莎"的召唤下，多出创意，多出灵感吧。

第十五课　激发创意的意识

不要轻易拒绝看似荒谬的想法

我们这里所说的"看似荒谬的想法",指的就是一些伟人大胆提出的假说,创意者可以用他们独特的创意意识和丰富的知识积累再对这些假说进行发明创意。

恩格斯曾指出:只要自然科学在思维着,它的发展形式就是假说。一个新的事物就被观察到了,它使得过去用来说明和它同类的事实的方式不中用了,从这一瞬间起,就需要新的说明了,它最初仅仅以有限数量的事实和观察为基础,进一步的观察材料会使一些假说纯化,取消一些,修正一些,直到最后纯粹地构成定律,如果要等待构成定律的材料纯粹起来,那么这就是在此以前要把运用思维的研究停下来,而定律也就永远不会出现。对各种相互联系作系统了解的需要,总是一再迫使我们不得不在最后的终极的真理周围营造丰收茂盛的"假说"之林。

恩格斯的这段话论述得十分精辟,在大多数情况下,创意都是以科学假说为先导的。

创意不是一瞬间的活动,而是一个过程,要求创意者把全部所需资料收集齐后再去做出发现,是不切实际的,他们需要提出假说指导下一步的工作,以加速发现过程。正像一个在陌生大地上旅行的人一样,不是等待有关这块土地的信息收集齐后,再出发,而是先设想某一条道路可能会到达目的地，然后边走边观察边打听，逐步校正自己的方向和道路，创意者正是借助假说充分发挥他们的创意，从而走上成功之路的。

1543年，波兰伟大的天文学家哥白尼发表了《天体运行论》，积40年的探索和观测，终于创立了以太阳为中心的宇宙学，向"地心说"提出挑战，向科学的宇宙体系迈出了十分艰巨而又最为关键的一步。由于宇宙的复杂性和当时科技水平的局限性，这种理论体系是一种假说，那么，这个假说是如何产生的呢？应当承认，哥白尼提出这种新的宇宙学假说不是偶然的，当时的托勒密"地心说"与天文观测事实相矛盾，应用"地心说"不能准确测定地球上的方位，而无法满足历法的需要，此外，哥白尼还受到以意大利为中心的文艺复兴运动的启迪，敢于正视旧体系遇到的困难，继承了来自古希腊的哲学和各种不用于"地心说"的宇宙学模型，这是他的假说形成的社会背景和思想基础。

哥白尼的宇宙学说经过后来的伽利略、开普勒、牛顿等人一系列的逻辑论证和实践检验，已建立在坚实的物理学基础之上，成为人们反对这一假说的依据，尤其是1821年法国学者布瓦尔德发现了天王星的实际运行轨道，有偏离理论计算的椭圆轨道的现象，这样天王星轨道的摄动就构成了检验日心说的一个最关键的步骤，只有在伽勒根据法国青年勒维烈的提示下发现了海王星之后，天王星轨道的摄动现象才得到解释，哥白尼的学说才成为人们公认的科学理论。正如恩格斯评价说："哥白尼太阳系学说有300年之久，一直是一种假说，这个假说尽管有百分之九十九、百分之九十九点九、百分之九十九点九九的可靠性，但毕竟是一种假说；而当勒维烈从这个太阳系学说所提供的数据，不仅推算出一定还存在一个尚未知道的行星，而后来伽勒确定出现了这个行星的时候，哥白尼的学说就被证明了。"

由此可见，假说不仅是一种认识，具有知识形态，而且更是一种研究方法，可以用于科学创意的任何一个阶段，假说是根据一定的科学事实和科学理论，对研究的问题所提出的假定性的看法和说明。大部分假说来源于理论与实践的矛盾，随着人们实践活动的发展，一些新的事物被发现，使得旧的理论不能解释它们了，于是产生一种新的猜测性的说明——假说。如我们前面举到的"日心说"。此外，X射线、放射线、电子的发现与原子不可分的学说发生冲突，于是产生了各种原子结构的假说。有的假说是为了直接解决理论自身的矛盾或对新的事物矛盾的假定性说明，比如哈恩否定费米的假设而提出自己的假说的过程。当时由于意大利物理学家费米的推断失误，匆忙宣布发现了超铀元素，成为科学史上的一个大失误。后来，德国化学家哈恩通过正确的推断，提出了大胆的假说：最重的一些元素吸引中子之后直接分裂成为两个差不多对等的部分，从而产生了一些位于元素周期表中间的元素，最终发现了裂变反应，推翻了费米的假设，从而获得了1944年的诺贝尔化学奖。

假说通常有两个特征：

一是具有一定的科学依据，任何假说都以一定的事实或理论作为根据，解释与它有关的事物和现象，而避免与将它引为根据的已有理论的矛盾，比较而言，事实更为重要，因为理论要服从事实，假说必须能解释事实，比如哥白尼的"日心说"是在前人的理论和自己发现的事实基础上提出的，哈恩的也是如此。

其二假说还具有一定的猜测性和假定性，它虽然以科学为依据，但在研究问题时，根据常常不足，资料也不完备，对问题的看法只是一种猜测，所以任何假说都常有猜测性和假定性成分。同时对同一问题，会有不同的假说，但这些假说都要制约于反映客观情况的真实程度。

所以，假说在科学研究中有重要的作用，看似荒谬的想法也是发挥创意思维能动性的有效环节，而且不同看法的争论由于科学研究的深入而发展。它凝结了一代甚至几代人的劳动，离开假说科学不可能取得进步。

敢于提问才能见真理

爱因斯坦曾说过："提出问题比解决问题更重要。"亚里士多德有句名言："思维是从疑问和惊奇开始的，常有疑点，常有问题，才能常有思考，常有创意。"

由此可见，任何有创意的发现，无不都是从问题开始的。对于每个人来说，要想获得知识和在某一方面取得进步与成绩，都必须遵守循序渐进的原则，即在原有的知识和能力的基础上继续学习和深造，一步一步地更新知识，创意同样也是如此。一个人不可能凭空创意，不可能无中生有，他的创意发明应在一定的条件下，有一定的知识和技能的积累，按照一定的规律，合理地利用所具备的一切条件而进行。

在创意和发明的过程中，如果我们一味地相信现有的一切都正确，持"向来就是如此"的态度，只能导致原地踏步。循序渐进不是墨守成规，更不是以旧的东西为准绳，束缚人们的思想。"迄今或许如此，然后如今恐怕并非如此"，我们需要经常以这样的态度和意识来观察事物。

在17世纪，西欧和中欧各国的冶金工业有了很大的进展，许多化学家都把精力集中在有实际应用价值的燃烧理论方面。在化学史上出现了由著名化学家史塔尔创立的"燃素论"。这种学说认为，一切能燃的物质里面都含有一种特殊的燃素物质，在物质燃烧时，本身所含的燃素便分解出来，因此，燃烧的本身便是失去燃素的过程。这一学说风行一时，受到了许多化学家的推崇，人们把化学上的许多问题，都用"燃素论"来解释，"燃素论"统治了化学界百年之久。

随着生产的发展和科学的进步，传统的"燃素论"不能解决的问题越来越多了。这个学说明显地成了化学前进的绊脚石。俄国大化学家罗蒙诺索夫和法国著名化学家拉瓦锡就是敢于用自己的实验和理论打破这一局面，向"燃素论"挑战的人。

1736年深秋，罗蒙诺索夫以在彼得堡科学院附属大学学习的优异成绩和其他两名同学一起，被科学院派往国外学习。他们来到德国的马尔堡大学，跟随著名的物理化学家沃尔夫教授学习。罗蒙诺索夫非常善于独立思考，思想上从不受前人的束缚，对科学问题敢于提出自己的见解。经过一段时间的学习后，就是对沃尔夫教授的某些观点他也常常持有不同的看法。有一次沃尔夫对学生们几天前进行的燃烧试验进行讲评，依据的就是"燃素论"。学生们像在听《圣经》一样静静地听着，没有人敢对此说出半个"不"字，可年轻的罗蒙诺索夫却敢于提出自己的疑问。

他在教授讲完后站起来说："教授，我经过反复思考，认为有燃素的说法很值得怀疑。""怎么？你怀疑燃素的存在吗？你能用实验证明吗？"教授听了大吃一惊。"我暂时还不能。""那等你有了实验证明再做结论吧！"

当时罗蒙诺索夫虽然不甘心，却也只好沉默，然而在他心里已经埋下了志愿，一定要用实验证明自己的观点。

到了1741年，他学成回国，几经周折建造了科学院的化学实验室。1750年他开始利用实验手段向"燃素论"正式挑战。他将一块金属称了重量之后放到一个专门的玻璃容器里，然后将容器的颈部焊死，放在加热炉上熔烧，然后再打破容器取出金属的烧渣称其重量，结果发现它比原来的重量有所增加。

增加的重量是从哪里来的呢？按照"燃素论"的说法来讲，烧后的烧渣应比原来的金属轻才对啊，可见"燃素论"与事实不符，可容器里别无他物，只有空气……难道是金属与空气的微粒化合了，才导致重量的增加？那么容器中的空气重量就应减少，倘若不打破容器，那么整个容器的重量就应不变。

他的这一系列想法在他再一次的实验中终于得到了证明，燃烧的整个容器的重量完全一样，这也狠狠打击了"燃素论"，从而证明了金属的燃烧根本不是燃素在起作用的结果。

此后,法国的著名化学家拉瓦锡也仔细研究了"燃素论"的内容,根据他对实验的观察也对这一学说产生了怀疑,经过数不清的精心实验,拉瓦锡终于证明了物质本身并不含有什么燃素,燃烧是绝对离不开空气中的氧气的,物体燃烧时,是在和氧气化合,所以重量增加。1789年,拉瓦锡拨开了"燃素论"的迷雾,为人类更好地认识世界提供了新的武器。

在科学上许多重大发明都需要对已有的理论或经验提出疑问,以激励自己进行探索。如果总是墨守成规,迷信已有的知识,对任何事情都不敢提出疑问,那么我们的认识就不会更深入、更广泛,就没有更多的新思想、新理论、新事物产生,我们的生活条件和环境也不会有所改善,世界也就无法前进了。我们可以把科学看做从发现问题而发展起来的。"开水为什么会沸腾?""为什么会发生地震?"……科学家们正是为了解决这些问题而进行着忘我的研究。

问题对于人类的创意是一种激励、一种挑战,正因为人类敢于接受这种挑战,才有问题的不断出现和不断解决,人类才不断地丰富自己的知识,因此,一个问题的解决,就意味着人类在改造大自然中又取得了新的成就,对自然王国的认识又前进了一步。而解决问题的前提是不受前人的束缚,敢于打破旧框框,而提出问题的过程,也正是思考问题的过程,更是学习知识和理论的过程。凭空提问是没有任何意义的,如果一个人对某一个事物能够提出自己的看法和见解,提得越多,说明他对这个事物的了解、分析和研究得越深入。

从以上的几个实例我们可以看出,科学史上的重大发现和技术上的发明创意,都必须有敢于对过去的理论或技术提出质疑的精神。罗蒙诺索夫和拉瓦锡对"燃素论"提出怀疑后没有就此止步,他们都经过多次实验和积极的思考,逐渐接近真理,终于发现了崭新的燃烧理论。

哈佛大学创意课阐明,敢于解除迷信,提出问题是进行科学创意的关键一步。把握住这一点对创意意识的开发将有很大帮助。

以批判的眼光去革新

哈佛大学创意课指出,创意活动既要以继承为前提,更要以创意意识为条件,创意者在有效地从事创意活动时,必须要有创意精神和创意能力。创意精神既表现在强烈的创意动机上,还表现在对各种事物的批判精神和革新精神上;创意能力则是一个创意者必须具备的一种创意品格,它并不是抽象的不可捉摸的东西,任何创意能力总是要在解决问题的过程中才能表现出来。

而要解决问题,首先就要发现问题,提出问题。问题是一切创意活动的起始点,创意地解决问题是产生新成果的必经之路。在一定意义上可以说,人类文明的进化史也就是一部在科学、技术、文明领域中不断提出问题解决问题的历史。

英国著名化学家道尔顿以原子量为核心提出了新原子论,为化学史的发展提供了一个重要的理论基础。恩格斯说:"化学的新时代是随着原子论开始的。"

但是道尔顿的原子论也存在着毛病,其中之一就是他用复合分子概念代替分子的概念,忽视了分子与原子的本质区别。正是这一点使原子量的测定陷入困境,而盖·吕萨克气体反应定律对道尔顿原子论是支持的,没有想到首先起来反对气体反应定律的恰恰是道尔顿本人,因为他认为,如果按照盖·吕萨克的说法,一个体积的O_2和一个体积的N_2化合成两个体积的NO,那么NO的复合原子岂不是由半个氧原子和半个氮原子组成吗?这是和原子不可分的观点相矛盾的,这就是他持反对态度的"理由"。

他们两个人互不相让,终于引起了一场争论。

1811年阿佛伽德罗提出了分子的概念,提出分子与原子的区别,他指出原子是参加化学反应的最小质点，而分子则是游离状态下单质化合物能独立存在的最小质点。同时还修正了盖·吕萨克的假说，提出在同温同压下，相同体积的一切气体中含有相同数目的分子，而不是相同数目的原子。他将前人的研究成果统一起来，形成了科学的原子——分子论。这时，道尔顿又起来反对说："在同温同压下，同体积的不同气体所含有的气体粒子数，随气体而异。"结果，出现了原子论的创始人阻碍了原子论进一步发展的可悲事实。19世纪一些有胆识的人开始探索怎样实现人类上天飞行的夙愿时，有些科学界的名流站出来劝阻。最早用三角方法测量同地距离的法国科学家勒让德说："制造一种比空气重的装置去进行飞行是绝不可能的。"赫尔姆霍茨从物理学的角度论证要使机械装置飞上天纯属空想。美国天文学家纽康通过大量"证明"认为飞机甚至无法离开地面。可是到了1903年，飞机还是飞上了天。

人或多或少地都存在着思维惯性，习惯于依据已有的知识，按常规方法去思考问题，当出现与已有知识相矛盾的新理论、新知识时，就会感到不以为然，体现不出强烈的批判精神，难怪贝尔纳说："构成我们学习的最大障碍是已知的东西，而不是未知的东西。"上述的实例反映的正是这一情形，这告诉我们，创意者在从事创意活动中要警惕，不要受"已知"的束缚，要摆脱传统观念和习惯思维方式的影响，以保持独立思考能力和批判的革新精神。

一个人的创意力的强烈与否，不仅与知识经验有关，而且与他的"问题意识"的强度和明晰程度关系更加密切，所谓"问题意识"，实际上就是一种寻根究底的精神，一种革新的批判精神，"问题意识"也是萌发创意思想的前提，是创意的起点。深具"问题意识"，以科学的批判眼光去看待各种事物，才可以不受传统观念束缚。

传统思想，习惯看法，权威教条等既成观点，常常也会成为阻挠创意的障碍，这种障碍通常都会有三种表现形式：一是知觉上的障碍，即来自我们自己的知觉方面的障碍；二是文化上的障碍，即每个人常常在有意无意中有附和"流行思想"、"习惯看法"、"传统观念"的倾向,而这种倾向往往容易束缚人的创意力,一个人如果不敢冲出"流行思想"的束缚,不敢冲出"常规",深受"趋势"和"潮流"的控制,便会埋没创见,创意力就难以发挥;三是感情上的障碍,这是在个人的思想上、感情上所造成的障碍,如自尊心、个人得失的考虑所造成的障碍。

只要我们能冲破以上三种障碍,用批判革新精神看待事物,就会培养出大师般的创意意识,进行成功的创意。

在革新下加以模仿

今天,坐飞机对于我们来说已经是习以为常的事了,提起它,你也许会不屑一顾,但是如果翻开航空发展史,你就会为自己的傲慢与偏见惭愧。人们为了像鸟一样自如地飞翔,经历了漫长的年代,也付出了巨大的代价,不少人甚至为此献出了自己的生命。你是否这样想过,人类从诞生之日起就不甘寂寞,探索和创意向来就是人的天性?当看到鸟儿在天空自由飞翔的时候,人们坐不住了,他们想,鸟类能够展翅高飞是翅膀在起作用,于是很多人站在悬崖等高处把人工翼绑在双臂上模仿鸟类飞翔,有些人甚至因此而丧生。后来者在进一步研究鸟翼形态的基础上逐步学会了制造滑翔机,在有利的上升气流中飞向天空,继而,人们又在思考怎样才能保持持续飞行的问题。

早在1809年,英国的乔治·凯利爵士曾预言飞机应是这样的:"基本原理必定与滑翔中的具有坚固翅膀的鸟一样,只是需要研制合适的发动机。富尔顿和瓦特的蒸汽机也许是可能的动力源,但是,轻重问题是十分重要的,以致大概要利用火药或液体的突然燃烧而产生的空气膨胀作用。"莱特兄弟的双翼飞机于1903年完成了世界上的首次飞行,实现了凯利爵士的预言,在航空史上具有划时代的意义,但是，在此以前，人们所做的各种努力可能就鲜为人知了。1483年，达·芬奇设计了扑翼式飞机，可惜未能制造；1783年，有两人乘坐蒙特哥菲尔发明的热气球飞行了五里，这是受气球的启发而模仿制作的；1783年，墨尔尼设计了一艘飞船，这是首次使用螺旋桨推进的飞船。

莱特兄弟及上述各位探索者们所做出的贡献，已载入了世界航空史册，但公正地说，那些开始想模仿鸟飞并献身的未留下姓名的先驱者们更应该大书一笔，因为后来者每一设计中的进步都与模仿是分不开的。这样的例子可以信手拈来，比如我们可以把加工的木棍看做对天然木棍的模仿，把骨针看做对鱼刺的模仿，把剑看做对动物角的模仿，这种简单的模仿虽然是极其直观表面的，但它的应用是广泛的，作用是显著的。

从自然物转化到工具是一次具有划时代意义的飞跃，伟大的创意是人类支配自然的标志，也是人所特有的主观能动性的体现。可见，从我们祖先那里起，从人类在大自然中求得生存和发展起，模拟就一刻也没有离开过我们，从简单的模仿或仿制，到模拟实验以及功能模拟，模拟方法和手段的每一点进步和提高，都为社会文明和进步起了巨大的推动作用。

模拟实验是在直观模拟的基础上发展起来的比较高级、比较复杂的模拟过程，它被广泛应用于现代科学技术的各种创意活动中。对于我们赖以生存的地球，人们认识还比较肤浅，而对于地球昨天所发生的一切就知之更少了，尽管我们可以从它的形成物中运用历史追溯法，以先进仪器设备为手段来反演，推断它昨天发生的运动。

比如，可以用古生物化石来对比地层，确定当时的地理环境；用同位素法可以测定岩石的年龄等。那么除此以外还有没有其他比较有效的方法呢？那就是进行模拟实验，在这方面做出创意成绩的应首推我国地质学家李四光教授，模拟实验不仅可以模拟无法再现的过程，而且更多地运用于将要实施、将要进行的过程，比如许多大型的复杂工程的设计。运用模拟实验可以预先发现问题以及时纠正和改进，为这些创意活动提供可靠的数据和条件。模拟实验的目的是通过模型去认识或创意原型，而模拟的更高一个阶段——功能模拟，则是对直观模仿的复归，目的在于发展模型本身。

功能模拟就是以不同系统中功能和行为的相似为基础，从控制和信息方面用模型模拟原型的方法，在这方面最突出的例证就是控制论，以及在此基础上发展起来的智能模拟。控制论的创始者维纳等人在自动机器、生物有机体和人类社会之间作跨领域的横向类比时，发现了某些惊人的相似，于是，他们把人的行为、目的等概念引入机器，又把通讯工程的信息和自动控制工程的反馈概念引入活动的有机体，产生了控制论的理论和方法。

维纳认为，客观世界有一种普遍的联系，即信息联系，任何组织所以能够保持自身的稳定性，是由于它具有取得使用、保持和传递信息的方法，这种信息的变换过程可以简化为：信息的输入+存贮+处理+输出。其间存在着反馈信息，所谓反馈，是指一个系统的输出信息反作用于输入信息，并对信息再输出发生影响，起到了控制和调节作用。维纳揭示了这种由信息输出和信息反馈构成的系统的自动控制规律，抓住了一切控制和通信的共同特点，找到了机器模拟动物行为或功能的机制和科学基础。

有人认为，机器和动物具有同构性质，它们都是由操纵机构、受控对象、直感通道和反馈通道这四个基本要素构成的有组织系统，人们之所以能把人脑与电脑相类比，正是基于这种同构性质。同时，机器和动物的调节机制相类似，都是按照自己的性能进行目的运动的功能系统。另外，机器和动物的反手段也相同，都是呈现其功能特性的反控制系统。运用以上的理论，模拟人脑思维功能的电子计算机不仅成为现实，而且对智能进行模拟的范围在不断扩大。目前已有逻辑证明机、语言翻译机和学习机等。机器人则是模拟人体机能的综合自动机，现在正从工业机器人向智能机器人发展，可见功能模拟的前景是不可估量的。这些都是我们对模仿在科学技术领域创意活动中的作用所列举的案例分析。

其实，在我们的日常生活中，也到处可以看到模仿的现象，随时都可能用模拟的方法来改变我们的环境。

梦左右了创意意识

"梦"对于人们来说，经常出现，是非常司空见惯的事情，很多人没把它放在心上，没有引起足够的重视。然而，在科学创意和发明中，它却起着非常微妙的作用，这种作用是不能为其他方式所替代的，它的出现，使得一些创意活动少走了许多弯路。而受到梦的启示的研究者，一定对所研究的问题进行了相当充分的研究，大脑中已储存了解决问题的信息量，研究者的大脑皮层形成了对解决问题的兴奋中心，醒时没结束的神经活动在睡梦中继续进行，实现了梦寐以求的愿望。

我国南朝的文学家谢惠连，自幼就聪明过人，年仅10岁时，文笔就很漂亮。他的族兄谢灵运比他大12岁，却很器重这位小弟弟，谢灵运曾经十分感慨地对人说："我每次动笔写文章，只要有惠连在我身边，就文思如潮，笔下也必有佳句。"一次，谢灵运在永嘉郡的西堂构思诗作，绞尽脑汁，也写不出一个满意的句子。

他实在太失望了，也太疲倦了，不觉中放下纸笔，就趴在桌上酣然入睡……突然，他看见弟弟谢惠连笑盈盈地向他走来，两人兴高采烈地上楼观赏着早春池苑的美景，谢惠连指点着碧水、芳草、垂柳、飞鸟谈笑风生，谢灵运脱口赞道："池塘出春草，园柳变鸣禽。"啊，这不就是自己思之终日百思不得其解的佳句吗？谢灵运一高兴睁开了眼睛，却见眼前仍是黄昏中的西堂，自己一个人坐在桌前，这才明白刚才是做了一个梦，不过，那两句诗却依然清清楚楚，于是，他赶紧提笔记了下来，越吟越得意。之后，他经常对人说："这两句诗是有神力的相助啊，并非我自己的功劳。"

人在睡梦中，对周围环境的戒备都消失了，大脑的思维可以无拘无束地向各个方向发展，也可以用非逻辑的形式进行，人们很少能够对梦施加有意识的限制。在睡梦中，人们的想象力得到自由地发挥，可以充分挖掘潜意识的内容。作为意识领域，它是人的头脑对于客观物质世界的反映，它往往是在人们清醒状态下显现出来并发挥作用的。弗洛伊德说过："梦是人的意识的一种存在形式，它很少在人清醒时出来，它在睡梦中潜入你的大脑深处，心灵深处。"

在睡梦的情况下，精神紧张大大缓解，思想放松的程度大大加强，理智对思维的限制受到了削弱，思想犹如脱缰的野马，在浩瀚的意识世界里纵横驰骋而不受拘束，能够想清醒状态下所不敢想的事情，也能呼唤出藏在意识深层的人脑对物质世界的反映，这样，就将人思想的范围、思考的路线，成倍乃至数倍地增加。这无疑使人有更大范围的思想天地，对创意有更多的启示，可以使人们少走许多弯路，节省了大量的宝贵时间，就如凯库勒梦见苯分子式成了首尾相衔的环状蛇对苯分子结构式的启示，它解决了在正常情况下，许多有机化学家经过长时间的努力也没有解决的难题。这就充分显示了梦在创意发明中的独特作用。

那么，既然梦在科学创意和艺术创作中的地位如此重要，是否我们只要睡觉做梦，就能完成伟大的事业呢？这样的想法未免把创意看得太简单了。

事实上，就在凯库勒讲完由于梦中有了对苯分子结构式的启示而画出了苯分子的环式结构后，当天就有一些与会者特地在傍晚雇了马车，让马车在大街上慢慢行驶，希望也在梦中出现奇迹，让自己发现点什么。可是，这些人有的没睡着，有的睡着了却没有做梦；有的人做了梦，可不是梦见打牌就是梦见跳舞，并没有一个人从梦中得到创意联想。

这些人都忘了，凯库勒做梦之前，曾经花了几个月的时间来研究苯分子结构式，"日有所思"才能"夜有所梦"。凯库勒由梦得到启示，实际上是他做梦也不忘科研的结果，这些人把凯库勒的发现归功于梦，显然是本末倒置了。

梦在创意中的作用虽然独特，如前所述，也只能是对已有思想的呼唤，只能是对潜在人的心灵深处的意识的挖掘和启迪。它不是空穴来风，绝不可能无中生有地创意出你的"空中楼阁"。受到梦的启示的研究者，一定要与自己的生活经验、愿望、需要、想象等心理因素有所联系，梦境中的素材都是梦者先前经过的、看到的、听到的，这就是创意之梦的客观物质基础。我国围棋界著名选手聂卫平经常在睡梦中与人演练招法，醒来就进行推敲、练习，以备克敌制胜为国争光。

英国剑桥大学教授胡钦逊曾对各学科有创意意识的科学家的工作习惯进行了大量研究调查，调查中有70%的教授认为能从一些梦中得到启发。我国对中科院的学部委员进行的调查表明：在科学创意中受到梦境启发的"有者"占13%，"偶有者"占35%。

由此可见，受惠于梦境的人的确不少，然而在创意过程中，尽管梦的作用重要、独特，但更重要的应该是在平时对自己事业的专注，重视平时的知识积累，平时多下苦功。知道了梦在创意中的作用，懂得了梦左右了你的创意意识，就要认真对待自己的梦境，不要轻易放过对我们的事业有启迪作用的另一种意识的表现——梦所显现的内容。

但梦中也会出现稀奇古怪的幻境，因此，许多梦有时候也是不可靠的，所以，对待梦这种创意意识一定要严肃、慎重，要在这种意识心理活动下去粗取精、去伪存真，就如凯库勒所说："在清醒后，未弄明白前，就不可轻信梦境了。"具体来说，在探索梦与创意的关系时，我们应该注意以下的内容：

（1）我们需要感觉到主要创意的存在，清楚自己真正想要什么，因为只有明确自己主要的创意焦点，才能激活个人内在的创意动机，并且付出个人生命的热情去完成创意。

（2）超越时间、空间，并放下所有的限制思考。当梦想没有实现以前，也许它有些抽象，但只要我们充满信任，梦想就有可能实现，因为筑梦是建立在自己对梦的信心的基础上，所以我们要清楚而明确地信任它的发生。

（3）高度集中的注意力，也是筑梦的关键。意念转换之处，通常会产生巨大的能量，把你的能量集中起来，注意在你的梦想上，就可以让注意力形成一股专注的能量，进而使你要的梦想变成现实。

注意力是创意的开始，注意力越高，创意能力就越强。注意力是否能够集中，信心是起决定作用的因素。人们信心不足往往会产生更多的害怕与担心，会影响我们创意梦想的动力，也就是说，只有有充足的信心，创意力才会依想象而发生。有时候，我们常常会怀疑自己的创意能力，然而事实上，创意能力来自于你是否相信自己有创意力。

（4）具体的行动。这是说我们要规划并付出任何具体可支持梦想的行动，这样就不会使自己成为只有思想而无法行动的"梦想家"。

（5）放下。我们要让梦想可以成真的话，另一件必须学习的就是如何放下，放下我们所有的担心，放下限制我们的各种观念，因为过分执著地追求好与坏、得与失便会创意出"害怕失去"的恐惧。

创意的情感意识

鲁迅曾说过："创作需情感，至少总该发点热吧。"又说："文学的修养决不能使人变成木石，所以文人还是人，既然还是人，他心里仍然有是非、有爱情；但又是文人，他的是非就越分明，爱憎也越强烈。"根据心理学家们的分析，由于郁积在胸中的艺术情感和创意情感，与能够满足这一情感的艺术对象和创意对象邂逅时，两者"一拍即合"会产生一种强烈的攻击力。鲁日·德·利尔由于对法国路易十六的仇视，与对祖国的深沉的爱郁积在一起，所以能够以强大的创作动力奋斗一夜，谱写出了《马赛曲》这支雄壮优美的歌曲，把它奉献给挽救国家危亡的义勇军战士。

《鲁滨逊漂流记》的作者笛福，一生坎坷，沉浮于苦难的波峰、波谷，他经商、参军、编写报刊文章，多次被捕入狱，这种长期被压抑的艰辛经历，使他产生了强烈的艺术呼喊的需要，但是在他年近六旬之前，却没有适宜的艺术对象，后来当他偶然在杂志上看到一名英格兰水手被弃置荒岛四年，历尽千辛万苦被带回英国后，多年的需要终于找到了满足的对象，他的创作冲动象炽热的岩浆一样，冲出了火山口。在强烈的震动中，他呼唤出内心的情感，以极快的速度将这篇惊绝世界的名著一挥而就。而我国著名文学大师曹禺也说："写《雷雨》时，并没有明显地意识到我要讽刺什么或攻击什么，只是隐隐仿佛有一种情感的汹涌推动我，我在发泄着被压抑的愤懑……"他还说过，创作的材料就是作者体验过的东西，是活生生的感情，是源头的活水，是燃烧的火焰。在他创作《日出》时，感情激荡得令人害怕，在情绪爆发之中，曾经摔碎许多值得纪念的东西，他绝望地嘶喊着："那时想把一切都毁灭了吧！"像一只受伤的野兽扑在地上，啮着丝丝涩口的土壤……

罗丹说："艺术就是感情。"郭沫若也指出："我们知道文学的本质是始于感情也终于感情的，文学把自己的感情表现出来，而它的目的——不管是有意识还是无意识的——总是要在读者心中引起同样的感情作用，那么作家的感情愈强烈愈普遍，而作品的效果也就愈强烈愈普遍。"感情因素可以说是文学作品中流动的乳汁，没有灌注情感的文学作品是泥胎、木偶、纸花，是艺术的赝品，激不起读者感情的波澜，也就无法使人欣赏。那些思想伟大、感情激越的作品如《离骚》《神曲》《红楼梦》《人间喜剧》《母亲》《狂人日记》都是伟大而不朽的，而那些意境悠远、感受真切、情意动人的作品，如王维的山水诗，李白的《静夜思》，李商隐的《无题》诗，普希金的部分抒情诗，朱自清的《背影》《荷塘月色》等，也都是艺术珍品。

心理学家分析说，情感是一种十分强烈的心理活动，一旦艺术创意冲动突然来临，人的心中如春江翻潮、骏马奔腾，一股按捺不住的激情在心中冲撞着、翻涌着，让人食不知味，卧不安寝。有的人处于这样的冲动中，甚至胸口感到灼痛，眼睛湿润起来，脊椎都在一阵阵抽搐，甚至有点像一个即将临盆、胎儿已在腹中躁动的妇人，更有甚者竟像害了热病一样，已经到了神魂颠倒的地步。

纵观文艺创作史，那些富有艺术感染力的优秀作品，无不是怀着强烈真挚而又富有个性特征的感情创作出来的。《红楼梦》之所以具有这样巨大的艺术感染力，就因为它是曹雪芹字字血、声声泪写出来的，他自己在书中叹道："满纸荒唐言，一把辛酸泪。""字字看来都是血，十年辛苦不寻常。"有人说《红楼梦》是千端情绪，万种柔肠，一一剖心呕血而出之。

感情是艺术的血液和生命，伟大的诗人雪莱认为："情感是诗的天性中的一个主要活动因素，没有感情就没有诗人，也就没有诗。"列夫·托尔斯泰在解释艺术活动时也说过："在自己心里唤起一度体验过的感情，在唤起这种感情之后，用动作、线条、色彩、声音及其言辞所刻画的形象来表达这种感情，使别人也能体验到同样的感情，这就是艺术活动。"

1935年，爱国记者戈公振老先生逝世时，伟大的爱国主义者邹韬奋先生写了一篇感人肺腑的悼文，沈钧儒先生读后，触动了忧国忧民的沉痛感情，挥笔写下了四首五言绝句，其中第四首是这样写的："我是中国人。我是中国人！我是中国人！！我是中国人！！！"为什么会写下这样一首诗呢？据沈老过后回忆，事情是这样的，他在写了前三首之后心潮澎湃，意犹未尽，便写下了这第四首诗，下笔先写了一句："我是中国人。"激昂慷慨，竟不能续，落笔写了第二句仍是"我是中国人！"此时万端上心，激情满怀，再写下一句还是这几个字，一连就写了四句，写完之后，泪滴满纸，情不能已。

诗的感情是高级审美的感情，它以真挚、强烈、深沉为特征，以美为规范，是个人之情与时代、民族之情的统一，没有这种感情，它就失去了生命，就像已经枯死的树木，就像干涸的河床、就像没有生机的纸花。

1937年,德国法西斯趁西班牙小镇格尔尼卡逢集之机,狂轰滥炸,炸死了两千多人,西班牙画家毕加索在巴黎听到这一暴行后悲愤万分,全身发抖,强烈的义愤和爱国激情使他创作出了令人触目惊心的现代派名画《格尔尼卡》:公牛兽性发作、奔马受伤嘶叫、母亲托着死婴、战士肢体断裂、妇女呼叫着从床上跌落,惊恐的双眼犹如灯泡……

一名作家或艺术家、创意家总是从他的内在要求出发来进行创意的,他的创意冲动首先来自社会现实在他的内心激起的感情波澜中,这种感情的波澜,不但激励着他,逼迫着他,使他不能不提起笔来,而且他的作品的倾向,就取决于这种感情的波澜是朝哪个方向奔涌的,他的作品的音调和力量,就取决于这种感情的波澜具有怎样的气势和多大的规模,这就是艺术和创意的动力学原则。

第十六课　拓展创意的空间

想象是一切创意活动的基础

一般而言，我们只能感知一些事物的某些组成部分或某些发展环节，很难对事物的整体有完整清晰的认识。但在它的薄弱之处，我们可以用想象来加以充填，如同豹子身上的"斑"，我们只有一点一点地将"斑"充填完整，才能使这只豹子生龙活虎般的动起来。

想象是一切创意活动的基础，郭沫若逝世前不久曾语重心长地说："有幻想才能打破传统束缚，才能发展科学，科学工作者们，请你们不要叫想象让诗人独占了。"

鲁班是我国古代一位优秀的手工业者和发明家，他的名字和故事，一直广为流传，也给我们带来不小的启示。远在鲁班生活的年代，伐木是要用斧头的。有一次，他带上几个徒弟上山砍木材，一连砍了几天，累得个个都精疲力竭，可木料还是远远供应不上，鲁班心里非常着急。

一天，他在砍木材的时候，爬山坡时被一种野草划破了手指，于是他摘下一片叶子轻轻一摸，原来叶子两边都长着很锋利的锯齿，鲁班的心为之一动，他似乎想到了什么，这时附近的一棵野草上有条大蝗虫，它的两颗大板牙一开一合，正在津津有味地吃着草叶。

鲁班上去把大蝗虫捉来细细一看，原来在大蝗虫的大板牙上也排列着许多的小锯齿。有锯齿的树叶把人的手划破，长有锯齿一样的板牙的大蝗虫能吃草叶，难道……他的思维在奔驰着，展开了永不停息的想象……如果做成带有锯齿的竹片，是不是可以用来锯木头啊。他把竹片做成带齿的，在树上轻轻一试，一下就把树皮划破了，再用力拉了几下，木头上就出现了一条深沟，于是他下山请铁匠打了一条带齿的铁片，再到山上进行实践。证明了铁片的更好效果之后，鲁班高兴地跳了起来，就这样，鲁班用他的想象发明了锯。

想象在我们的日常生活中也有重要的作用，例如我们对文学作品、艺术表演、音乐、美术作品等的欣赏，就离不开想象的作用。离开了想象的作用，顶多不过是对他们的感知，还谈不上有所感受，因而也就不能称之为欣赏。在人的情感生活中，想象能引起相应的情感和情绪，如在欣赏音乐时，音乐的节奏、旋律、和声、音色所组成的各种曲调，可以把人引发到悲伤、沉痛、焦躁、忧虑、惋惜的情感情绪中去，催人泪下，也可以把人引入欣喜、振奋、爱慕、胜利、希望的情感情绪中去，促人奋起，这些都是大家亲身体验过的。

根据我们对想象的进一步了解，想象在处理人际关系时，也同样必不可少。人们常说，处事要善于"设身处地"，但如果你要想真正的设身处地，就必须凭借想象的作用：如果我们处于对方的地位，将会怎样想，如何做？也就是说：人们在相互交往中，必须通过想象才能设想别人的处境和心情，从而促进彼此相互了解。

想象不仅在认识和实践活动中有巨大作用，而且在人的精神生活中，特别是在创意活动中也有重大的意义。难怪历史上许多科学家和艺术家都高度重视和评价想象的作用，巴甫洛夫曾指出："化学家在为了彻底了解分子的活动而进行分析和综合时，一定要想象到眼睛看不到的结构。"

著名德国物理学家普朗克在谈到假设时也曾说过："每一种假设都是想象力发挥作用的产物。"英国物理学家延德尔说："作为一名发明家，他的力量和生产，在很大程度上都应归功于想象力给他的激励。"有了精确的实验和观测作为研究的依据，想象便成为科学理论的设计师，可以说没有科学的想象，就不会有科学理论和科学发现。

与此同时，创意也需要想象。19世纪德国著名音乐大师舒曼说过："音乐家的想象愈丰富，他的作品愈能激励人和吸引人。"俄国文艺批评家别林斯基也曾指出："在诗中，想象是最主要的活动力量，创意过程只有通过想象才能完成。"其实不仅仅是音乐和诗歌需要想象，美术、雕刻、戏剧……一切文学艺术的创作都是需要想象的。

高尔基讲到情绪和想象时曾说过这样一段语重深长的话："文学家的工作或许比一个专门学者更困难……科学工作者研究公羊时，用不着想象自己也是一头公羊，但是文学家却不然。他虽然慷慨，却必须想象自己是一个吝啬鬼；他虽毫无自私心，却必须觉得自己是贪婪的守财奴；他虽然意志薄弱，却必须令人信服地描写出一个意志坚强的人。"

的确，一位作家在构思作品或者是塑造人物时，他不但要通过想象"看到"所创造的角色的状态，还要"听到"所创造的角色的谈吐，体验到所创造的角色的心境、感受和情绪，这就必须要求作家设身处地地想象人物的言谈举止和心理活动。

同样，在戏剧表演中，一名演员要想演好他所扮演的角色，也必须充分利用想象，使自己能够真正地进入角色。创意是以想象作为先导和基础的，对科学创意是这样，对文学艺术创意也是如此。

昨日之日不可留

想象要求我们不计较过去对某种事物的憧憬。想象又可分为无意想象和有意想象，无意想象也称消极的想象，就是没有预定目的的、不自觉的想象，最明显的事例就是做梦。

根据巴甫洛夫学派的解释，做梦的内因是大脑皮层上所建立的暂时神经联系的痕迹重新活动和改组，产生的外因是外界刺激的影响或体内某些器官受到的刺激等。有意想象也称积极的想象，是在第二信号系统的参与和调节之下所进行的想象，是有预定目的的、自觉的想象。

例如，我们在欣赏文学作品的过程中或者学生在专心听课时所进行的想象，都属于有意想象。有意想象按其内容的新颖性、独立性和创意的不同，可以分为再造想象和创意想象，下面的例子就能更好地解释它，便于大家的理解。

在一间安静的病房内，墙上挂着一幅世界地图，病床上躺的是德国著名气象学家魏格纳，他一边凝视着地图，一边幻想着一个奇妙的问题："为什么大西洋两岸的曲线形状如此相似？它们拼合在一起，简直就像一块完整的大陆。这是偶尔的巧合还是原先整块完整的大陆分成了几块呢？"

到了第二年秋天，魏格纳看到一份材料，说南美洲和非洲、欧洲、北美洲、马达加斯加、印度等大陆上的蚯蚓、蜗牛、猿以及其他古生物化石，都有一定相似性，这使他联想起他在一年前卧病看地图时思考的问题。难道这些古生物是振翅飞游大西洋的吗？不可能。

魏格纳展开了他想象的双翼，他认为在距今两亿年的古生物时代以前，地球上只有一块庞大的原始陆地，叫做"冷陆地"，它的周围一片汪洋，后来由于天体引潮力和地球自转离心力的作用，"冷大陆"开始分崩离析，就像浮在水面上的冰块一样在不断漂移，越漂越远，从此美洲脱离了非洲和欧洲，中间留下的空隙就成为了大西洋，而非洲的部分与亚洲告别，在漂离过程中，它的南端略有偏转，渐渐地与印巴次大陆脱开，这样就诞生了印度洋，还有两块较大的陆地向南漂移，就形成了澳大利亚和南极洲。

为了证明这个想法，他便翻看资料，仔细考证，经过数年的努力，他终于完成了一部划时代的地质文献《海陆的起源》，一个崭新的地质结构学说——"大陆漂移学说"就这样诞生了，它是由地图—古生物化石—地球表面结构的联想而萌发的。

再造想象是根据别人对某一事物的描述，在头脑中形成相应的新形象的心理过程。这些形象不是独立创意出来的，而是根据别人的描述或示意再造出来的。比如，我们看了鲁迅的《祝福》之后，眼前会出现一个活生生的祥林嫂，这是靠再造想象产生的形象。再造形象除了通过文学作品的文字描述可再造出来外，音乐也可以通过由各种音乐符号所组成的乐谱唤起各种各样的音乐形象，建筑工人根据建筑蓝图可以想象出建筑物的形象，机械工人通过机械图纸可以想象出机械的形象，这些根据别人的描述或者示意而"再造"出来的想象，都是再造想象。

再造想象的另一方面，是指这些形象是经过自己的大脑对过去感知的材料的加工而成的。如当教师向全班学生讲《飞身抢渡大渡河》这一篇课文时，讲了十八勇士冒着枪林弹雨，奋勇抢渡的情景。由于每个同学的知识、经验、兴趣爱好、个性和欣赏能力的差异，所以每个人对这一情景的想象也就不同。

由此可见，每个想象都是按照自己的方式来创造某个新形象的，因此，再造想象也常常包含有某些创造的成分。再造想象在认识活动中有很重要的意义。借助于再造想象，我们可以重视别人的创意所创造出来的或感受到的事物。再造想象一般遵循以下两条规律：一是再造想象的形成受旧有表象的数量和质量的影响；二是再造想象的形成依赖于正确掌握词语和实物标志的意义。

而创意想象是不依据现成的技术而独立地创造出新形象的心理过程，创意想象是根据预定的目的，通过对已有的各种表象进行选择加工和改组，而产生可以作为创意活动"蓝图"的新形象的过程。在创意新技术、新产品、新作品之前，人在头脑中必先构成事物的形象，这就是创意想象。创意想象与创意思维紧密相连，是人类从事创意活动的一个必不可少的因素。新颖、独创、奇特是创意想象的本质特征。创意想象是真正的创意，它不同于再造想象。再造想象中也常有创意的成分，但两者比较起来，创意想象的创意成分更多些，创意想象也比再造想象困难得多。

如果创造出一个阿Q的形象，与欣赏《阿Q正传》中的阿Q形象相比，前者要求有更大的创意。阿Q的形象是旧中国劳动人民的奴隶生活的写照，也是中国近代民族被压迫历史的缩影，鲁迅创意出"阿Q"形象，是经过创意的构思，并以一些历史现象为依据，选择材料，进行深入的分析和综合提炼的结果，所以创意想象和再造想象两者虽然有区别，但无截然的分明界线，你可以通过再造想象来真正做到创意想象，而不应当把自己局限于再造想象之内。

每个人从出生、上学、到工作都在进行着再造想象，而只有少数的人才在昨天再造想象的基础上，找到了属于自己创意想象的空间，所以他们成了科学家、发明家、艺术家、文学大师，而这绝不是偶然的，因为他们知道"昨日之日不可留"。

幻想是创意的灵魂

幻想是一种与生活愿望相结合的并指向于未来的想象，它分为两种：一种是以客观现实的发展规律为依据的，是有可能实现的，这种幻想叫做理想，是积极向上的幻想；另一种则是完全脱离现实生活又毫无实现的可能的，这种幻想叫做空想，是消极的幻想，它不能鼓励人们前进，反而容易引导人们脱离现实生活，最终使人走向失败。而我们所要提倡的是第一种幻想。

哈佛大学创意课告诉人们，积极的幻想是学习和工作的强大动力，它能把光明的未来展示在人们的面前，鼓舞着人们以巨大的精力去从事创意活动，克服种种困难迎接胜利的来临，幻想也常常是科学的先导，科学创新活动离不开幻想。

牛顿从小对天文学就一直兴趣很浓。有一次，当他在夜晚遥望头上美丽的星空，被那闪烁的星空和弯弯的月亮所吸引时，他那善于思考和幻想的脑子马上转动了起来。"星星、月亮都高高地悬挂在空中，为什么不落到地上呢？"这是一个金色的秋天，牛顿抱着一本天文学书籍坐在树林里看，他想从书中寻找到问题的答案。突然，不知什么东西砸在了头上，他找到一看，原来是一个熟透的苹果从树上掉了下来，这司空见惯的现象却引起了他的注意。月亮高高地挂在空中，而苹果却落到了地上，他浮想联翩，幻想和知识的泉水汹涌而来，"难道地球就像一块巨大的磁铁？"于是他经过深深地思考终于总结出了：每一个物体吸引着另一个物体，一个物体所包含的质量越大，其吸引力越大，一个物体与另一个物体离得越远，吸引力越大。地球要比苹果重得多，因此地球的引力比其他方向上的事物对苹果的引力要大得多，所以苹果要向地球上落。于是他又联想到了月亮，地球对于月亮也有吸引力，因为地球和月亮都在自转，这个吸引力正像拴着石头旋转的绳子一样，所以月亮始终围绕着地球转，却不会落在地球上。"是万有引力才引起苹果的坠落，是万有引力使所有的东西都保持在一定的位置上。"于是，著名的万有引力定律就从牛顿的幻想中得出来了。

　　牛顿从苹果的坠落问题出发，最后提出了万有引力定律。根据有关资料分析，可以把他的思路作如下的描绘：幻想—实践，而通过这个幻想又可以想象下去：如果在山顶平射一颗炮弹，炮弹将以曲线轨道落到山脚不远的地方，如果发射速度快炮弹可能经过大半个地球，如果再增加炮弹的速度，炮弹会绕地球旋转，永远不会落在地面上，这一系列问题都来自牛顿的幻想，这时的炮弹多像天上的月亮，炮弹和月亮围绕地球旋转，是离心力使它们不落到地球上，可它为什么不脱离地球而飞走呢？他经过努力找到了答案：由于地球对它的吸引力与这种离心力平衡，所以它能保持长久地围绕地球旋转。

　　爱好幻想，如果把它纳入活动中作为活动的一个推动力，并且与人的意志和品质相联系，它就会成为积极的个性品质。积极的幻想和崇高的理想是人们心中的火炬，会给人们巨大的力量和坚忍不拔的毅力。方志敏在《可爱的中国》一书中，就曾对自己为之奋斗的新中国的理想，坚定地写道："我们相信，中国一定有个可赞美的光明前途……到那时，到处都是活跃的创造，到处都是日新月异的进步，欢歌将代替了悲叹，笑脸将代替了哭脸，富裕将代替了贫穷，康健将代替了疾病，智慧将代替了愚昧，友爱将代替了仇恨，生之快乐将代替了死之忧伤，明媚的花园将代替了暗淡的荒地！这时，我们民族就可以无愧色地立在人类的面前，而生育我们的母亲，也会更加美丽，与世界上各位母亲平等的携手了。"今天，这些理想已成了现实。

保持旺盛的想象力

旺盛的想象力是能培养创意心智机能的一种思维活动，它不同于思考，而是思考的一种深化，是由此及彼的思考。一个人如果不能保持旺盛的想象力，学一点就只知道一点，他的知识面不仅是零碎的、独立的，而且也是有限的。如果你保持住旺盛的想象力，知识就会由一点而扩展开去，举一反三，闻一知十，触类旁通，以至于最后会产生知识的飞跃，出现创意灵感，开出智慧的花朵。

人造牛黄的成功就是旺盛想象力的结果。牛黄是一种珍贵的药材，但是天然牛黄只能从屠牛场上偶然得到，数量极少，所以许多医药单位都想方设法来寻觅解决牛黄不足的途径。

广东海康药品公司的员工在研究中发现，牛黄是因为牛胆囊里混进异物，然后以它为核心的周围凝聚了许多胆汁的分泌物，日积月累逐渐形成了牛胆结石的。由此他们想起了河蚌育珠，珍珠也是由沙子进入蚌内，由蚌分泌出黏液，将沙子包住而形成的。既然河蚌能经过人为的插片，培育出奇光异彩的珍珠来，难道就不可以给牛接种异物，培养出珍贵的牛黄吗？他们从河蚌育珠的方法得到启示，对牛施行外科手术，在牛的胆囊里埋入异物。一年过去了，他们果然从牛的胆囊里取出了结石。这种人工结石和天然牛黄一模一样，试验就这样成功了。

杭州一家扇厂的一位青年工人，看到本厂生产的扇子使用时用手打开很不方便，他总想设计一种使用方便的扇子。一天，因为下雨，他出门办事拿了一把自动雨伞的时候，脑中马上浮现出一个设想：伞能自动打开，那么，能否做出自动开启的扇子呢？于是他经过反复的实验，自动开启扇便成功了，它完全摆脱了传统的结构，使扇子能像伞一样自动打开，整个扇形成了荷叶状。

世上万物都是相互联系的，它们之间往往存在共同之处，通过丰富的想象力我们就能从中得到启示，进行创意。《科学研究的艺术》一书的作者贝弗里奇说过这样的话："独创性在于发现两个或两个以上的研究对象或设想之间的联系及相似点，而原来以为这些对象或设想彼此没有关系。"想象力能够克服两个概念在意义上的差距，把它们联系起来，因而往往能够发现某些事物的相同因素或某些联系，揭示事物的本质。上面介绍的人造牛黄实验和自动扇子的发明，就是其中两例，牛黄的形成和河蚌育珠存在着共同点，自动扇的发明也是由于自动伞能自动开启而引发的。联想建立在人们已有的知识和经验之上，想象并不是想入非非，而是对输入头脑中的各种信息进行编码、加工与输出的活动。

一切创意活动都离不开想象力，通过想象力人们使智力活动打破时间与空间的限制，想象力会使智力展翅高飞，开阔人们的视野，使人们看到前所未有的新天地，所以想象力越丰富，导引创意的作用就越广阔；想象力越强烈，想象就越富有创意，提出的想法和问题就越新奇。

想象不息，创意不止

我们都已经知道科学的想象是科学的先导，开普勒提出行星运动三大定律、哈维发现了血液的循环、拉瓦锡建立了科学的燃烧理论、普朗克提出的量子论、魏格纳提出的大陆漂移学说等,没有一个不是以创意想象为先导的。法国著名作家儒勒·凡尔纳表现出的惊人的想象力,是被许多人都熟知的。他在无线电还未发明之前,就已经想到了电视;在莱特兄弟制造出飞机之前的半个世纪就已想到了直升飞机;坦克、导弹、潜水艇、霓虹灯等,他都预想到了,他在《月亮旅行记》中甚至讲到了几个炮兵坐在炮弹上让大炮发射到月亮上,据说齐尔斯基——宇宙航行开拓者之一,正是受了凡尔纳著作的启发,推动着他去从事星际航行理论的研究的。

俄国科学家齐奥科夫斯基青年时代就被人们称为"大胆的幻想家",他把未来的宇宙航行分成十五步:

(1)制造带翅膀的和一般操纵机构的火箭式飞机。

(2)以后飞机的翅膀略有减小,牵引力和速度增加。

(3)穿入稀薄大气层。

(4)飞至大气层后滑翔降落。

(5)建立大气层外的活动站。

(6)宇宙飞行用太阳能来解决呼吸及其他日常需要。

(7)登上月球。

(8)制造太空衣,以便安全地从火箭进入太空。

(9)在地球周围的太空中建立众多的居民点。

(10)太阳能成为太空居民点的能源,使生活更为舒适。

(11)在小行星带上和太阳系其他不大的天体上建立居民区。

(12)在宇宙中发展工业。

(13)实现个人和社会遨游宇宙的美好理想。

(14)太阳系里的居民和目前地球上的居民达到饱和点之后,要迁移到整个银河系去。

(15)太阳开始熄灭,太阳系里残存的居民转到别的太阳系。

值得惊叹的是在齐奥科夫斯基做出这一大胆的幻想时,莱特兄弟的飞机还尚未问世,当时除了冲天鞭炮以外,世界没有什么火箭,更加令人吃惊的是想象中的许多步骤通过近几十年的航空、航天技术的发展已经成为了活生生的现实，也就是说，由于火箭、喷气式飞机、人造卫星、航天轨道站以及航天飞机的使用，人类登月计划以及探索太空的计划也相继变成现实。

早在齐奥科夫斯基的论文《利用喷气机探索宇宙》发表前30年，凡尔纳就发表了《从地球到月球》、《环绕月球》等科幻小说，提出了飞向月球的大胆设想，他想象在地球上挖一个三百米深的发射井，在井中铸造一个大炮筒，把精心设计的"炮弹车厢"发射到月球上去，他甚至选择了离开地球的最近时刻，计算了克服地心引力所需要的速度，以及怎样解决密封的"炮弹车厢"的氧气供给问题。这些对宇宙研究很有启发。科学的发展以想象为先导，人们通过想象，在头脑中拟定研究过程的伟业和蓝图，借助于想象在头脑中构成可能达到的预期结果。正是齐奥科夫斯基通过丰富的设想，为人类登上月球在思维创意上开辟了道路。

伽利略就早已发现力学运动定律，在静止的或者匀速运动的坐标系中看来，同样是有效的，这种运动的相对性，在古典力学中是普遍成立的，但在麦克斯韦电动力学中却不成立。因为麦克斯韦方程只适用于静止的坐标体系，经过多年思索，爱因斯坦发现必须把作为古典物理学的基础的空间和时间的概念加以适当的修改，才能克服这种矛盾，于是，他以高度的想象力抓住了一个最简单也似乎是不成问题的问题——"同时性"问题。以此作为突破口，他发现，两个在空间上分隔开的事物的所谓同时，取决于相隔空间的距离和光信号的传播速度，在静止的观察者看来是同时的两个事件，在运动的观察者看来不可能是同时的，这就是所谓同时的相对性。由此可见，空间和时间不是各不相干的，而是存在着本质的联系，并且都与物质的运动有关。

可以说，伟人事迹总是让人觉醒，他们在想象这条无尽的道路上，也创造出了无数的伟大发明。这是一条永远走不到尽头的路，每个人都可以迈向它，去继续观看伟人们所未见到的风景。

下篇 走进创意魔法训练营,掀起思维大风暴

让思维旋转起来

有人会问，为什么学习了不少知识，也学会了一些有用的思维方法，但在关键时候却仍旧发挥不了作用呢？

哈佛大学创意课指出，这主要在于一些不良的思维习惯与思维心理在起阻碍作用。如果意识不到它们的存在，那么，尽管你在思维方面下了不少工夫却仍旧收效不大，只有突破这些阻力才能让思维旋转起来。

当你买了一件新衣服，你可能注意到许多人也穿有同样的衣服，而以前你是没有这种感觉的。实际上穿这种衣服的人没有突然增多，只是你原来并未注意到其他人也穿这件衣服罢了。

心理学家将这种现象称为"定势"，意指心理活动的一种准备状态，是在过去思维方式的影响下看待或解决问题时的趋向性，即在思考或解决某一问题时按一定的思维惯性，用过去同类或相似的办法来思考，简单地说就是"用过去的思维影响当前的思维"。

由于人们所接受的知识和思考问题的方式在较长时间的积累之后，往往会形成自己所特有的思考方法。这种思考方法使人们一旦遇到问题进行思考时便会习惯性地运用这种原有的思维方式。

为什么会出现这种状况呢？一般来说，我们平常习惯于用左脑思维，因而易于对某些事物或现象产生固定的观念，要打破这些认识上的障碍是不容易的。为此，我们要锻炼多用右脑思维，以打破左脑思维所形成的条条框框，用新的观念或从另一个角度来认识和利用事物，以提高我们工作的效率。最简单的方法就是，对平时看惯了的事物，完全换一种思考方式来仔细观察它。即使你平常使用的饭碗，换一个视角来看待它，你也会认识到你从没有注意到的新功能。

此外，不恰当的宣传也会误导我们对事物的正确认识。现在很多媒体把某一商品或对某一事物的认识反复地进行宣传引导，这都会对公众的思维产生定势作用。我们通常认为报纸电视等媒体上宣传介绍的产品肯定是优质产品、放心产品，可以放心购买，于是，一些商家抓住消费者这一心理特点，把一些不合格产品在全国的媒体上大肆渲染，刻意包装，误导消费者购买他们的产品，结果到手后消费者才发现优质产品变成了劣质产品，放心食品并不让人放心。这就是宣传对人们思维认识上的误导。

在当今激烈的竞争环境中，有不少人抱着"枪打出头鸟"、"人怕出名猪怕壮"和"君子不争"的古训。于是，人们在工作中畏首畏尾，亦步亦趋，那么最后只能是"泯然众人矣"。其实，达尔文的进化论早已告诉我们应对的办法了——"优胜劣汰，适者生存"，只有适应外界环境变化才能生存下来，否则就会被自然界淘汰。这是最基本的生存竞争法则。如果你在思维上不愿做出改进的话，这一法则中的"劣汰"二字恐怕将会在你身上发挥作用了。

第十七课　形象思维训练

什么是形象思维

所谓形象思维是指用直观形象和表象解决问题的思维。其特点是具体形象性、完整性和跳跃性。

形象思维的基本单位是表象。它是用表象来进行分析、综合、抽象、概括的过程。当人利用已有的表象解决问题时，或借助于表象进行联想、想象，通过抽象概括构成一幅新形象时，这种思维过程就是形象思维。所以，利用表象进行思维活动、解决问题的方法，就是形象思维法。

一个人要外出，他要考虑环境、气候、交通工具等情况，分析走什么路线最佳，带什么衣物合适，这种利用表象进行的思维就是形象思维。在文学作品中典型形象的创造，画家绘画，建筑师设计规划建筑蓝图等也是形象思维的结果。在学习中，不管哪一学科，不管多么抽象的内容，如果得不到形象的支持，如果没有形象思维的参与，都很难顺利进行。所以我们学习各种知识时，既要运用抽象思维法，也要运用形象思维法。

形象思维不仅以具体表象为材料，而且也离不开鲜明生动的语言的参与。

形象思维分为初级形式和高级形式两种。初级形式称为具体形象思维，就是主要凭借事物的具体形象或表象的联想来进行的思维。

高级形式的形象思维就是言语形象思维，它是借助鲜明生动的语言表征，以形成具体的形象或表象来解决问题的思维过程，往往带有强烈的情绪色彩。其主要的心理成分是联想、表象、想象和情感，但它具有抽象性和概括性的特点。言语形象思维的典型表现是艺术思维，它是在大量表象的基础上，进行高度地分析、综合、抽象、概括，形成新形象的创造，所以，形象思维也是人类思维的一种高级和复杂的形式。

高级复杂的形象思维是对头脑中的形象进行抽象概括，并形成新形象的心理过程。它并不总是与语言紧密联系，未必进行充分的语言描述。但是，它比概念概括有着较大的稳定性、整体性，而且更加具体、更加丰富，因为概念概括要舍弃非本质的特征，而形象概括则常包容着丰富的细节。科学家、文学艺术家、技术专家常常将形象概括与概念概括相结合，从而创造出新的成果或新的形象。

大脑右半球喜欢整体的、综合的和形象的思维，所以有人说右半球是形象思维中枢，它的思维材料侧重于事物形象、音乐形象和空间位置等。在开发大脑右半球的潜能时，主要就是利用形象记忆和形象思维活动。这是开展右脑训练的基本原则。

形象思维的训练

训练一：累积形象材料

在看电视、欣赏音乐、参观、旅游、做家务等日常活动和社会实践活动中，尽量扩大对自然和人类活动中事物形象的掌握，有意识地观察事物形象，广泛积累表象材料，丰富表象储备。头脑中的表象越多，不仅越能促进大脑右半球的活动，也为形象思维提供了形象原料。

1979年诺贝尔物理学奖获得者格拉肖也指出:"涉猎多方面的学问可以开阔思想,像抽时间读读小说,逛逛动物园都有好处,可以帮助提高想象力,这同理解力和记忆力一样重要。假如你从来没有见过大象,你能想象出这种奇形怪状的东西吗?我这样讲,有的人听起来可能会感到奇怪。但是在我们研究物理问题的时候,往往会用到现实世界的各种形式。对世界或人类社会的事物形象掌握得越多,越有助于抽象思维。"

当然也更有助于形象思维。

可以说,丰富的表象储存无论对形象思维还是对抽象思维都有帮助。

训练二:积极开展联想和想象活动

要经常开展形象丰富生动的联想和想象活动。不要束缚自己的想象,要让想象展翅高飞,任其在广阔的宇宙中遨游。

中国著名的化学家侯德榜,曾于1932年因发明新的制碱法造出纯碱,从而在万国博览会上荣获金质奖章,他办的企业称雄国际化工界近一个世纪。侯德榜小时候不但读书非常刻苦勤奋,严格要求自己,成绩优异,10门功课得了1000分,而且还喜欢想象,爱好形象思维。他10来岁的时候,在课余时间经常躺在福建家乡的草坡上,望着滚滚的闽江水,让自己的想象纵情驰骋,旋转不息的水车、姑母家的药碾子,都是他想象过的东西。这些想象对他后来的研究都起到了有益的作用。

训练三:建构知识整体学习法

传统的学习法是一节一节、一章一章地学,从最佳学习方法来看这是不科学的。建构知识整体学习方法要求先理解和掌握知识的整体结构,以此为根基去理解部分知识内容。先把握知识结构层次和整体框架,使脑内浮现一张"地图",形成整体架构,然后搞清部分与部分之间的关系,形成整体认知结构。进一步区分知识的层次、方面和知识点,形成知识系统和整体结构。进而把握知识或事物的重点,分清重点和细节部分,集中精力理解并掌握知识重点和整体结构。

建构知识整体学习法，强调建构知识整体结构，有助于大脑右半球功能的发挥，能大大提高学习记忆的效果。

《学习的革命》一书强调，搞大型拼版玩具，外出旅游，学习课程，都应先从概貌开始，掌握整体图表和整体结构，再掌握部分。该书还指出，传统教学，不慌不忙，一节一章，每周几节课，只有部分，没有总的概貌，效率太低。

训练四：促进右脑功能发展的训练

能促进右脑功能发展的活动有许多，现讲述八点：

（1）培养绘画意识，经常欣赏美术图画，还要动手绘画，有助于大脑右半球的功能开发。

（2）画知识树，在学习活动中经常把知识点、知识的层次、方面和系统及其整体结构用图表、知识树或知识图的形式表达出来，有助于建构整体知识结构，对大脑右半球机能发展有益。

（3）发展空间认识，每到一地或外出旅游，都要明确方位，分清东西南北，了解地形地貌或建筑特色，培养空间认识能力。

（4）练习模式识别能力，在认识人和各种事物时，要观察其特征，将特征与整体轮廓相结合，形成独特的模式加以识别和记忆。

（5）音乐训练，经常欣赏音乐或弹唱，增强音乐鉴赏能力，能促进大脑右半球功能发展。

（6）冥想训练，经常用美好愉快的形象进行想象，如回忆愉快的往事，遐想美好的未来，想象时形象鲜明、生动，不仅使人产生良好的心理状态，还有助于右脑潜能的发挥。

（7）经常开展形象记忆和形象思维活动。

（8）左侧体操，练左侧体操和运动有助于右脑保健。

训练五：培养良好想象品质

想象的品质为：

（1）想象的主动性是指想象的目的性的程度。

（2）想象的丰富性是指想象内容的充实程度。

（3）想象的生动性是指想象表现出的鲜明程度。

（4）想象的现实性是指想象与客观现实相关的程度。

（5）想象的新颖性是指想象的新奇程度。

想象力的培养要认真做好以下几点：

（1）积累广泛、深刻、丰富的各种表象。

（2）掌握丰富的语言文字。

（3）积累丰富的生活经验。

（4）大量阅读文艺作品。

（5）积极参加创造活动。

（6）尽量运用各类想象。

（7）培养正确的幻想。

（8）树立远大的理想。

请你设想一下，如果让你将"成千上万"这个成语用具体而又形象的方式表示出来，你该如何作答呢？

答案：有人用几天时间爆玉米花，然后装入32立方米的盒子中，将盒子吊起来，然后掀开底盖，爆米花"哗"地出来，这就是他给的答案。

第十八课　直觉思维训练

什么是直觉思维

直觉是千百年来人们一直关注、研究的一个悬而未决的思维形式。由于它在人类的各种实践活动中大量存在，并发生着不可忽视的诸多作用，因而引起了人们愈来愈大的研究兴趣。

所谓直觉思维，是一种非逻辑抽象思维的跳跃式的思维形式，它是根据对事物的生动知觉印象，直接把握事物的本质和规律，是一种浓缩的高度省略和减缩了的思维。直觉思维常常表现了人的领悟力和创意力。直觉一般表现在艺术创作和科学研究过程中，经过长期的思索，猛然觉察出事物的本来意义，使问题得到突然的醒悟，进入一种走出混沌的清晰状态，就如古诗词中所描绘的那样："众里寻他千百度，蓦然回首，那人却在灯火阑珊处。"

哈佛大学创意课阐明，直觉思维是创意思维的重要组成部分，在我们的生活、学习和工作中，特别是在科学研究中，具有不可忽视的重要意义。对此，爱因斯坦特别指出："物理学家的最高使命，是要得到那些普遍的基本定律，由此，世界体系就能用单纯的演绎法建立起来。要通向这些定律，并没有逻辑的道路，只有通过那种以对经验的共鸣的理解为依据的直觉，才能得到这些定律。"苏联科学史专家凯德洛夫则更为直接地论述道："没有任何一个创意行为能够脱离直觉活动。""直觉，直觉醒悟是创意思维的一个重要组成部分。"这些,均指出了直觉思维在人类思维活动中的重要作用。

同时需要指出的是,直觉思维还是有其局限性的。这表现在以下两个方面:

(1)它容易局限在狭窄的观察范围内,导致不一定科学的判断。即使是一些经验丰富的研究者、心理学家、医生等,在凭自己的经验或所掌握的数据,靠直觉提出假说、做出结论等,也会出现偏差或误判。

(2)直觉还常常会使人将两个风马牛不相及的事件纳入虚假的联系之中。而这种联系带有很强烈的主观色彩,也会受到心理、情绪因素的影响。有时,这会导致凭直觉将不相干的事件联系起来而做出误判。

所以,在应用直觉思维时,还必须结合其他类型的思维技巧,这样才能得出完整的科学结论。

直觉思维的训练

训练一:暴风骤雨式联想训练法

所谓暴风骤雨式联想法,就是指主体在思考问题时,以一种极其快速的联想方式进行思维,并从中引出新颖而具有某种价值的观念、信息或材料。在进行上述思维活动时,只要求主体思维飞快运转,将涌现出来的任何信息,不评价其好坏优劣,一律即刻记录下来,等联想结束之后,再来逐一评判其价值,寻找出最优答案。

暴风骤雨式联想是由美国学者提出的,他们认为"智力的相乘作用和它的开放才是快速思考的最重要之点"。开始,他们只是为了比较一下集体工作和单独工作在思维效率上的差别。后来,美国几所大学将这种思维技巧用于培养和训练学生的创意思维,并进行了一系列的实验研究。结果表明,这种技巧在训练人的思维方面具有一定的作用。

20世纪60年代马尔茨曼就用这种技巧来训练大学生。训练一段时间后,再用"多方应用测验"(即对某一种物体的用途除了普遍的习惯性用法外,还要讲出在其他方面的可能用途)来测量其对大学生思维发展的影响。结果表明,受过上述技巧训练的学生,比没有受过训练的学生,其创意思维有长足的进步。

在实验中,马尔茨曼列出若干词语,像"墨水"、"白纸"、"钢笔"、"铁锤"等。他让每个词语出现好几遍,每次出现,均要求学生对同一词语作出不同的快速联想,并将联想结果快速记录下来,以评判其思维的敏捷度、广阔度和有效性。学生通过这种训练,思维能力有了明显的发展和提高。

训练二:笛卡尔连接法式训练法

笛卡尔连接法的原意是指:用抽象的几何图形来说明代数方程,尽可能采用"智力图像"来解决问题。"智力图像"即指存在于人的思维中的某种思维模型。这种思维模型是通过某种图像或图形符号来显示的。比如说,类似于物理模型、几何模型等。然后,我们尽可能采用这种图像模型来进行思维。

举例来说,如果我们看到鸡蛋,脑子里就会浮现出一个椭圆的图形。这种思维过程便称为"笛卡尔连接"。说通俗点,就是指我们在思维时,将抽象的概念、原理、关系等,用生动具体的图像模型加以展示,并进行相关分析、处理,这种思维技巧便是"笛卡尔连接法"。

笛卡尔连接法在解析几何时代以及相对论时代曾发挥过巨大的作用,时至今日,这种思维技巧更成为时代前进的一把开山利斧。为此,萨根在《伊甸园的飞龙》一书中曾指出,在古代科学中,"一系列学说或自相矛盾发生冲突、或相互无制约无影响",在这种情况下,人脑"左半球总是与右半球的观点相对,这就使外观上互不关联或者观点截然相反的笛卡尔连接法再度成为迫切需要"。在科学高度发达的现代,运用笛卡尔连接法这种思维技巧来进行科学创意,已成为一种必须。

杨振宁博士1980年回国讲学过程中,曾举例说明笛卡尔连接法的重要作用,论及了"物理原理几何化"的重要意义。他举例说道,麦克斯韦就是用数学方程表示了法拉第关于磁力线的几何想法,而爱因斯坦也在许多文章中讲到了物理原理几何化的问题。爱因斯坦把电磁场看做空间结构,实际上就是把它看成几何结构。从广义上讲,这种将引力看做几何,将物理原理看做几何,正是笛卡尔连接这种思维技巧的直接应用。

"一个强有力的思维方法是根据信息和知觉创作一幅图,然后就这幅图找出你的办法。"所以,我们将笛卡尔连接法移植到思维领域中,这是一种具有广阔意义或实用价值的思维技巧。换言之,在直觉思维中,我们可采用各种智力因素,包括物理、几何,或者其他各种各样的具体、生动、鲜明的图像,来取代数码或语言进行思维。这对于我们进行高效率的思维是大有裨益的。

思维风暴

小石对她的爸爸说:"有两个家庭,家人都在身边,爸爸可以马上面对每个家人,但是家人之间却很难面面相对。"这到底是什么样的家庭?

答案:她说的是两只手的10个手指头。拇指(爸爸)可以和其他手指面对面,其他手指之间却很难面对面。

第十九课　抽象思维训练

什么是抽象思维

抽象思维，也称概念思维或理论思维，它是以概念、判断和推理等形式进行的一种思维。抽象思维由于可以通过抽象的思维加工方式形成科学的概念、理论和知识体系，以指导人们的实践，因而历来被认为是人类最主要、也是最重要的一种思维类型。其主要特点是通过分析、综合、抽象、概括等基本方法的协调运用，从而揭露事物的本质和规律性联系。从具体到抽象，从感性认识到理性认识，必须运用抽象思维方法。

抽象思维可分为经验思维和理论思维。人们凭借日常生活经验或日常概念进行的思维叫做经验思维。儿童常运用经验思维，如"鸟是会飞的动物"、"果实是可吃的植物"等属于经验思维。由于生活经验的局限性，经验思维易出现片面性和得出错误的结论。理论思维是根据科学概念和理论进行的思维。这种思维活动往往能抓住事物的本质特征。

抽象思维的基本单位是概念。人们通过概念进行判断和推理。概念、判断和推理是抽象思维的基本形式。抽象思维凭借科学的抽象概念对事物的本质和客观世界发展的深远过程进行反映，使人们通过认识活动获得远远超出靠感觉器官直接感知的知识。

哈佛大学创意课阐明，科学的抽象是在概念中反映自然界或社会物质过程的内在本质的思想，它是在对事物的本质属性进行分析、综合、比较的基础上抽取出事物的本质属性，撇开其非本质属性，使认识从感性的具体进入抽象的规定，形成概念。空洞的、臆造的、不可捉摸的抽象是不科学的抽象。科学的、合乎逻辑的抽象思维是在社会实践的基础上形成的。

作为人类基本思维方法之一的抽象思维方法，在认识和改造客观世界中具有重要的作用。这正如列宁所指出的："当思维从具体的东西上升到抽象的东西时，它不是离开真理，而是接近真理。"

抽象思维的培养与运用

在学习和运用抽象思维时要注意以下五点：
（1）要学习掌握和运用科学概念、理论和概念体系。
（2）要掌握好和运用好语言系统。
（3）要重视科学符号的学习和运用。
（4）与思维的基本方法密切配合运用。
（5）与抽象记忆法、理解记忆法及其派生的方法联合训练，可以起到互相促进的较佳效果。

抽象思维是大脑左半球的主要功能。在目前学校各门课程的学习活动中，大量地进行读、写、算，即阅读、写作、计算、分析、逻辑推理和言语沟通等，其过程主要是以语言、逻辑、数字和符号为媒介，以抽象思维为主导。这些活动都着重于左脑功能的发展。

据有关方面的材料证明：在目前的教育中，运用抽象思维是形象思维的几十倍。抽象思维在教育中占有绝对优势。

一方面，这说明抽象思维在学习科学知识中的重要作用，或者说离开抽象思维就无法进行科学知识的学习。要搞好学习必须发展大脑左半球的功能，重视言语思维能力，学会并善于运用抽象思维方法，这也是学习成功的基本条件。

另一方面，这也说明人们对形象思维和创意能力重视不够，忽略了大脑右半球功能的发展，这也是教育的严重不足。

抽象思维深刻地反映着外部世界，使人能在认识客观规律的基础上科学地预见事物和现象的发展趋势，预言"生动的直观"没有直接提供出来的、但存在于意识之外的自然现象及其特征。它对科学研究以及人类在日常生活中处理人与世界的关系都有重要的意义。

在一个欧洲作家写的小说中谈到，他乘套5只狗的雪橇从滑雪场赶到自己的住地去，因为自己的爷爷突发心脏病。

在这篇小说里，有好几个极有趣的细节，可以构成极有趣的题目。

在途中第一个昼夜，雪橇以作家规定的速度全速行驶。一昼夜后，有2只狗扯断了缰绳和狼群一起逃走了。于是剩下的路程作家只好用3只狗拖雪橇了，前进的速度是原来速度的3/5。因为这缘故，作家到达目的地的时间比预定时间迟了2昼夜。

对这件事，作家写道："逃跑的2只狗如能再拖雪橇走50千米，那我就能比预定时间迟一天到。"

这样就产生了一个问题：从滑雪场到住地有多远的路？

答案：滑雪场到作家的住地有133又1/3千米（100＋33又1/3＝133又1/3）。

第二十课　灵感思维训练

什么是灵感思维

灵感，也称顿悟，它是人类创意活动中一种复杂的心理现象和精神现象，具有瞬时突发性与偶然巧合性的特征。诗人、文学家的"神来之笔"，军事指挥家的"出奇制胜"，思想战略家的"豁然贯通"，科学家、发明家的"茅塞顿开"等，都说明了灵感的这一特点。它是在经过长时间的思索后问题没有得到解决，但是突然受到某一事物的启发，问题就一下子解决了的思维方法。"十月怀胎，一朝分娩"就是对这种方法的形象化的描写。灵感来源于信息的诱导、经验的积累、联想的升华、事业心的催化。

事实表明，除了天才、学者外，一般人也常说"我一下子突然想到"，所谓"灵机一动"和"急中生智"，很多也都与灵感思维有关。

灵感的产生需要为之创造一定的条件，例如明确问题、储备知识、深入思考、暂时搁置等。而诱发灵感也有一些较常用的方法，如联想、触发、醒悟等。

爱因斯坦采用的"奥林匹亚科学院"，就是几个人共进晚餐，边吃边谈边争议问题，这些争议对爱因斯坦的创意起了很大的作用。与此类似，物理学家劳厄和控制论的创始人维纳也都很喜欢采用这样的形式来诱发灵感，捕捉新思想的火花。

日本国曾因12海里领海权的限制，渔产量大幅度下降。一个日本青年，在上厕所时"突然"想到：利用鱼的家乡感和回游习性，在沿海大量繁殖幼鱼，然后放入大海；长大后，这些鱼游回家乡，还带来大量公海上的鱼。结果，这一设想使面临绝境的日本渔业，起死回生，再度振兴。日本创意学会为此特意奖励他，并命名为"厕所里的发明"。

前苏联科学家为了捕捉带有物质深层结构和现代银河系及星体内部变化过程信息的中微子和 μ-介子，在北高加索装设了一台世界上最大的中微子天文望远镜。这架望远镜的体积超过2000立方米。为了使它不受宇宙射线干扰，还得安装在地下，由350米厚的山岩保护起来。进一步的捕捉工作还要求安装更加巨大的仪器，而这些又都要求安装在地下室，这简直是不可能的。为此，科学家又费尽心血，做出超凡的努力，终于捕捉到了"灵感"，以水下室代替地下室，把这些设备安装在贝加尔湖底下。贝加尔湖是世界上最深的淡水湖，水深有1637米，足可以安装这台望远镜了。这一问题的解决，使这一研究取得突破性进展。

20世纪50年代，毛泽东与周恩来在湖南长沙视察，两位伟人同乘一辆轿车，路过橘子洲头，毛泽东出了一个上联请周恩来对下联。上联是："橘子洲，洲旁舟，舟行洲不行。"周恩来正在运用"灵感"之间，车行至天心阁，只见一群鸽子从阁内飞出，立即悟出了下联："天心阁，阁中鸽，鸽飞阁不飞。"多么工整贴切，天衣无缝，毛泽东听后，会心地笑了。

《古代聪明人的故事》一书记叙了许多的趣闻轶事，读之令人赞叹不已，这对于人们认识灵感思维，也许很有裨益。有一则故事讲的是一位名叫庄有恭的神童，一天这个神童去拜见一位老将军，这位将军正在与友人对弈，便出了一个上联考考这位"小将"，将军曰："旧画一堂，龙不吟，虎不啸，花不闻香鸟不叫，见此小子可笑可笑。"小神童回敬道："残棋半局，车无轮，马无鞍，炮无烟火卒无粮，喝声将军提防提防。"将军闻之大喜，连称善哉！

灵感思维的运用

灵感思维并不神秘，它是每一个正常的人都具有的一种思维能力。同时，它又是运用十分广泛的思维方法，不仅是在文学艺术、科学研究中，而且在日常生活、工作和体育竞赛中，都能得到实际运用。

一、文艺创作离不开灵感

灵感思维和文学艺术创作的关系实在是太密切了，有关的实例几乎俯拾皆是。例如，波兰作曲家肖邦创作圆舞曲是看到了一只哈巴狗追逐自己的尾巴时候产生的灵感；海顿在集市上看到一只跳舞的熊，于是突发灵感创作了《熊交响曲》；作曲家塔济尼在梦中听到魔鬼演奏的美妙乐曲，醒来以后按照梦中的乐曲，果然谱出了一首广受欢迎的作品；王羲之是我国东晋时期的著名书法家，据说他的书法风格就是观察鹅掌拨水而得来的。

有人问法国著名的雕塑家罗丹："您是在什么地方学习雕塑的？"罗丹回答道："在森林里看树，在回家的路上看云，在雕塑室里研究模型学来的。我到处学，只是不在学校里。"

二、灵感是科学发现和发明的"助产士"

灵感思维方法在科学研究和发明中的作用人所皆知，有关这方面的事例也不胜枚举。因此，灵感思维对于科学的发现和发明来说，犹如火花、催化剂、助产士一样，不断地催生出一批又一批的发明成果。

我们以发明大王诺贝尔为例子来说明灵感思维是怎么帮助他发明安全炸药的。早在诺贝尔之前，意大利一位著名的教授就在1846年发明了制造炸药的原料——硝化甘油。但是，因为它的稳定性实在太差，稍微受到震动就发生爆炸，因此很难应用到实际生活和生产当中。

诺贝尔年轻的时候就表现出了在化学上的才能，他继续研究液体炸药硝化甘油，希望把它应用在矿山和隧道的施工中。但是硝化甘油爆炸性太强，在试验中多次发生爆炸，他最小的弟弟埃米尔和另外4个人都被炸死了。瑞典政府禁止他重建被炸毁的工厂。他被迫到湖面上一艘泊船上进行试验，以寻求减少硝化甘油因为震动而发生爆炸的方法。

偶然有一天，在他从火车上搬下装有硝化甘油的铁桶时，发现滴落在沙地上的硝化甘油立即被沙子吸收了。他感到很奇怪，于是就用脚去踩碾那吸附了硝化甘油的沙子，发现了硝化甘油凝固在沙子里，而未见其爆炸。于是，他欣喜若狂地喊："我找到了！"后来，他继续研究，以硅藻土做吸附剂，使这种混合物得以安全运输。在此基础上，他又发明了改进的黄色炸药和雷管。

纺纱机是灵感思维在生活中的又一个重大发明创意。1764年，英国木工哈格里夫斯想要发明新的纺纱机，有一次，他苦苦地思索了一整天而毫无头绪，但在他随便走动时，不小心把妻子的手工纺车碰翻了，结果水平放置的纺锭倒过来变成了垂直的纺锭，但在地上同样转动。这时他忽然顿悟，何不将纱锭垂直放置呢？经过试验，他在纺纱机上并排垂直地装上几个、几十个、几百个纱锭，同时纺出若干根纱来，新研制的垂直纱锭比横纱锭提高功效8倍。纺纱机的改革拉开了工业革命的序幕。

灵感思维的培养

那么，该怎样训练和提高灵感思维能力呢？
一、训练灵感思维能力必须养成勤奋学习和善于思考的习惯
灵感不是唯心主义所说的"神灵"，而是人的大脑的一种思维活动，是以人的大脑中储存的信息和经验为基础的。正如伟大的音乐家柴可夫斯基所说的："毫无疑问，甚至最伟大的音乐天才有时也会被缺乏灵感所苦的。它是一个客人，不是一请就到的。在这当中，就必须要工作，一个诚实的艺术家决不能交叉着手坐在那里……必须抓得很紧，有信心，那么灵感一定会来。"这里说得很清楚，你要获得灵感就必须勤学苦练，绝对不能坐在那里消极等待。

曾经有报道说，被誉为世界第一男高音的意大利歌唱家帕瓦罗蒂不识乐谱，这使得大家十分惊讶。后来，他本人对媒体坦然证实了这一点，他说："这是真的，我不懂乐谱。"对此，人们不禁要问，不懂乐谱怎么唱歌呢？对此他解释说，他不是音乐家，不需要懂得乐谱，因为乐谱和唱歌不是一回事，他是用头脑和整个身体来唱歌的。他说的用头脑来唱歌是什么意思呢？这在很大程度上是指灵感，很强的音乐灵感或许正是他成功的原因。

二、抓住机遇不放，把灵感转化为发明成果

机遇偏爱有准备的头脑，这是大家公认的道理了。因此每个人都要成为留心机遇的有心人，一旦机遇到来，就要抓住不放。

集装箱运输方式的发明人叫马尔柯姆，他本来是一名卡车司机。有一天，他把装满货物的卡车开到新泽西，急不可待地等待卸货和装船。就在这个时候，他脑子里面突然冒出了一个想法：难道不能想办法把拖车开到船上吗？这既可以节约时间，又可以大量节省劳动力。他及时抓住了这一灵感，不断地设计和改进，终于成功地设计了集装箱，并在1956年建成了他的第一个集装箱队。

三、身心放松，充分发挥冥想的作用

心理学家和生理学家的研究表明，创意的灵感偏爱自由和宽松的氛围，而在紧张、疲劳和受到压抑的情况下，大脑思维就会停滞，灵感就会被窒息。因此，学会身心放松，多参加旅行、登山、游泳和文娱活动，对于诱发灵感思维都是有益的。

冥想能够铺平杂乱的思绪，使心境平和，促进呼吸系统的循环，因而被称作"内心之旅"。冥想的目的是让人精神松弛，让人进入一种心旷神怡的状态，这正是产生灵感的理想状态。大量的冥想练习者的体会是，冥想不仅有健脑、健身的作用，而且能够自我调整。

四、养成记笔记的习惯，随时捕捉闪现的灵感

灵感这东西的确有点奇怪，来之不易，去之无踪。费尔巴哈说："热情和灵感是不为意志所左右的，是不由钟点来调节的，是不会按照预定的日子和钟点迸发出来的。"既然灵感有这样的属性，为了在它不期而至的时候捕捉到它，我们就应该像狩猎者那样，时刻准备着。许多的作家、画家和作曲家，都有在"三边"放记事本的习惯，所谓"三边"就是书桌边、枕头边、手边，以便在灵感出现的时候立即把它记录下来。

有关贝多芬捕捉灵感的故事流传久远。有一天，他独自行走在维也纳近郊的一条小路中央，忽然他脑子里面闪现出了灵感，于是就蹲在地上记录刚刚构思好的乐曲。他写得那样专注，由于他双耳已经失聪，以至于一只送葬队伍奏着哀乐走到他的跟前，他竟然毫无反应。吹鼓手们气愤至极，正准备呵斥的时候，他们认出了那是贝多芬，于是他们异口同声地说："不要惊动他，等一等，让他写完！"

灵感是对科学家、艺术家长期辛勤劳动的一种报偿和奖励。柴可夫斯基说："灵感——这是一个不喜欢拜访懒汉的客人。"长期积累，偶然得之，正道出了灵感发生的规律的本质。灵感来去匆匆，稍纵即逝，必须及时记录。及时记录已成为捕捉灵感思维火花的一个普遍使用的有效方法。

思维风暴

一次，著名的语言学家吕叔湘先生打算将一封回信寄给某位在来信中向自己询问了一些有关语言方面问题的读者。可就在信的内容已经写好、即将装入信封寄出的时候，他却被如何填写收信人的地址这个问题给难住了。原来这位读者在来信时就把自己的地址写得乱七八糟，而且字迹也潦草得根本无法辨认。可既然事已至此，又该怎么办呢？情急之下的吕叔湘先生总算想出了一个办法，并顺利地把信寄了

出去。

那么请问，吕叔湘先生究竟是如何填写收信人的地址的呢？

答案：原来吕叔湘先生想到的办法是：把来信上写明寄信人地址的那一块文字剪下来，然后再贴在自己即将寄出的信的"收信人"处，这样就把辨认收信人地址的工作交给那些很擅长此事的邮局工作人员了。

第二十一课　发散思维训练

什么是发散思维

　　不同的人，其思维方式的特点是不同的。在不同的思维方式下，人们对待同一事物，也会产生不同的看法，形成不同的思维成果。在日常生活中，我们可以根据人们活动的不同特点，对他们运用于活动中的思维方式做出反观式的评价，说他们具有开拓性、创意、多变性或稳健性、保守性、守旧性等。这些表现着发散性思维和收敛性思维以及二者结合的不同作用。

　　何为发散性思维？发散性思维是沿着不同的方向、不同的角度思考问题，从多方面寻找解决问题的答案的思维方式。这种思维方式最根本的特色是，多方面、多思路地思考问题，而不是囿于一种思路、一个角度，一条路走到黑。对于发散性思维来说，当一种方法不能解决问题时，它会主动地否定这种方法，而向另一种方法跨越。它不满足于已有的思维成果，力图向新的方法和领域探索，并力图在各种方法中，寻找到一种更好的方法。

　　众所周知，大发明家爱迪生之所以为人称道，永留青史，不仅在于他发明了多少种东西，更在于他对科学孜孜不倦的精神。为试制灯泡丝，他实施了1600多个不同类型的方案，一直到最后找到碳化丝片才告成功。类似的例子在科学史和实践史上数不胜数。发散性思维体现了思维的开放性。既然事物是相互联系的，是多方面关系的总和，我们就应从多个方面、多个角度去认识事物，向四面八方发散出去，从而寻找解决问题的更多更好的方法。

发散性思维有多种具体的表现形式，最主要的有多向思维、侧向思维、逆向思维几种。

一、多向思维是发散性思维最重要的形式

多向思维要求从尽可能多的方面来考虑同一问题，即发挥思维的活力和创意，使思维不要局限于一种模式、一个方面。例如，把6根火柴放在桌面上，要求组成4个等边三角形。许多人从常识思维出发，在二维空间即平面的范围内找答案，结果他们都失败了。但只要我们把思维的触角伸向另一个方面，从三维空间即立体角度去考察，把6根火柴搭成一个正四面体，每一个面都是一个等边三角形，问题的答案就跃然纸上了。人类的思维本质上是多向的。我们应时常使思维处于多向、发散、开放的状态，去发现问题。而每一个新的发现，都会使思维上升到一个新的高度。

二、侧向思维是发散性思维的另一种形式

在理解侧向思维之前，不妨先介绍正向思维。正向思维是局限于本领域内考虑问题、寻找问题解决答案的思维方式。我们通常说某人干自己的老本行非常熟练，而对本行之外的事情很生疏，这就是一种正向思维的人。而侧向思维则不同，它要求把自己研究的领域与别的领域交叉起来，把自己的专业同别的专业结合起来，并从别的领域和专业获得思维上的启发，用来解决本领域、本专业范围内的问题的思维方式。牛顿从苹果落地得到启示，发现了地心引力定律，用的就是侧向思维。阿基米德在洗澡时揭开了"王冠之谜"，发现了流体静力学的基本原理；1891年美国一位工程师从喷洒香水中得到启发，制成了发动机的汽化器；大哲人维特根斯坦从战壕中发现的一张作战地图受到启发，提出了"图像论"；中国的木匠行业的祖师爷鲁班从草划破了手受到启发，发明了锯等，这些都是侧向思维的表现和运用。侧向思维表明世间的万事万物本来是相互联系、触类旁通的。

三、逆向思维就是从相反的方向来考虑问题的思维方式

逆向思维就其实质而言，是辩证法的对立统一在思维领域的反映。矛盾的对立双方既相互排斥，又相互依赖、相互转化，它们之间具有同一性和统一性。比如，上坡路和下坡路在同一条道上，冲上坡顶，所面临的必是下坡。平坦的路上，没有上坡，也没有下坡。上坡路和下坡路本是相互对立的，但又相互依赖和转化的。如果把矛盾双方对立起来，认为二者之间没有联系，是就是，不是就不是，除此之外都是鬼话，那就陷入了形而上学思维方式，且在现实中也难以成立。所以，逆向思维是有现实和理论根据的，从逆向思维去思考问题，常常会取得十分重要的成果。电动机的产生便是一例。

英国科学家法拉第从电产生磁得到启示，反问自己，磁能不能产生电。这一反向思维提出了一个全新的问题，需要人们解答。在众多科学家的努力下，他在1821年制成了世界上第一台电动机。试想没有大胆的逆向思维，电动机何时得以发明？日常生活中，我们总是说"将心比心"、"从对方的角度想想"、"替我想想"等，这无非是要求自己或对方都从各自的对立面进行一下反向思维，从各自的对立方面的立场考虑问题，这样，各种想法就会更全面、更客观，双方就可以得到理解、沟通，一切问题也就迎刃而解了。

逆向思维是一种非常重要的创意思维方式，关于它如何应用与训练，本书还将在后面专门开辟一章进行说明，这里不再展开。

发散性思维具有许多特点，比较能体现其特色的有三种，即流畅性、变通性和独特性。

第一，流畅性。

流畅性是指发散性思维用于某一方面时，能够举一反三，迅速地沿着这一方向发散出去，形成同一方向的丰富内容。例如，在考虑"木材"的用处时，发散性思维的思维过程是：沿着"木材可以做家具"这一方向迅速发散出去，"木材"可以做书柜、衣柜、电视柜、椅子、床、写字桌、饭桌，还可以做茶几，放在飞机内、轮船内等，表现为一个极其丰富的量的扩张过程。不过应看到，虽然发散性思维

的流畅性可以想到"木材"在各类、各地家具中的用处，但仍然是同一方向上的量的扩大，因而归根到底是单一方向的，属于发散性思维的低级层次。实际上，我们还可以想到"木材"的其他用处，如作为建筑材料、作为挑东西的工具甚至作为武器等，此时对"木材"用处的思考就发生了质的飞跃，转入了其他方向，这就是发散性思维的第二个特点，即变通性。

第二，变通性。

变通性就是发散性思维能从思维的某一方向跳到其他许多方向，使方向越来越多，有更多的方向可供选择和考虑，从而形成立体思维并编织成思维之网。变通性使发散性思维沿着不同的方向扩散，从流畅性的单方向的量的扩张，发展到多方向的量的扩张，表现出极其丰富的多样性和多方面性。

变通的过程就是克服人们头脑中某种自己设置的僵化的思维框架和陈旧观念，按照某一新的方向来思索问题的过程。如在日常思维中，人们认为鸡蛋不可能立在桌面上，鸡蛋也不可以打破。所以，当美洲大陆的发现者哥伦布在一次宴会上宣布他可以把鸡蛋立在桌面时，人们都不相信。其实，哥伦布的做法很简单，他把鸡蛋按在桌上，蛋壳破了，却立住了。简单的事实说明了一个理论问题，即人们头脑中已设立的障碍使思维受到限制而不能开动起来。所以，思维的变通过程就是变革头脑中某些僵化了的思维模式，从新的角度和方面去思考问题。变通性能为我们的实践和理论开辟了新的道路。

第三，独特性。

独特性就是发散性思维形成自己与众不同的独特见解。独特性是发散性思维的最高目标，是在流畅性和变通性基础上形成的发散性思维的高级层次。没有发散性思维的流畅性和变通性，就没有它的独特性。实际上，要达到思维的流畅性和变通性，需要广博的知识，多方面的生活经验。知识和经验为发散性思维的独特性创立了条件。实践也证明，凡在历史上做出独特贡献的人，他们都具有思维的流畅性和变通性的特点。试想，遇事不能变通、不能从多方面考察，人的思维就会褊狭、固执，何谈独特性？而没有独特性，平平的思维下的行为，也不会有大作为。

哈佛大学创意课指出，思维的流畅性、变通性、独特性是发散性思维必具的特点，是事业有成者必须具备的素质。由流畅性到变通性再到独特性，思维活动就进入了创意的高级阶段。

发散思维的方法和技巧

发散思维是创意思维的基本方法，由它派生出或者说涵盖了一些具体方法和技巧，这里将集中讲述纵横思维法；分合思维法；扫清心理障碍，大胆创意；怕出差错等四种。

训练一：纵横思维法

将思考的问题或对象从纵与横的发展方向上进行思维加工就是纵横思维法。就是说遇事时横竖多想想，有哪些因素，哪些可能性，哪些可行的办法，拿出些新点子，以使思路开通，少出差错。例如，我们看一个同学的进步，一方面要看看他的过去、现在和将来的表现和发展；另一方面也要从德、智、体、美、劳等多方位全面去衡量。从纵与横的两方面去把握事物就会全面深刻。在学习中应该多运用这一方法。纵横思维法也可以分成纵向思维法与横向思维法两种。

训练二：分合思维法

分合思维法是将思考对象的有关部分，在思想上将它们分解为部分或重新组合，试图找到解决问题的新方法。大家都知道曹冲称象的故事，曹冲用的就是分合思维法。当时最大的秤只能称200斤重量，而一只象上千斤，如何称呢？似乎不可能。曹冲用木船为媒介，把大象分解为等量的石头，分别称出石头的重量，再加到一起，不就等于大象的重量了吗？这是一个典型的分合思维法的例子。

帽子与上衣连起来组合成新的款式，上衣与裤子连起来组成背带裤，上衣与裙子连起来成为连衣裙。收音机与录音机连起来组成收录机。橡皮与铅笔粘在一起成了新型铅笔，据说发明这种铅笔的人是个穷画家，穷得连橡皮头都舍不得丢掉，把它粘在铅笔上，因而成了一项发明，报了专利，穷画家一跃而成了大富翁。这便是分合思维法的妙用。

分合思维法可以分为分解思维法和组合思维法两种。分解思维法可以"化腐朽为神奇"，把无用的因素分离出去，把有用的因素提取出来，加以利用；组合思维法可以由组合而创意。二者都是很有用的创意技法。

训练三：扫清心理障碍，大胆创意

发散思维是创意的源泉，研究发现，影响发散思维顺利发展的心理障碍主要有以下几个。

1.按现成答案

当人们从一个思维基点出发思考时，周围一些已有的现成答案就会有意无意地涌上心头，这就妨碍了思维向其他方向的扩散，不能想出更多更好更新颖的方案、方法来以供选择。解决这个障碍的办法是一问多答、一题多解、一事多思。

2.循规蹈矩

"没有规矩，不成方圆"。"规矩"是帮助人们完成"方圆"的必要的规范约束，但是日常的许多规矩却使人们的思维囿于已有的"方圆"而不能探索出新的"方圆"，尤其是那些陈规陋习往往是扼杀科学、束缚创意的罪魁祸首。对付的方法是跳出旧俗，突破框框，勇于"反常"。

3."从众"、"认同"心理

"大家都这样，我也这样。"这种为适应群体的要求和行为而有意或无意地变更自己信念的行为的心理，称为"从众心理"。如大家鼓掌，自己也跟着鼓掌，这就是一种从众行为。在交往中，自己被他人或他人被自己同化，心理学上称为"认同"。这种从众、认同的心理现象是发散思维的克星。要想克服它,就要提倡标新立异,别具一格,独树一帜。

4.怕出差错

有这种想法的人就不敢多想,因为发散思维想出来的办法和方案很多是没有先例的,是新颖独创的,可能对,也可能不对。怕出差错的人谨小慎微,思维也就无法放开。

这就要求更新观点,勇于思考。发散思维不是科学家、专家们所特有的,一般的人都具有,只是程度不同而已。只要在日常生活中有意识地进行训练(比如,尽量多地列举砖头的用途),发散思维能力就能大大提高。

总之,发散性思维是多方向性和开放性的思维方式,它同单一、刻板和封闭的思维方式相对立。它承认事物的复杂性、多样性和生动性,在联系和发展中把握事物。发散性思维仿佛具有众多条的"触角",不拘泥于一个方向、一个框架而向四面八方延伸,使我们的思维纵横交错、构成丰富多彩的、生动的"意识之网",而这张网可以迅速、灵活地"编"出多种多样的"意识产品"。

思维风暴

在国外,曾经有过一段时间,女人们在外出的时候都习惯性地戴上一顶很高的帽子,而且这种行为渐渐地成为了当时的一种时尚。即使是在电影院里,那些小姐和太太们也不肯摘下她们的帽子。而这显然就给坐在后面的观众带来了极大的不便。就是因为这个原因,电影院里的观众变得越来越少,甚至有一些电影院已经面临倒闭的危机了。

有家电影院也面临着同样的问题。眼看着自己的生意就要破产,忧心忡忡的经理终于想出了一个办法。

令人惊讶的是,自从经理用了这个办法以后,电影院里就再也没有女人戴着高高的帽子看电影了。于是，电影院的生意又慢慢地好了起来。

那么，经理所用的这个办法究竟是怎样的呢？

答案：这位经理的办法是：在每场电影正式放映之前，就在台上宣布："为了照顾老年妇女，本影院特别允许她们戴着帽子观看电影。"这样所有的女观众为了不被别人认为是老年妇女，自然就把头上的帽子都摘下来了。

第二十二课　收敛思维训练

什么是收敛思维

收敛思维是人们长时间从事某一类工作，解决某一类问题时所形成的习惯性思维。这种思维对解决同类问题和获得知识是必不可少的。

收敛思维又称集中思维。收敛思维是指某一问题仅有一种正确的答案，为了获得正确答案要求每一思考步骤都要指向这一答案。从不同的方面集中指向同一个目标去思考，其着眼点是由现有信息产生直接的、独有的，为已有信息和习俗所接受的最好结果。其思维过程始终由所给信息和线索决定，是深化思想和挑选设计方案常用的思维方法和形式。收敛思维以某种研究对象为中心，将众多的思路和信息汇集于这个中心点，通过比较、筛选、组合、论证从而得出在现有条件下解决问题的最佳方案。

收敛思维也有自己的特点。一般来说，收敛思维具有同一性、程序性和比较性三个特点：

（1）同一性是指它具求同性的特征，是和求异性相对而言的思维。这种思维活动从过去的传统经验中引出解决问题的方法，要求人们从相同的方面去考虑问题，希望用老办法寻求解决问题的答案，因此，往往习惯于同一方向的知识积累和记忆。同一性、求同性的特点体现出事物发展中的继承性、统一性，因为现在的事物总是从历史的事物发展而来，同过去的事物总是有着这样或那样的联系。

（2）程序性是同一性在严格意义上的表现。由于收敛性思维总是从同一方向考虑问题，所以对这一过程也就赋予了严格的程序，先做什么，后做什么，一步接着一步，一环扣着一环。所以收敛性思维在其正确运用时，能使问题的解答有章可循，办事比较简化，效率较高。

（3）比较性是指它以一个目标为其归宿，即在现在的几种途径、方案、措施中，通过比较寻找一个较合适的途径、方案、措施。收敛性思维本身并不去创意，不去设计各种不同作用的方案，但是对于已经设计出来的方案，它会按照严格的程序进行审查、比较、评价，以确定对目标实现的利弊。所以，它又是一种批判性的思维过程。收敛思维一旦通过比较，确定好某一种方案、措施、途径时，它又会以这一方案、措施、途径所形成的同一性和程序性为尺度，进而对周围事物进行集中性的思考和评价。

收敛思维的训练

训练一：目标识别法

这个方法要求我们在思考问题时，要善于观察，发现事实和提出看法，并从中找出关键的现象，对其加以关注和定向思维。学者德波诺认为，这个方法就是要求"搜寻思维的某些现象和模式"，其要点是，确定搜寻目标（注意目标），进行观察并做出判断。通过不断的训练，促进思维识别能力的提高。

在第一次世界大战时，各国训练了许多专职人员去辨别天空中的飞机，要求他们当飞机在很远的距离时就能判别出飞机的型号。现代军队，对各种武器装备的识别，也运用这一"目标识别"方法进行训练，将观察对象的关键特征与头脑中的有关概念相联系。在思维中使用目标识别法一般是先设计或确定某一思维类型的关键现象、本质、看法等，然后注意这一目标。

在实际生活中，我们可以观察到，许多人在自学打字技术时，都只用两个指头打。这是因为，他们的根本目的不是要熟练地掌握打字技术，而是工作中需要打字。如果只用两个指头，比起用全部十个指头来，能更快地达到基本上能打字的水平。这样，他们学到的就是一种"二指技能"。因此，从广义上讲，所谓"二指技能"，就是指一种用于应付眼前需要的技能。反之，一个接受正规打字训练的人，用上稍长一点儿的时间，就能掌握水平高得多的按固定指法打字的技能。这与"二指技能"比，可称"全面的技能"。这就要看你追求的目标是什么了。

第一次世界大战期间，法国和德国交战时，法军的一个司令部在前线构筑了一座极其隐蔽的地下指挥部。指挥部的人员深居简出，十分诡秘。不幸的是，他们只注意了人员的隐蔽，而忽略了长官养的一只小猫。德军的侦察人员在观察战场时发现：每天早上八九点钟，都有一只小猫在法军阵地后方的一座土包上晒太阳。德军依此判断：

（1）这只猫不是野猫，野猫白天不出来，更不会在炮火隆隆的阵地上出没。

（2）猫的栖身处就在土包附近，很可能是一个地下指挥部，因为周围没有人家。

（3）根据仔细观察，这只猫是相当名贵的波斯品种，在打仗时还有兴趣玩这种猫的绝不会是普通的下级军官。

据此，他们判定那个掩蔽部一定是法军的高级指挥所。随后，德军集中六个炮兵营的火力，对那里实施猛烈袭击。事后查明，他们的判断完全正确。这个法军地下指挥所的人员全部阵亡。

便衣警察在公共场所抓扒手，也是通过扒手的典型举止和贪婪、诡秘的眼神来判定和跟踪的。警察了解这些特殊表现，在执行任务时就有意识地按一定的模式去搜索目标。

训练二：间接注意法

间接注意法，即用一种拐了弯的间接手段，去寻找"关键"技术或目标，达到另一个真正目的。也就是说，它要求你把东西分类，分类的过程导致另一个后果。对被分类的东西进行仔细考察，去评估每一种有关的价值，这才是使用间接注意法的真实意图。

  一个农夫叫懒惰的儿子把一堆苹果分为两种装进两个篓子里。一个篓子装大的，一个篓子装小的。傍晚农夫回到家里，看见儿子已经把苹果分开装进了篓子。而且，鸟啄虫蛀的烂苹果也被挑出来堆在一边了。农夫谢过儿子，夸他干得漂亮。然后他取出一些口袋，把两个篓子里的大小苹果混装在一起。结果，大小苹果被胡乱搅和在一起。儿子气坏了。他认为父亲在耍花招。想考考他，看看他是否愿意干活儿。反正父亲是要把苹果混在一起的，干吗又要他把苹果分开呢？这是白费劲呀！农夫告诉儿子说，这不是什么花招。原来他是要儿子检查每一个苹果，把烂苹果扔掉。两个篓子只不过是拐了一个弯的间接手段，他的目的是要儿子非常仔细地检查每一个苹果。如果他不拐个弯，而是直截了当地叫儿子把烂苹果扔掉，那么儿子就不会仔细检查每一个苹果。他就会急忙忙地把苹果翻检一下，只寻出那些一望而知已经坏透了的烂苹果，而不会去检查那些貌似完好其实已坏的烂苹果了。

  古代同时有几个邻国的使者来聘波斯国公主。皇帝说："我要出一个题目考考你们，谁最聪明，谁就可聘到公主。"

  他拿出一个有着弯曲通道的玛瑙球，要求使者们用丝线穿过去。谁穿过去了公主就嫁到谁的国家去。第一个使者用金丝钩钩着丝线直接往里穿，穿了个眼冒金星也没穿进去。第二个使者换了个花样，用嘴在玛瑙的另一端直接吸气，想把线吸过去，累了个满脸通红，也没把丝线吸过去。第三个是吐蕃国的使者，他将丝线系在一只大蚂蚁腰上，在玛瑙的另一端涂上蜂蜜。蚂蚁为了吃到蜂蜜，在弯曲通道里急速前进，很快地就将丝线穿过了玛瑙球。使者通过蚂蚁间接地实现了穿线的目的。

  在军事战略理论中，英国的战略家利德尔·哈特提出了著名的"间接战略"原则。他认为，间接战略路线就是要使战斗行动尽量减少到最低的限度，其主要原则是避免正面强攻的直接作战方式。他认为，在战略上，最漫长迂回的道路，常常是达到目的的最短途径。

军事上的典型战例有：围魏救赵、欲擒故纵、围点打援、迂回进攻、声东击西等。

美国历史上最有名的总统之一林肯，早年曾当过律师。有一次，他接到这样一件案子：一个叫阿姆斯特朗的人被人诬告为谋财害命的杀人凶手。证人福尔逊一口咬定，亲眼看到阿姆斯特朗在半夜行凶杀人。对此，阿姆斯特朗难辩冤屈，眼看就要定案。林肯接案后，经过大量调查、访问、并亲自勘察现场，终于明白了其中的真相和事实。一开庭，林肯就巧妙地逼使证人一起"爬雪坡"，采取不直接揭露证人的谎言，而是迂回一下，让证人自己露出马脚。下边是当时对质的记录：

林肯：你起誓说认清阿姆斯特朗了吗？

福尔逊：是的。

林肯：你说你在草堆后面，阿姆斯特朗在大树底下，两处相距二三十码，能认清吗？

福尔逊：看得清清楚楚，因为月光很亮。

林肯：你敢肯定不是凭着猜测吗？

福尔逊：我肯定认准了他的面容，因为月光正照在他脸上。

林肯：你能肯定凶杀的时间正是晚上11点钟吗？

福尔逊：绝对肯定，因为回家时，我看了时钟，为11点一刻。

林肯通过迂回办法，首先将证词一一敲定，让福尔逊自己"爬上雪坡"，然后再"往下滑行"，从正面发起攻击。

林肯向法庭宣布："证人是个十足的骗子。他发誓说18日晚上11点钟月光照在凶手脸上，使他认出了阿姆斯特朗。但是，请法庭注意，10月18日是上弦月，不到11点月亮便已下山。就算月亮没有下山，月光照到被告脸上，这时被告脸朝向西面，而证人在树东面的草堆后，根本看不到被告的脸。如果被告回头，因为月光照不到脸，证人也无从认准凶手。"

林肯靠着出色的思维技巧和辩护才能（以调查为依据），迫使福尔逊当场承认自己提供伪证，为被告获得无罪释放的判决起到了决定性的作用。

训练三：层层剥笋法

我们在思考问题时，最初认识的仅仅是问题的表层（表面），因此，也是很肤浅的东西，然后，层层分析，向问题的核心一步一步地逼近，抛弃那些非本质的、繁杂的特征，以便揭示出隐蔽在事物表面现象内的深层本质。

柯南道尔借助神探福尔摩斯的嘴曾说道："凡是异乎寻常的事物，一般都不是什么阻碍，反而是一种线索。在解决问题时，最主要的是能够运用推理的方法，一层层地回溯。这是一种很有用的本领。""一个逻辑学家不需要亲眼见到或者听到过大西洋或尼亚加拉大瀑布，他能从一滴水上推测出它有可能存在。所以整个生活就是一条巨大的链条，只要见到其中的一环，整个链条的情况就可以推想出来。"

1940年11月16日，纽约爱迪生公司大楼一个窗沿上发现一个土炸弹，并附有署名F.P的纸条，上面写着："爱迪生公司的骗子们，这是给你们的炸弹！"后来，这种威胁活动越来越频繁，越来越猖狂。1955年竟然放上了52颗炸弹，并炸响了30颗。对此报界连篇报道，并惊呼此行动的恶劣，要求警方给予侦破。

纽约市警方在十几年中煞费苦心，但所获甚微。所幸还保留几张字迹清秀的威胁信，字母都是大写的。其中，F.P写道：我正为自己的病怨恨爱迪生公司，要使它后悔自己的卑鄙罪行。为此，不惜将炸弹放进剧院和公司的大楼等处。警方请来了犯罪心理学家布鲁塞尔博士。博士依据心理学常识，应用层层剥笋的思维技巧，在警方掌握材料的基础上作了如下的分析推理：

（1）制造和放置炸弹的大都是男人。

（2）他怀疑爱迪生公司害他生病，属于"偏执狂"病人。这种病人一过35岁后病情就加速加重，所以如果1940年时他刚过35岁，那么现在（1956年）他应是50出头。

（3）偏执狂总是归罪于他人。因此，爱迪生公司可能曾对他处理不当，使他难以接受。

（4）字迹清秀表明他受过中等教育。

（5）约85%的偏执狂有运动员体型，所以F.P可能胖瘦适度，体格匀称。

（6）字迹清秀、纸条干净表明他工作认真，是一个兢兢业业的模范职工。

（7）他用"卑鄙罪行"一词过于认真，爱迪生也用全称，不像美国人所为，故他可能在外国人居住区。

（8）他在爱迪生公司之外也乱放炸弹，显然有F.P自己也不知道的理由存在，这表明他有心理创伤，形成了反权威情绪，乱放炸弹就是在反抗社会权威。

（9）他常年持续不断乱放炸弹，证明他一直独身，没有人用友谊或爱情来愈合其心理创伤。

（10）他无友谊，却重体面，一定是一个衣冠楚楚的人。

（11）为了制造炸弹，他宁愿独居而不住公寓，以便隐藏和不妨碍邻居。

（12）斯拉夫人多信天主教，他必然定时上教堂。

（13）他的恐吓信多发自纽约和韦斯特切斯特。在这两个地区中，斯拉夫人最集中的居住区是布里奇波特，他很可能住那里。

（14）持续多年强调自己有病，必是慢性病。但癌症不能活16年，恐怕是肺病或心脏病。

根据这种层层剥笋式的方式，博士最后得出结论：警方抓他时，他一定会穿着当时正流行的双排扣上衣，并将纽扣扣得整整齐齐。而且，建议警方将上述14个可能性公诸报端。F.P重视读报，又不肯承认自己的弱点。他一定会作出反应以表现他的高明，从而自己提供线索。果不其然，1956年圣诞节前夕，各报刊载这14个可能性后，F.P从韦斯特切斯特又寄信给警方："报纸拜读，我非笨蛋，决不会上当自首，你们不如将爱迪生公司送上法庭为好。"依循有关线索，警方立即查询了爱迪生公司的人事档案，发现在20世纪30年代的档案中，有一个电机保养工乔治·梅特斯基因公烧伤，曾上书公司诉说染上肺结核，要求领取终身残废津贴，但被公司拒绝，数月后离职。此人为波兰裔，当时（1956年）为56岁，家住布里奇波特，父母早亡，与其姐同住一个独院。他身高175厘米，体重74千克。平时对人彬彬有礼。1957年1月22日，警方去他家调查，发现了制造炸弹的工作间，于是逮捕了他。

当时他果然身着双排扣西服，而且整整齐齐地扣着扣子。

有一天深夜，一位刚刚结婚才几天的新娘子从厂里下晚班回家，整个家属楼一片寂静。于是她也轻声地走进了自己的家，并且看到丈夫早已睡得很熟了。就在她对着穿衣镜卸妆的时候，却突然发现床底下有四只脚露了出来。机警的新娘子立刻意识到这是两个潜入自己家里的盗贼。可此时屋子里只有自己和丈夫两个人，而且丈夫又在熟睡。到底怎样才能抓住这两个盗贼呢？十分紧张的新娘子突然灵机一动，想到了一个很好的主意，并最终在邻居们的帮助下抓住了那两个盗贼。

那么，请想一想：这位新娘子到底是怎样用自己的主意抓住盗贼的呢？

答案：这位新娘子先是把自己的丈夫叫醒，假装说他不关心和体贴自己，竟然自己先睡着了，然后又故意地大吵大闹起来，还摔了几个玻璃制成的家具。因为已经夜深人静，所以她的行为很快就吵醒了周围的邻居，其中几个热心的人还特意前来劝架。等屋子里的人多了以后，这位新娘子才说出了床下有贼的事实。于是，在大家的共同努力下，终于抓住了那两个躲在床下的盗贼。

第二十三课　系统思维训练

什么是系统思维

系统思维，是在考虑解决某一问题时，不是把它当做一个孤立、分割的问题来处理，而是当做一个有机关联的系统来处理。掌握系统思维方法，是现今最需要的基本功之一。

哈佛大学创意课阐明，将所面对的事物或问题，作为一个整体，作为一个系统来加以思考分析，从而获得对事物整体的认识，或找到解决问题的恰当的办法的思维方法就是系统思维法。现实生活中，不善于系统思维就容易遭受挫折或造成损失，而善于系统思维就能够获得巨大成功。

宋代大中符详年间，皇宫中发生火灾，要进行皇宫修复工程。当时需要解决"取土"、"外地材料的运送"、"被烧坏皇宫的瓦砾处理"这三大问题。主管该工程的是大臣丁渭。他便在皇宫前的大街上挖沟取土，免去到很远的地方取土；很快，路就被挖成了大沟。然后，他又把汴河决口，将水引进壕沟。于是各地运来的竹木都被编成筏子，连同船运来的各种材料，都通过这条水路运进来。皇宫修复后，他又让大家将拆下来的碎砖瓦连同火烧过的灰，都填进沟里，重新修成大路。经过这一处理，不仅节约了大量时间，还节省了上亿的经费。

丁渭智修皇宫，就是充分把握了要素之间的相生关系，使系统往有序和互相促进的方向发展，同时又把握了系统要素的相克性质，促使其向反面演化，最终达到最理想的效果。

系统是由相互作用和相互联系的若干组成部分结合而成的，具有特定功能的有机整体。它的特征主要表现在：

（1）系统都是由两个以上的要素按照一定方式组合而成的。

（2）系统的各个要素之间都是相互联系、相互制约的。

（3）系统具有一定的特征和功能行为。

（4）系统总是存在于一定的环境之中，并与外界环境进行物质、能量、信息的交换。

我国古代都江堰水利工程就是运用系统的思维方法而设计与构建的。都江堰水利工程是由鱼嘴、飞沙堰、宝瓶口三项主体工程和120多个附属渠堰工程组合而成。位于江中的鱼嘴犹如一把利剑，将岷江一分为二，让靠近内江的水直泻宝瓶口，流灌川西平原；而宝瓶口又迫使岷江之水由西向东穿山而过，排洪、防旱；飞沙堰使内江之水平时逼进宝瓶口，洪水时溢过堰顶回流入外口，避免内江灌溉受灾。三大主体工程同120多个附属渠堰工程既分工又合作，各自发挥独特作用，使整个工程具有调节水势、灌溉良田、飞水防洪、飞沙防涝的多种功能，达到了变水患为水利，造福人民，发展生产，调节生态平衡的总目的，堪称系统工程的杰作。

系统思考在运用时要注意下列两个问题：

（1）在思考问题时，要将可能的几种情况和方法，作为一个整体系统来考虑。

（2）在进行系统思考时，不仅要将思考的各要素作为整体来思考，而且要将系统内的各要素进行最优化的组合。

北京大钟寺有口大钟，它造于明代永乐年间，几百年来，人们做出许多测定，包括体积、重量和成分等。以重量来说，有的说是42吨，有的说是53吨。我国声学家用精密超声声速仪精确测定大钟各处厚度，计算出实际重量为46.5吨。经化验分析，大钟含铜为80.54%、锡16.4%、铅1.12%和少量其他金属。这口钟的金属含量结构比例合适，使钟经得起重敲，被认为属于造钟的最佳比例。

系统思维的训练

训练一：从整体出发

把思考对象看做由若干部分构成的有机整体，从整体与部分、部分与部分、整体与环境的相互联系和作用中认识事物或找到解决问题的恰当办法。

系统思考是"看见整体"的一项修炼，它是一种思维框架，能让我们看到相互关联的非单一的事情，看见渐渐变化的形态而非瞬间即逝的一幕。这种思维方法可以使我们敏锐地预见到事物整体的微妙变化，从而对这种变化制订相应的对策。

在美国航空公司营运状况仍然良好的时候，麻省理工学院系统动力学教授约翰·史德门就预言其必然倒闭，果然不出其所料，两年后这家公司倒闭了。史德门教授并没有很多精确的数据，他只是运用了系统思考法对这家航空公司的"内部结构"进行了观察，发现这个公司组织内部一些因果关系还未"搭配"好，而公司的发展又太快了，当系统运作得越有效率，环扣得越紧时，就越容易出问题，甚至是走错一步，满盘皆输。

史德门之所以能够看出问题的本质，是因为他运用了整体动态思考方法，透过现象看到了问题的本质。

训练二：从综合的观点出发

把系统看成是多因素、多方面的统一体，以便对思考对象进行综合考察和处理，既要看到对象的各个方面，又要在多方面的联系中全面地、综合地加以分析和研究。

在一次学术研究会上，上海江南造船集团的高级工程师林国恩发布了对"红崖天书"的全新诠释。学术界的专家普遍认为，林国恩对这一千古之谜的解释,与"红崖天书"的历史背景、文字结构、图像寓意相吻合,具有可信度和说服力。

所谓"红崖天书",是位于贵州省安顺地区的一处崖壁上的古代碑文。在长10米,高6米的岩石上,有一片用铁红色颜料书写的奇怪文字,文体大小不一,大者如人,小者如斗,非凿非刻,似篆非篆,神秘莫测。因此,当地的老百姓称之为"红崖天书"。近百年来,"红崖天书"引起了众多中外学者的研究兴趣,甚至有人推测这是外星人的遗迹。据说,郭沫若等著名的学者也曾经尝试破译,但是一直没有定论。

那么,非科班出身的林国恩是如何破译这个"千古之谜"的呢?林国恩于1990年了解"红崖天书"以后,对它产生了浓厚的兴趣,从此把他的全部的业余时间放到了破译工作上。他出生于中医世家,自幼即背诵古文,熟读四书五经。他于1965年考入上海交通大学学习造船专业,但是他业余时间钻研文史,学习绘画。由于他是造船工程师,系统学习对他有很深的影响,使他掌握了综合看待问题的方法,这为他破译"红崖天书"打下了坚实的基础。

在长达9年的研究当中,他综合考察了各个因素,查阅了7部字典,把"红崖天书"中的50多个字,从古到今的演变过程查得清清楚楚。在此基础上,他做了数万字的笔记,写下了几十万字的心得,还三次去贵州实地考察,为破译"红崖天书"积累了丰富的资料。

经过系统综合的考证,林国恩确认了清代瞿鸿锡摹本为真迹摹本;文字为汉字系统;全书应自右向左直排阅读;全书图文并茂,一字一图,局部如此,整体亦如此。从内容分析,"红崖天书"成书约在1406年,是明朝初年建文皇帝所颁发的一道讨伐燕王朱棣篡位的"伐燕诏檄"。全文译为:燕反之心,迫朕逊国。叛逆残忍,金川门破。杀戮尸横,罄竹难书,大明日月无光,成囚杀之地。需降服燕魔做阶下囚。丙戌(年)甲天下之凤凰(御制)。

"红崖天书"的破译就是系统思维法的综合性原则的最好体现。

训练三：达到最优化

我们无论做任何事情，必须选择最佳方法，以达到最优化的目的。过去水稻收割，打场是分段作业的，能不能实现一条龙的流水作业，直接从水稻变成雪白的大米呢？这是一个系统工程，也是一个复杂的过程。东北农业大学的农学家们经过反复研究，终于发明了"割前脱粒水稻收获机器系统"。这种机器可以化繁为简，田地里的水稻，经机器一"过滤"，稻谷就成了雪白的米粒。有关专家认为，这种割前脱粒收获机收割水稻和传统型联合收割机相比，具有最优化的指标，具体表现为步骤少，损失小，破碎率低，成本低的优点。

现代系统思维方法是建立在系统科学基础上的一系列以数学处理为主的方法，包括系统分析、系统辨识和系统工程等。由于电子计算机的发展，现代系统方法可以精确地分析处理系统的各种要素，准确、及时、全面地管理控制更大、更复杂的系统。因此，系统思维方法无论是在重大的工程技术上还是在大型科学研究中，都有着广泛的应用。

总之，人类已经进入系统时代。自20世纪40年代以来，运用系统思维方法作为一种方法论，已在解决许多复杂的大系统工程中发挥了重要的作用。例如，美国的"阿波罗登月计划"、卫星系统工程、环境生态问题、城市规划系统等，都需要借助运用系统思维方法解决问题。面对着大科学、大经济时代，认识和掌握系统思维方法，培养和发展系统思维能力，对于创建成功的事业有着不可估量的作用。

思维风暴

假设有9个一模一样的小球，其中有一个稍微轻一点儿，其他的重量相等。现在请你选用一种称重量的仪器，要求你只称两次，便将此球找出来。

请问，选用什么仪器，又该如何称呢？

答案：将9个球分为三组，每组3个球，取两组放到天平两边取称，视天平的位置变化可先判断哪组有轻球，然后再按前述方式再称一次，就可知道轻球是哪一个了。

第二十四课　质疑思维训练

什么是质疑思维

爱因斯坦曾说过:"提出一个问题往往比解决一个问题更重要,因为解决一个问题也许仅是一个科学上的实验技能而已。而提出新的问题,新的可能性,以及从新的角度看旧的问题,却需要有创意的想象力,而且标志着科学的真正进步。"

培根也有这样的言论:"如果你从肯定开始,必将以问题告终,如果从问题开始,则将以肯定结束。"

爱因斯坦还有一句名言:"(在科学历史上)没有一个已经完全解决了的问题,也没有一个永远不变的问题!"著名的数学家希尔伯特就是一个想象力异常丰富、善于提出问题的人。

在1900年第二届国际数学家大会上,他作了题为《数学的问题》的报告,一举提出了当时数学领域中的23个重大问题。这些问题,后来被称为"希尔伯特问题"。它们的提出,有力地促进了数学的发展。为此,希尔伯特总结道:"只要一门科学分支能提出大量的问题,它就充满着生命力,而问题缺乏,则预示着独立发展的衰亡或终止。"

两千多年前,伟大的诗人屈原曾面对长空,发出了著名的"天问",他问天问地,问人情伦理,问世道沧桑,问四季变化……尽管他的提问,更多地带有政治、社会以及关注朝政的色彩,但至少说明了他善于带着问题思考。从广义上讲，人类正是像屈原一样，在提出问题、解决问题中开拓前进的。

质疑思维法就是勇于提出问题，敢于向权威挑战。不受传统理论的束缚，不迷信书本和专家权威，也不盲目从众。勇于提出问题或者敢于挑战不是没有根据地乱说，而是在认真学习前人知识经验的基础上，经过深思熟虑，发现问题，提出质疑。华罗庚在初中毕业后，认真系统地自学数学，经过验证，发现当时一位数学教授的公式推导有错，他就大胆提出质疑。在学习中，经过认真思考，敢于发现问题，勇于提出问题，这是学习成功的重要环节。俗话说得好："学问学问，要学就要问。"学，就是对已有知识体系的继承和肯定；问，就是对已有知识体系的质疑和否定。

质疑的目的是为了提出新看法、新观点，建立新理论，这就是立论。质疑和立论是创意思维的两个阶段。有人说："质疑诚可贵，立论价更高。"质疑使人将信将疑，立论使人心明眼亮；质疑使人千回百转，立论使人豁然开朗。总之，质疑只是宣告旧理论有问题，立论才能宣告旧理论的结束，新理论的成立。

质疑提问的技巧

提问题固然重要，但缺乏必要的知识、经验，缺乏应有的思维修养，同样是提不好问题的。哈佛大学创意课强调，要想获得创意的思维成果，除了应具备基础的知识、经验等外，还必须具备相应的生疑提问的思维技巧。

一、问原因

每看到一种现象，看到一种事物，我们均可以生疑提问，问一问产生这些现象（事物）的原因是什么？一般说来，事物发展总是有因有果，因果是互相联系的。

寻找到原因，就为解决问题（结果）提供了前提条件。

英国医生李斯德在用微生物理论解决酒发酵的难题后，并未因此而停步。他进一步地挖掘不使酒变酸的"原因"是什么？他想到："如果说是细菌破坏了酒味，那细菌不也是外科中难以解释的致命原因吗？"沿着这个问题，他进行了不懈的研究，最后终于解决了外科灭菌的问题，造福于整个人类。

二、问结果

由于因果是紧密相连的，所以，问原因之后，自然也可以问结果。换言之，在思考问题和认识事物时，我们要养成一种思维习惯，即想一想："这样做，会导致什么新的结果呢？"在思考时，尽量不要受旧的事物结果的束缚，要敢于提出新的看法。甚至有时看起来是荒诞的看法，也可能会导致新的有价值的结果。

三、问规律

因果有联系，是因为事物有规律所决定的。找到这种联系，就找到了事物发展的规律。所以，通过问规律，也会获得有价值的创意成果。

四、问发展

世界总是要前进的，事物也总是在发展的。所以，在思考问题时，我们可以运用上述技巧，设想某些事物的发展前景或趋势。这样，也有可能产生新观念、新想法、新理论。

我们可以假设，当某一情况发生后，其发展趋势会是什么呢？比如，有人曾举例说，假如设想"世界上没有老鼠"，那世界将会产生什么影响，其发展结果会是什么？

对此，可作如下推测：粮食损失将会减少；人类不会再为"鼠疫"担忧；不再制造捕鼠器和鼠药；动物界少了一种动物；衣物、家具不再被老鼠咬坏；没有做实验用的老鼠了；猫头鹰少了一种食物来源……同理，我们可以对客观世界的诸多变化，进行上述推理性思维，做出有意义的推测，并从中寻取对我们有价值的信息和答案。

"星期日晚上9点你在哪里？"警察问一个嫌疑人。嫌疑人说他在哥哥家。警察说："可是有人在你哥哥家按了半天的门铃也没人答应。"

犯罪嫌疑人说："那天烤面包机短路把保险丝给烧了，因为一时来不及修复，所以没电。哥哥出去了，就我一个人在屋里，我很早就睡了。没有电，门铃也不响，所以外面有人按门铃我一点儿也不知道。"

听到这些后，警察马上说："你在撒谎！"

你知道为什么吗？

答案：因为门铃用的都是干电池，所以即使停电电铃也会响。嫌疑人却说因为停电门铃不响，显然是在撒谎。

第二十五课　类比思维训练

什么是类比思维

　　类比思维法就是根据两个对象在一系列属性上相同或相似，由其中一个对象具有某种其他属性，推测另一个对象也具有这种属性的思维方法。

　　运用类比法得到的结论具有或然性，不能确保正确无误。为了使结论有较高的可靠性，在运用类比法时，进行类比的两个对象应具有较多的共同属性，它们的共同属性与被推断的属性之间应有较密切的联系。

　　类比法比较自由、灵活、多样、富有启发意义，对人们认识问题，思考问题，特别是创意地解决问题，有着明显的积极作用。天文学家刻卜勒称类比为"自然奥秘的参与者"，是他最好的老师。

　　类比方法有时把一个情景的关系转移到另一个更容易掌握的情景上。这样抽象的情景可以转变成具体的类比情景。这样做有两种意义：

　　第一，对原情景观察方法的限制没有转移到类比的情景，类比的情景能更容易改变。

　　第二，类比通常利用具体的形象，它们又暗示出其他具体的形像，这比抽象观念暗示其他观念要容易。

类比思维的训练

类比思维，可根据不同的类比形式进行训练。

训练一：直接类比法

近代发明家贝尔把人的耳骨的薄膜与电话膜片直接类比，发明了电话机。后来，他不无自豪地想起自己是如何应用类比思维技巧而获得成功的。他说："我注意到，与控制耳骨的灵敏的薄膜相比，人的耳骨的确很大。这使我想到，如果一种薄膜也是这样灵敏以致能够摇动几倍于它的很大骨状物。这就是较厚而又粗糙的膜片不能使我的钢片振动的原因。电话就这样被构想出来了。"

训练二：间接类比法

间接类比法就是用非同一类产品类比产生创意。在现实生活中，有些创意缺乏可以比较的同类对象，这就可以运用间接类比法。

如空气中存在的负离子，可以使人延年益寿、消除疲劳，还可辅助治疗哮喘、支气管炎、高血压、心血管病等，但负离子只有在高山、森林、海滩湖畔处较多。后来通过间接类比法，创意了水冲击法产生负离子，后吸取冲击原理，又成功创意了电子冲击法，这就是现在市场上销售的空气负离子发生器。

采用间接类比法，可以扩大类比范围，使许多非同一性、非同类的行业，也可由此得到启发，开拓新的领域。

训练三：幻想类比法

发明者在发明创意中，通过幻想类比法进行一步步的分析，从中找出合理的部分，从而逐步达到发明创意的目的，设计出新的技术成果，这就叫做幻想类比法。

1834年，英国发明家巴贝治绘制出通用数字计算机图样。1942

年，美国的阿塔纳索夫教授和他的学生贝利，运用幻想类比法，发明设计出电脑，并制成了阿塔纳索夫–贝利计算机（世界上第一台电脑）。

训练四：因果类比法

因果类比法是指两个事物的各个属性之间，可能存在着同一因果关系，因此，我们可以根据其因果关系，推出另一事物的因果关系，这种类比法就是因果类比法。

例如，在合成树脂（塑料）中加入发泡剂，使合成树脂中布满无数微小的孔洞，这样的泡沫塑料既省料，重量又轻，并有良好的隔热和隔音性能。

日本一个叫铃木的人运用因果类比法，联想到在水泥中加入一种发泡剂，使水泥也变得既轻又具有隔热和隔音的性能，结果发明了一种气泡混凝土。

训练五：仿生类比法

模仿生物的结构和功能等，搞出新的发明项目，这就叫做仿生类比法。

例如，人走路——步行机，人体——机器人，人眼——人造眼，蛙眼——电子蛙眼，鹰眼——电子鹰眼，蜻蜓眼和苍蝇眼——复眼照相机，手臂——新式掘土机。

中国西汉将领陈平在2000年前，运用仿生类比法，发明设计出古代机器人。

1962年，美国一家公司制造并售出了世界上首批工业用机器人。

江西省南昌市三中学生熊杰，运用仿生类比法，发明设计了管内机械手，荣获了第三届中国青少年发明一等奖。

训练六：综摄类比法

借助于分析法，将陌生变为熟悉，再通过想象、象征、比喻等方法进行综合类比，进行发明创意的方法，就叫做综摄类比法。

美国创意学家威廉·戈登发现创意思维明显地分为两个阶段：变陌生为熟悉的阶段和变熟悉为陌生的阶段。这两个阶段有不同的思维特点，在创意过程中有不同的作用。

变陌生为熟悉是第一阶段。这个阶段主要用分析的方法了解问题，查明问题的主要方面以及各个细节。人的机体本质上是保守的，它排斥任何陌生的东西。思维也一样，当人们遇到陌生的事物时，总是设法把它纳入一个可以接受的模式中，通过把陌生的事物和熟悉的事物联系起来，把陌生的转换成熟悉的。没有这个思维过程，人们很难真正了解要解决的陌生问题。

类比法可广泛运用于日常认识和科学研究。它对于探求新知识，进行发明创意，都有重要作用。科学史上的许多重大发现都曾借助于类比法。类比法也可运用于论证，但只能作为一种辅助手段。

类比法，在人们的日常生活中也常常运用。比如，为了买一样称心如意的商品，常要跑几个商店，从商品的价格、功能状况、使用价值和经久耐用的程度等方面进行比较，然后确定是否买下。但这不是类比发明，因为它没有创意，只是在同类产品中挑选好一点的，与我们讲的类比发明法是不同的，类比发明要求的是在类比中，有新的发现。

思维风暴

1.据传苏东坡当翰林学士的时候，经常与佛印禅师交往。有一次，他来到大相轩寺，与佛印品茶。席间，苏东坡颇为心烦地谈及自己近日来诗思退竭，没有了写诗的意趣，不知为何缘由，请佛印大师指点迷津。大师含笑不语，只顾给东坡斟茶。但见茶杯已满，茶水外溢。东坡欲止，但见大师还在一个劲儿地往茶杯中倒，而且面含神秘之色。东坡见之，恍然大悟，谢过大师，乘兴归去。不久，佳篇迭出，新诗泉涌，一发不可收拾。这是怎么回事？

答案：原来，佛印斟茶之举，是在向苏东坡暗示："文思枯竭，缺乏新意，好比茶杯中盛满了旧茶，新茶进不去，所以，该换换角度，换换环境，换换思路了。"苏东坡领悟了此意，攻读各类经典，摒旧知，易新知，走上了创作的又一高峰。

2.用什么简便的办法称出空气的质量？

答案：取一个吹鼓的气球放在天平的一端，另一端放上砝码使之平衡。然后将气球内的气放掉，随着气球内的空气排出，天平失去平衡，必须减少砝码才能使天平平衡，那么减下去的砝码的质量就等于气球中排出的空气的质量。

第二十六课 博弈思维训练

博弈思维的原理

博弈思想最早产生于古代的军事活动和游戏活动中。在体育游戏中，经常会出现这种情况，即甲乙双方各出三个人进行摔跤比赛。甲乙双方的领头人不是让自己的队员随意地同对方的某一队员较量，而是先了解清楚对方三名成员的实力，并把对方三名成员的实力同己方成员的实力作客观对比，然后做出决定：谁打头阵，谁在中间，谁压轴，以自己的最弱者去对付对方的最强者，以自己的最强者对付对方的次强者，以自己的次强者对付对方的最弱者，保证二比一稳赢对方。

哈佛大学创意课指出，博弈不是单方面的想法和行动，而是对立双方之间的互动，是双方各自运用科学的、巧妙的策略所进行的数学推演。博弈中，双方各自希望获胜，都在进行数学推算和心理揣摩。有时，推测正确，赢得胜利；有时推测错误，就会失败。

博弈思维法是思维方法中比较复杂、难以把握的方法。它具有理论中的多样性和行动上的一次性的特点。就是说，在做出决策之前，思维主体要尽可能观念地再现事物可能出现的一切情况，把它们加以分析、对比，选择出一种最佳方案，付诸实施。一旦实施，不论对错都无法挽回，只有一拼了。

博弈思维法需要借助于一定的心理分析。参加博弈的双方其观念中的多元选择绝对保密，各自最后方案的决定又要依赖于对对手的分析、估测，因此，估计对手的实力固然很重要（实际上，双方的实力是大家共知的），但根据双方以往交手的情况，揣摩对方现在的心理更为重要。这是一场心理的较量。

此外，博弈思维法借助于概率论、统计学、组合论等数学理论，具有较强的自然科学性，也具有较大的难度。在很多情况下，它是一些数学大公式的推演，是数学模型的应用。

博弈思维的训练

博弈方法是一套较为复杂的方法，是经过多种选择后作出决定的方法。它的选择过程大致分三步进行。

训练一：诊断问题所在，确定目标

诊断问题所在，这是任何科学思维方法的实际操作的前提。正如一位医生给病人看病，必先诊断一番，确定病因，才能对症下药。不知问题所在，不知行动的目标为何物，一切思考和行动都将是盲目的。目标明确，行动才能有成效。

在第二次世界大战期间，美国的军需部门用船只把大量作战物资运往欧洲前线，可途中经常遭到德国飞机与潜艇的袭击，损失很大。后来，美国为此建立了一个防空防潜的防卫网。建网之后，有人认为这个网失败了，因统计数字表明建网后并没有比建网前多击毁德国的飞机和潜艇，他们把建网的目标看做击毁德国飞机与潜艇，然而，有人持另一种观点，认为建立防卫网的目标是为了使运往前线的物资免遭德国袭击，把损失减少到最小限度。因此，除了用做防卫的军事设施之外，他们采用了一些运筹学的方法，较成功地躲开了德国的飞机与潜艇，使运往前线的物资基本上安全抵达。后来的统计数字也证明了这一点。

此例说明，只有明确了建网目标，才能正确地发挥防卫网的作用；否则，把防卫网的作用看做是为了多击毁德国的几架飞机或几艘潜艇，必然导致前线物资的中断。

目标不明确，或行动中途为了一些小事情而忽略了目标，情况就会变得非常糟糕。

温德尔·威尔基曾于1940年与富兰克林·罗斯福对垒，参加总统角逐。威尔基极富感召力，机智、勇敢、竞选能力强，对手罗斯福又有一个不利因素——美国有总统不能连任三届的传统。威尔基白天乘着火车在一个个小站向数千群众发表动人的讲话，每次都有几百人听得心悦诚服，过来同他握手。然而，到一天结束时，他已疲惫不堪，声音全哑了。当他在竞选临近结束时上电台向千百万人发表讲话时，只能嗓子沙哑地断断续续吐出一些字句。这就是说，威尔基高兴之时忘记了自己的目标是竞选总统，是向全美公民发表讲话，赢得全美公民的支持，而不仅仅是向有限的公民讲话，取得有限的公民的支持。所以，他失败了。

因此，目标必须明确，并时时提醒自己不要偏离目标，一切行为都为目标服务。

训练二：拟定各种可能的备选方案

目标明确之后，就要围绕目标寻找各种可能的方案，并尽可能地保证安全，因为每一种可能的方案都有可能成为最后的决策。众多的备选方案是针对实际行为中可能出现的情况而制定的，在进行对比分析、组合、概率分析以及心理分析之后，方可选中某一方案作为最后方案。

在对待复杂事物时，要想使可能方案完备不太可能，使最后方案达到最理想状态也不太可能。就像一个人，按医学的要求，他身上的各类元素达到一定的量才最理想、最健康，这种人在现实中是不存在的。因为，一旦现实的人身上的各类要素均达到医学中最理想的标准，他就不是一个现实的人而是各类要素的集合体了。但是，全面性的要求和努力可以防止下列两种倾向：

（1）避免以偏概全、以次充好。我们虽然达不到理想状态，但向理想状态的努力，可以让我们得到最为满意的结果。比如，我们在某任务中，确定了理想方案，但在执行时可能出现偏差，可能因为某一方的整体中各个个体的实力都不如对方而失败，但是，如果真是这样，失败的一方也会较为满足，因为它选择了最好的方案，也执行了最好方案。

（2）只给一种方案，不进行选择，即认为事物的实行方案只有一种，没有其他。只有一种方案就可免除决策选择的痛苦，但是国外有一条管理人员都非常熟悉的格言：如果看来似乎只有一条路可走，那么这条路很可能是不通的。

在博弈中，双方的任何一个小的变动都可能引起结局的变更，因而，让一方没有选择，无异于让此方去牺牲、去失败，去成全对方。

训练三：从各种备选方案中选出最合适的方案

这一点与第二点相联系。拟定出尽可能周全的方案不是问题的结束，而是为了从中选出最为合适的方案。从另一个角度讲，各种备选方案并非都是可实行的方案，哪一个备选方案可以实行就依赖于对备选方案进行价值分析、效益分析、可行性分析、风险度（可靠性和可信度）分析等。只有通过这样的分析，方可判断出诸方案的优劣好坏来。当然，判断的标准不一样，也会得出不同的结论。

选择方案的具体方法有以下几个：

（1）经验判断法。它通过对各种预选方案进行直观的比较，按一定的价值标准从优到劣进行排列，对全部方案筛选一遍，把达不到标准的方案淘汰掉，逐渐缩小选择的范围，最后确定出最合适的方案。这类方法需要充分运用类比、归纳等传统逻辑方法，在情况较为复杂时，往往还需要用系统思维的方法，从全局和整体着眼来决定方案的取舍。

（2）思维的"求同"和"求异"方法。所谓思维的求异活动，就是要比较和看出诸方案的差异，要求自己和鼓励别人从不同角度、不同要求、不同场合、不同结果对已制订的方案提出不同的看法，以

"兼听则明"的态度从各种不同的意见中吸取可取之处,并利用不同的意见启发自己更加深入的思考,从中往往又可能产生出决策的另一方案,以此保证方案的科学性、可靠性和严密性。这种选择方案的过程又称"逆向决策"或"反向决策"。

所谓思维的求同活动,就是要利用相同的标准和准则,对诸方案从战略到战术、从客观到主观、从宏观到微观、从全局到局部、从目标到方法、从经济价值到社会效果和人文价值等方面进行全面的比较和周密的论证,经过同样的标准进行权衡利弊、综合分析之后,做出最后取舍。

(3)数学的方法、定量思维的方法。在对复杂事物如气象预测、军事国防、海洋捕鱼、经济竞争、大型产品的设计等制定对策时,仅仅靠我们的大脑进行思维、靠我们的双手以笔或小型计算器进行计算是不够用的,必须借助于大型数学模型,设计科学的计算机程序,运用电子计算机进行设计、比较和筛选方案。

例如,海湾战争中多国部队战略、战术的制定。战争中涉及了许多因素,有许多的自变量和因变量,己方的力量配置,敌方的力量配置,武器的性能、人员的素质、地理地形、天气气候、各种情报的对错……其中,有许多资料还是靠侦察获得的,准确性并非百分之百。在这种有许多国家参加的陆、海、空协同作战中,仅上面列举的部分因素就可以形成几十甚至上百种可能的方案,实际情况就更为复杂、多变了。所以,在对作战方案的制订和选择上就必须运用现代科学仪器。

战国时,齐国有个叫田忌的将军,同齐威王赛马,他们把马分成上、中、下三等。就同等马来说,田忌的马都不如齐威王的马,因而他连输了三局。后来田忌请教了著名的军事家孙膑,孙膑为田忌献策,结果使田忌赢了。

请问,你知道孙膑的计策是什么吗?

答案:第一场,用下等马与齐威王的中等马比赛;第二场,用上等马与齐威王的中等马比赛;第三场,用中等马与齐威王的下等马比赛。结果田忌以二比一获胜。

第二十七课　逆向思维训练

什么是逆向思维

逆向思维法是指为实现某一创意或解决某一因常规思路难以解决的问题，而采取反向思维寻求解决问题的方法。

该方法是一种科学的、复杂的思维方法，常常表现为对根深蒂固的传统观念的背叛，它要求在运用该方法时一定要对思维对象有全面、深入、细致的了解，依据具体情况具体分析的原则进行，还要求具有敢于离经叛道、敢担风险、勇于创意的精神。

传统观念和思维习惯常常阻碍着人们的创意思维活动的展开，逆向思维就是要冲破框框，从现有的思路返回，从与它相反的方向寻找解决问题的办法。常见的方法有：就事物的结果反过来思维、就事物的某个条件反过来思维、就事物所处的位置反过来思维、就事物起作用的过程或方式反过来思维等。

南唐后主李煜派博学善辩的徐铉到大宋进贡。按照惯例，大宋朝廷要派一名官员与其使者入朝。朝中大臣都认为自己辞令比不上徐铉，谁都不敢应战，最后反映到宋太祖那里。

太祖的做法，大大出乎众人意料，他命人找10名不识字的侍卫，把他们的名字写上送进宫，太祖用笔随便圈了个名字，说："这人可以。"在场的人都很吃惊，但也不敢提出异议，只好让这个还未明白怎么回事的侍卫前去。

徐铉见了侍卫，滔滔不绝地讲了起来，侍卫根本搭不上话，只好连连点头。徐铉见来人只知点头，猜不出他到底有多大能耐，只好硬着头皮讲。一连几天，侍卫还是不说话，徐铉也讲累了，于是也不再吭声。这就是历史上有名的宋太祖以愚困智解难题之举。

照一般的做法，对付善辩的人，应该找一个更善辩的人，但宋太祖偏偏找一个不认识字的人去应对。这反倒引起了善辩高手的警惕，他会认为这位代表宋朝"国家级水平"的人，一直不发表意见，是别有用心。这会让他对宋朝的本意猜不透，但他又不敢放肆。宋太祖这一招以愚困智，使智者的长处，根本无法发挥。

逆向思维法，可以说是与常规思维"背道而驰"，反其道而行之。从反面去看问题，易引起新的思考，往往产生独特的构思和新颖的观念。在解决问题时，从正反两方面多想想可能会收到意想不到的效果。

在以前的一段时间，电冰箱的冷冻室一般都是置于冰箱的上部，因为一直以来，人们的考虑都是，冷空气的密度大，自然会往下沉，所以，把冷冻室放置于冰箱的上部是合理的。但是，把冷冻室放在了最便于物品进入的位置，很大程度上影响了人们对冰箱的使用效率，也带来了生活中的不便。于是，夏普公司的设计人员从相反的角度对冰箱冷藏室的放置位置进行了思考：如果把冷藏室设计在冰箱的下部，会怎么样呢？按照这样的不同寻常的思考方式，夏普公司终于设计出了一种将冷藏室放置于冰箱下部的新型高效冰箱。

在西欧，有一家饮食公司，它专门为各个大公司、学校、医院等公职人员提供早餐，在这家公司开设的餐厅里，总有许多不用洗的刀叉和汤匙等餐具。这究竟是怎么回事呢？在国外的餐厅里，通常是你一走进去，按照先后顺序，总是先将整套餐具拿好，然后再挑选你需要的食品，因为在还未看到想要挑选的食物之前，你并不知道要用什么餐具。因此在整套餐具中，有些餐具从头到尾一次也没有使用过，但是最后还是要被送去洗涤。这家公司的管理人员在发现了这种情况以后，就决定把服务次序颠倒一下，即让顾客先去挑选自己喜欢吃的食品，然后再按需要去取餐具。于是，这些餐具得到了最经济的利用，而且还省去了洗涤工人的许多工作，进而节约了好多时间。

逆思维是摆脱常规思维羁绊的一种具有创意的思考方式。其实，对于某些问题，从结论往回推，倒过来思考，从求解回到已知条件，或许反倒会使问题简单化，甚至因此而有所发现，创造出新的奇迹。这也正是人们着迷于逆向思考的原因所在。

火箭是向天上打的，有人使它改变方向，制造出钻井火箭。欧几里得几何学是中学生都熟悉的，用了两千多年，而匈牙利数学家亚·诺什18岁时，从相反方向思考并经过验证，创立了一门新学科——"非欧几何学"。在小学生的数学运算中，用加法得的和，为了验证其是否正确，用减法进行验算；用乘法得的积，再用除法去验证，都是从相反的方向思考问题。

在学习科学理论时，对前人的理论进行实验或实践以证明前人理论的确实性，称为证实法；有时也从另一方向考虑，即通过实验或实践证明前人理论的不确实性或不科学性，称为证伪法。对已有的理论观点进行肯定性的证实或抱有怀疑态度的证伪都是重要的方法。我们要学会使用证实和证伪两种思考方法，学会从逆向考虑问题。

哈佛大学创意课指明，逆向思维最可宝贵的价值，是它对人们认识的挑战，是对事物认识的不断深化，并由此而产生巨大的威力。逆向思维可以创意出许多意想不到的人间奇迹。

逆向思维的训练

训练一：倒推型逆向思维法

这种方法是指从已知事物的相反方向进行思考，产生新创意、新发明的途径。这种类型的逆向思维首先要确定或设定一个可以达到的目标,然后从目标倒过来往回想,直至你现在所处的位置,从最终目标出发倒回来进行逆向思维,就能获得前进的路线图。

要获得"事物的相反方向"常常要从事物的功能、结构、因果关系等三个方面作反向思维。

我们在中学时期就学过的数学证明中的反证法,也是应用倒推型逆向思维的典型例子。比如证明:一个三角形至少有两个角大于或等于60度。如果用正向思维,对每一个三角形都去进行证明,这是不可能做到的,但是,采用逆向思维,我们可以把它的成立等同于其反问题的不成立,即:一个三角形的三个角可以都小于60度。

我们只要证明这个反问题的成立是错的,那么原题即可得证:如果这个反问题成立,则至少有一个三角形的三个角的和小于3×60度=180度,这与三角形的三个角的和等于180度的定理是违背的,因此,反问题不成立,原题得证!

逆向思维的一个基本要素就是分出阶段重点。这样,你不得不将长远目标和近期目标清楚地区分开来,然后再将逆向思维分别应用到每一个目标中去。

20世纪60年代中期,当时在福特一个分公司任副总经理的艾科卡正在寻求方法,改善公司业绩。他认定,达到该目的的灵丹妙药在于推出一款设计大胆、能引起大众广泛兴趣的新型小汽车。他认为,顾客买车的唯一途径是试车。要让潜在顾客试车,就必须把车放进汽车交易商的展室中。吸引交易商的办法是对新车进行大规模的富有吸引力的商业推广,使交易商本人对新车型热情高涨。说得实际点儿,他必须在营销活动开始前做好小汽车,送进交易商的展车室。

为达到这一目的,他需要得到公司市场营销部和生产部门百分之百的支持。同时,他也意识到生产汽车所需的厂商、人力、设备及原材料都得由公司的高级行政人员来决定。艾科卡一个不漏地确定了为达到目标必须征求同意的人员名单后,就将整个过程倒过来,从"头"向前推进。几个月后,艾科卡的新型车——"野马"从流水线上生产出来了,并在20世纪60年代风行一时。它的成功也使艾科卡在福特公司一跃成为整个小汽车和卡车集团的副总裁。

　　日本虽为经济强国，却十分崇尚节俭。当复印机大量吞噬纸张的时候，他们将一张白纸的正反两面都利用起来，可以节约一半的纸张。日本理光公司的科学家不以此为满足，他们通过逆向思维，发明了一种"反复印机"，已经复印过的纸张通过它以后，上面的图文消失了，重新还原成一张白纸。这样一来，一张白纸可以重复使用许多次。此办法不仅创意了财富，节约了资源，而且使人们树立起新的价值观：节俭固然重要，创意更为可贵。

训练二：转换型逆向思维法

　　这是指在研究一个问题时，由于解决同一问题的手段受阻，而转换成另一种手段，或转换思考角度思考，以使问题顺利解决的思维方法。

　　有一道题是这样的：有四个相同的瓶子，怎样摆放才能使其中任意两个瓶口的距离都相等呢？这道题难倒了不少人，大家琢磨了很久还找不到答案。那么，办法是什么呢？原来，把三个瓶子放在正三角形的顶点，将第四个瓶子倒过来放在三角形的中心位置，答案就出来了。把第四个瓶子"倒过来"，多么形象的逆向思维啊！

　　转换思维方向法是逆向思维方法中的一种，特点是富于变通性和灵活性，即在一定条件下，探索者的思维能够机动灵活地转移到各种不同的方向。

　　古希腊著名哲学家阿那克西米尼生于中亚的莱普沙克斯，他思维灵活、想象力丰富。有一次阿那克西米尼随亚历山大远征波斯，在军队将要占领莱普沙克斯时，他为使故乡免受兵患，前往拜见国王。亚历山大早就知道阿那克西米尼的来意，未等他开口便说道："我对天发誓，决不同意你请求。""陛下，我请求你下令毁掉莱普沙克斯！"哲学家大声说道。在这里，阿那克西米尼运用的就是逆向思维，它帮助阿那克西米尼解决了难题。

　　再如，历史上被传为佳话的司马光砸缸救落水儿童的故事，实质上就是一个运用转换型逆向思维法的例子。由于司马光不能通过爬进缸中救人的手段解决问题，因而他就转换为另一手段，破缸救人，进而顺利地解决了问题。

你有一面小镜子，可是镜子的支架坏了，在桌面上怎样也立不住，这个镜子在梳妆桌上躺了近半年。有一天，你忽然发现它立在了桌子上面，原来不知道是谁把镜子转了90度角，利用支架与镜面的角度把镜子立在了桌面上。可见，你原来的思路已经僵化了，而另一种思维模式却很容易地把问题解决了。

训练三：因果相生逆向思维法

因果相生逆向思维是超越常规的思维方式之一。这是一种利用事物的缺点，将缺点变为可利用的东西，化被动为主动，化不利为有利的思维发明方法。这种方法并不以克服事物的缺点为目的，相反，它是将缺点化弊为利，找到解决问题的方法。当你陷入思维的死角不能自拔时，不妨尝试一下这种逆向思维法，打破原有的思维定式，反其道而行之，开辟新的境界。

正如金属腐蚀是一种坏事，但人们利用金属腐蚀原理进行金属粉末的生产，或进行电镀等其他用途，这无疑是逆向思维法的一种应用。

有一个小男孩在一次车祸中失去了左臂，但是他很想学柔道，于是他拜了一位日本柔道大师做了师父。尽管他学得不错，但是他师父却自始至终只教他一招，而且对他说："你只需要会这一招就够了。"后来，师父带小男孩去参加比赛，小男孩竟真的仅凭那一招就轻轻松松地进入了决赛。决赛的时候，对手是一个比他高大强壮的人，虽然一开始时小男孩显得有点招架不住，但是当他使出那一招时，就制服了对手，而且赢得了冠军。或许很多人都会问："那一招真的那么厉害吗？那一招真的能使一个失去左臂的人赢得柔道冠军吗？"小男孩也同样感到奇怪，他就跑去问他师傅，他师傅告诉他："有两个原因：第一，你几乎完全掌握了柔道中最难的一招；第二，就我所知，对付这一招唯一的一个办法就是对方抓住你的左臂。"所以，小男孩最大的劣势就成了他最大的优势。

在艺术创作过程中，运用逆向思维方法，在人们的正常创意范畴之外反其道而行之，有时能够收到出奇制胜的独特艺术效果。在艺术设计中，因果相生逆向思维是常用的训练方法之一。古希腊神殿中有一个可以同时向两面观看的两面神。无独有偶，我们中国的罗汉堂里也有半个脸笑、半个脸哭的济公和尚。人们从这种形象中引申出"两面神思维"方法。依照辩证统一的规律，我们进行视觉艺术思维时，可以在常规思路的基础上作逆向型的思考，将两种相反的事物结合起来，从中找出规律。也可以按照对立统一的原理，置换主客观条件，使视觉艺术思维达到特殊的效果。

正所谓"多一只眼睛看世界"，遇事反过来想一想，在侧向——逆向——顺向之间多找些原因，多几个反复，就会多一些创作思路。

从服装时尚的发展历程中我们可以看出，时装流行的走向常常受到逆向思维的影响。当某一风格广为流行时，与之相反的风格也就要兴起了。人们在某一时期追求装饰华丽、造型夸张的装扮，崇尚豪华绮丽的风格。而一旦这种风格成为普遍的流行趋势的时候，新意也就渐渐失去，人们就会逐渐从狂热和投入中冷静下来，并渐渐开始对简约、朴实、清新的风格重新产生兴趣，进而形成新的流行风格。像工装裤、尖头鞋等都是以几十年甚至更短的时间循环流行着。受此启发，现代众多有创意意识的服装设计师在自己的创作理念上，往往运用逆向思维的方法进行艺术创作。

训练四：习惯逆向思维法

习惯逆向思维方法，也就是打破传统习惯的思维程序，对问题做出反方向思考。运用这种思维方式，进行"反弹琵琶"式的思考，常常会翻出新意，收到出人意料、令人耳目一新的效果。习惯于正向思维的人一旦得到了逆向思维的帮助，就像战争的统帅得到了一支奇兵！

有一天，银行里有一位顾客正在咨询贷款的事情，他问银行职员："我能不能贷款1美元？"银行职员有些诧异，但想到顾客贷款金额不受限制的规定，他只好说："当然可以，不过先生你必须有相应的资产作为抵押。"只见这位顾客随手取出一包东西，打开来一看，竟是五百万元的债券。银行职员很惊讶，"先生您有五百万的债券，您完全可以贷好多钱呀！"这位顾客笑一笑，说："不必了，我只需要1美元。"然后他们办好了手续，这位顾客正要离开，这一幕刚好被银行的经理看到了，他觉得这事儿很奇怪，便追上去问这位顾客："先生，我实在不明白，你有500万美元的债券，完全可以贷好多钱，可为什么您只需要1美元呢？"这位顾客见银行经理这么好奇，就跟他讲出事情的缘由。他说："我从外地来，现在还有一些其他的事情要办，可是我身上带着这么多的债券，总是不安全，我找了几家寄存处，可他们一看是500万美元的债券，索要的寄存费都很高，我想来想去，把它放在你们银行里最合适，我贷1美元，即使1年，所付的利息也不足10美分。这比他们要的寄存费可便宜多了。"银行经理恍然大悟。

其实现实生活中人们需要的正是这种不拘一格的创意行为，在遇到问题时，一种方法解决不了，就应当勇敢地去尝试另一种方法。我们要相信，办法一定会比困难多。

训练五：位置互换思考法

一位老教授曾经在好几篇文章中痛斥自己的某个儿子，"我有子女4人，3个都不在北京。只有一个儿子在北京工作，由于儿媳是独生女，因此儿子婚后便倒插门到了女方家。开始每周回来看望一次，继则不定期前来，一次，老妻突然脚肿不能沾地，我急以电话招儿子，盼他助自己一臂之力，可儿子却没能及时赶来。后来，儿子把电话打到家中，只字不问父母，只同刚从外地赶来的弟弟谈生意。"教授终于忍无可忍，在电话中斥责他几句，从此挂断电话，父子一年半都没有再联系。

这位老教授站在"老子"的立场，大发感慨，字字动之以情，其实他如果能够站在晚辈的立场看问题，或许就不会再这样看待儿子的问题了。在一个竞争激烈的社会，儿子即使有孝心，恐怕也很难有时间有能力尽孝，所谓心有余而力不足。

一位挑水夫，有两个水桶，分别吊在扁担的两头，其中一个桶有裂缝，另一个则完好无缺。在每趟长途的挑运之后，完好无缺的桶总是能将满满一桶水从溪边送到主人家中，但是有裂缝的桶到达主人家时，却只剩下半桶水。

两年来，挑水夫就这样每天挑一桶半的水到主人家。当然啰，好桶对自己能够送满整桶水很感自傲。破桶呢？对于自己的缺陷则非常羞愧，它为只能负起责任的一半而感到非常难过。饱尝了两年失败的苦楚，它终于忍不住，在小溪旁对挑水夫说："我很惭愧，必须向你道歉。"挑水夫问道："你为什么觉得惭愧？""过去两年，因为水从我这边漏了一路，我只能送半桶水到你主人家，我的缺陷使你做了全部的工，却只收到一半的成果。"破桶说。挑水夫替破桶感到难过，他很有爱心地说："我们回到主人家的路上，我要你留意路旁盛开的花朵。"

果真，他们走在山坡上，破桶眼前一亮，看到缤纷的花朵开满路的一旁，沐浴在温暖的阳光之下，这景象使它开心很多！但是，走到小路的尽头，它又难受了，因为一半的水又在路上漏掉了！破桶再次向挑水夫道歉，挑水夫说："你有没有注意到小路两旁，只有你的那一边有花，好桶的那一边却没有开花呢？"

"我明白你有缺陷，因此我善加利用，在你那边的路旁撒了花种，每回我从溪边来，你就替我一路浇了花！两年来，这些美丽的花朵装饰了主人的餐桌。如果你不是这个样子，主人的桌上也没有这么好看的花朵了！"

这则故事告诉我们：每个人都有缺点，看你如何看待它。而最重要的是我们如何能将这些缺点转化为优势，将优势好好地发挥出来。例如：有些人过于急躁，是不是因为他个性比较积极？有些人下决策比较慢，是否因为他比较谨慎？换个角度，也许我们会有不同的想法，就如同在文中的挑水夫一般，利用破水桶会漏水的特性，将它用来灌溉花草，使主人的餐桌上增添了色彩。

逆向思维有悖于通常人们的习惯，而正是这一特点，使得许多靠正常思维不能或是难于解决的问题迎刃而解。一些正常思维虽能解决的问题，在它的参与下，过程可以大大简化，效率可以成倍提高。

思维风暴

树上有10只鸟，开枪打死一只，请问还剩几只？

答案：不确定。
请看下面的分析：
"是无声手枪吗？"
"不是"。
"枪声有多大？"
"80～100分贝。"
"那就是说会振得耳朵疼？"
"是。"
"在这个城市里打鸟犯不犯法？"
"不犯法。"
"你确定那只鸟真的被打死了？"
"确定。"老师已经不耐烦了，"拜托，你告诉我还剩几只就行了，OK？"
"OK，树上的鸟里有没有聋子？"
"没有。"
"有没有关在笼子里的？"
"没有。"
"边上还有没有其他的树，树上还有没有其他鸟？"
"没有。"
"有没有残疾或饿得飞不动的鸟？"

"没有。"

"打鸟人的眼有没有花？保证是看到了10只？"

"没有花，就10只。"

老师已经满头大汗，且下课铃响了，但学生还在问："有没有傻得不怕死的鸟？"

"都怕死。"

"会不会一枪打死两只？"

"不会。"

"所有的鸟都可以自由活动吗？"

"完全可以。"

"如果您的回答没有骗人，"学生满怀信心地说，"打死的鸟要是挂在树上没有掉下来，那么就剩一只；如果掉下来，就一只不剩。"

第二十八课 联想思维训练

什么是联想思维

联想是什么呢？普通心理学认为联想就是由一事物想到另一事物的心理现象。这种心理现象不仅在人的心理活动中占据重要地位，而且在回忆、推理、创意的过程中也起着十分重要的作用。许多新的创意都来自于人们的联想。

所谓联想思维，就是人们通过一件事情的触发而迁移（想）到另一件或另一些事情上的思维。联想能够克服两个概念在意义上的差距，并在另一种意义上把它们联结起来，由此可以产生一种新颖的思想。

心理学研究表明，对任何两个毫不相干的概念，一般最多经过4~5步的联想即可将它们建立起联系。比如"木质"与"皮球"这两个离得很远的概念，可以联想为：木质——树林；树林——田野；田野——足球场；足球场——皮球。从"木质"到"皮球"的联想，"皮球"就是联想的终点，这是属于一种定向联想，它在创意发明中有着十分重要的意义。但作为创意思维本身来说，它更加提倡思想奔放、毫无拘束地自由联想。这样的自由联想，可以通过相似、对比和接近联想的多次重复交叉而形成一系列的"连锁反应"，继而做到举一反三、闻一知十和触类旁通。

联想思维的训练

训练一：概念联想式训练法

概念是对事物本质属性的描述，是人们经常使用的思维单元，而概念和概念之间的关系反映了客观事物之间的常见关系，这就为开展概念联想法创造了条件。

训练二：接近联想法

所谓接近联想，就是指在时间上和空间上相互接近的事物之间形成联想。由于时间和空间是事物存在的形式，所以时间上接近的事物，总是和空间上接近的事物相互联系着的，反之亦然。例如：

一提起火烧赤壁，人们自然会联想到《三国演义》、周瑜、曹操等。因为，他们具有空间和时间上的接近因素。如果提起火烧圆明园，人们则会联想到八国联军、慈禧太后等。门捷列夫也正是应用这种接近联想，发现了化学元素周期律并制成元素周期表。他认为，化学元素原子结构的特殊性可按一定次序排列，按次序排列的元素经过一定的间隔（周期），它们的某些主要属性就会重复出现。而在每一间隔范围内一定的属性是逐渐变化的，如果这种逐渐性为突然的跳跃所中断，那就一定应该有个未知的元素存在，来填补这个空位。门捷列夫靠上述接近联想（空间接近），提出了关于元素周期的大胆设想。后来，经过实验验证和理论计算，证实了这种设想是正确的。

训练三：对比联想法

即某一事物的感知引起跟它具有相反特点的事物的感知的联想方法。

例如：由黑想到白，由大想到小，由水想到火，由黑暗想到光明，由温暖想到寒冷等。这里列出的每对事物既有共性，又具有个性。比如黑与白是两种相反的色彩,但它们的共性又都是颜色。

对比联想又可分为下列几种。

1.从属性的对立角度进行对比联想

日本的中田藤三郎关于圆珠笔的改进就是从属性对立的角度进行思考才获得成功的。1945年圆珠笔问世,大约写20万字后就漏油,改进后制成的圆珠笔,书写20万字后,恰好油被使用完,就可以把圆珠笔扔掉。这里就运用了对比联想法。

2.从优缺点角度进行对比联想

发明者在从事发明设计时,既看到优点、长处,又要想到缺点、短处,反之亦然。

铜的氢脆现象使铜器件产生缝隙,令人讨厌。可是有人却偏偏把它看成是优点加以利用,这就是制造铜粉技术的发明。用机械粉碎法制铜粉相当困难,在粉碎铜屑时,铜屑总是变成箔状。而如果把铜置于氢气流中,加热到500℃~600℃,时间为1~2小时,使铜屑充分氢脆,再经球磨机粉碎,那么,合格铜粉就制成了。

3.从结构颠倒角度进行对比联想

从空间考虑,对前后、左右、上下、大小的结构,颠倒着进行联想。例如,中国的数学家史丰收就擅长运用此种对比联想。一般人进行数学运算都是从右至左、从小到大进行运算,史丰收运用对比联想,反其道而行之,从左至右、从大到小来进行运算,运算速度大大加快。

又如,日本索尼公司的工程师,运用对比联想,由大彩电开始进行对比联想,制成薄型袖珍电视机,显像管只有16.5毫米。

4.从物态变化角度进行对比联想

即看到从一种状态变为另一种状态时,联想与之相反的变化。

18世纪,拉瓦把金刚石煅烧成二氧化碳的实验,证明了金刚石的成分是碳。1799年,摩尔沃成功地把金刚石转化为石墨。金刚石既然能够转变为石墨,用对比联想来考虑,那么反过来石墨能不能转变成金刚石呢?后来终于用石墨制成了金刚石。

训练四：相似联想法

相似联想就是"在性质上或形式上相似的事物之间所形成的联想"。又可称类似联想，这种联想也可运用到创意发明过程中来。

1957年，苏联运用相似联想法，成功地发射了世界上第一颗人造地球通讯卫星，这颗卫星就是世界上第一艘太空船。

我国著名思维学家张光鉴先生认为："大至宇宙星系之间，小至每个原子运动形式都存在着大量的相似之处。"因此，相似思维是普遍存在的，它对我们的工作和生活有着极为重要的作用。

客观世界到处是相似的痕迹和联系。即使人类科学发展史和社会发展史都如同史学家惊叹的那样，"呈现着惊人的相似"。比如，大多数的民族都不约而同地经历过石器时代、陶器时代、铜器时代、铁器时代等。社会形态都经过了原始社会、奴隶社会、封建社会、资本主义社会等。

此外，许多理论和技术在应用过程中，人们也常常使用相似联想进行创意活动。例如，人们由于蒸汽推动壶盖运动产生的相似联想而发明了蒸汽机。人们又把蒸汽机装在车上出现了火车，装在船上出现了轮船，用蒸汽机带动纺织机，出现了动力纺织机，装在动力厂发出了强大的电力，使生产力为之飞跃发展，从而出现了文明史上最有意义的一次产业革命运动等。

训练五：自由联想法

这是在人们的心理活动中，一种不受任何限制的联想。这种联想成功的概率比较低，大都能产生许多出奇的设想，但往往难以成功，可有时也往往会收到意想不到的创意效果。

荷兰生物学家列文虎克就曾从自由联想中，发现了微生物。

那是1675年的一天，天上下着细雨，列文虎克在显微镜下观察了很长一段时间，眼睛累得酸痛，便走到屋檐下休息。他看着那淅淅沥沥地下个不停的雨，思考着刚才观察的结果，突然想到一个问题：在这清洁透明的雨水里，会不会有什么东西呢？于是，他拿起滴管取来一些水，放在显微镜下观察。没想到，竟有许许多多的"小动物"在显微镜下游动。他高兴极了,但他并不轻信刚才看到的结果。过几天后,他再接雨水观察,又发现了许多"小动物",于是,他又广泛地观察,发现"小动物"在地上有,空气里也有,到处都有,只是不同的地方"小动物"的形状不同。活动方式不同而已罢了。

列文虎克发现的这些"小动物",就是微生物。这一发现,打开了自然界一扇神秘的窗户,揭示了生命的新篇章。列文虎克正是通过自由联想而获得这一发现的。

训练六:强制联想法

它是与自由联想相对而言的,是对事物有限制的联想。这限制包括同义、反义、部分和整体等规则。一般的创意活动,都鼓励自由联想,这样可以引起联想的连锁反应,容易产生大量的创意设想。不过,具体要解决某一个问题,有目的地去发展某种产品,也可采用强制联想,让人们集中全部精力,在一定的控制范围内去进行联想,也能有所发明和创意。在创意活动中,这类创意发明的例子也是屡见不鲜的。

以"什么是创意思维"这个问题为例,我们用螺旋形贝壳来当做思考的相似物,做强制性的相似联想。

贝壳的属性	与创意思维的相似性
螺旋形的	创意思维不是一种直线型的思考过程,而是需要归聚出焦点
天生自然的	创意思维来自人类天性
坚硬的	即使最困难的难题也能由创意思维加以解决
中间是空的	创意思维 能透视人类的躯壳
圆形的	创意思维是一种连续不断的过程
一端开口	非创意思维只产生一种思路
看起来像弹簧	创意思维是一种有弹性的思考,思考越是伸展,潜以就越能发挥
图案有催眠作用	创意思维消耗人的精神
扩展的外形	创意思维扩展人的心胸
很大的开口	创意思维对一切开放
天然的美	创意思维是人类美丽天性的一部分

上面就是螺旋形贝壳的特性,引发我们对"什么是创意思维"这个问题产生的一些新的领悟。从中可以看出哪些是明显的,哪些是相

似的,哪些是新观念。

训练七:焦点串想法

还可围绕"焦点"进行串想。所谓串想,就是按照某一种思路为"轴心",将苦干想象活动组合起来,形成一个有层次的,有过程的,并且是动态(发展)的思维活动。

在爱因斯坦创立相对论时,可清楚地看到上述思维技法的应用。爱因斯坦在作了大量的基础准备、理论积累之后,运用串想思维技巧进行了他的理论创意。他是这样进行串想的:

首先,他想象在所有相互做匀速直线运动的坐标系中,光在真空中的传播速度都是相同的(即光速的不变性)。接着,他又想象在所有相互做匀速直线运动的坐标系中,自然定律都是相同的。于是,最后他就想象到光线在引力场中会发生弯曲。就这样,在一系列丰富的联想之后,爱因斯坦再把各种联想有机地"串联"起来,揭示出宇宙发展的最深刻的逻辑关系,并由此创立了相对论。

爱因斯坦的思维活动,正是表现了一个完整的联想思维过程。

古希腊哲人亚里士多德早在两千多年前就指出:只有不断使自己的思维从已存在的一点出发,或从已知事物的相似点、相近点或相反点出发,才能获得对事物的新的看法,世界由此才会得以前进。

联想的方法是很多的,我们还可以从对象的因果联系上去进行联想,也可依据事物的同类原则去进行联想,还可以从事物之间的相关特性去进行联想。各种各样的联想方法都是可以产生出创意设想的。这里的关键不是运用哪一种联想方法,而是我们要解决什么问题,需要进行什么创意,要达到怎样的目的?或者什么样的预期目的都没有,只是想有所创意发明。对此,哈佛大学创意课指出,应根据各自的不同要求和想法,有意地或无意地去进行联想,从联想产生的设想中去获得创意成功。

1. 通过联想把下列词语联系起来。

①鸟——书；

②铁——月饼；

③纸——土；

④树——皮球；

⑤战争——火星。

2. 作一下这种练习。

在你每天坐车上班或回家的时候，坐在车里，想象一下你回家的路线的平面图。在你的脑子里出现一幅地图。你还可以想象如果你此时正在直升机里，你在空中看到的这幅图是什么样子的。在你的脑海中把这幅图想象出来。注意方向的转化和你所熟悉的路边的沿标。到家或者到单位以后，把你头脑中的这幅图在纸上，然后把这幅图和真正的地图相比较，如果你的空间想象和思维能力好的话，你画出来的图应该和真正的地图差不多。

第二十九课　归纳思维训练

什么是归纳思维

奥地利医生彼得在看儿子睡觉时，忽然发现儿子的眼珠子转动起来。他感到奇怪，连忙叫醒了儿子，儿子说他刚才正做着一个梦。

彼得想，眼珠子转动会不会与做梦有关呢？

于是，他把儿子当成了"试验品"：每当儿子睡觉时，他便守在旁边。一旦发现儿子的眼珠子转动，就叫醒儿子，儿子总是说做了一个梦。

彼得又仔细地观察他的妻子，后来又观察了邻居，观察了他的病人，都发现同样的情况。因此，他写出了论文，指出人睡觉时眼珠转动，表示睡者在做梦。

他的论文引起了各国科学家的注意。

如今，人们研究梦的生理学，用眼珠子转动的次数、转动的时间，来测量人做梦的次数、梦的长短。

这种用直接观察所取得的结果和今天用脑电波的测试数据是相吻合的。

"人睡觉时眼珠子转动，表示睡者在做梦。"这个结论当时是怎样得来的呢？是这位奥地利医生观察了儿子、妻子、邻居及病人等个别现象后归纳分析得出来的：

儿子睡觉时眼珠子转动，表示在做梦；

妻子睡觉时眼珠子转动，表示在做梦；

邻居睡觉时眼珠子转动，表示在做梦；

病人睡觉时眼珠子转动，表示在做梦；

……

所以人睡觉时眼珠子转动，表示睡者在做梦。

"儿子……""妻子……""邻居……""病人……"等都是一些个别的特殊的事例，所以，人睡觉时眼珠子转动，表示睡者在做梦是从这些个别的特殊的事例中总结出的同一一类事物的一般结论，这种由一些个别的、特殊的事例推出同一类事物的一般性结论的思维方法，叫归纳分析法。这种方法在我们实际生活中的应用十分广泛。

归纳推理是一种由特殊或个别性的前提推出一般性结论的推理。其推理的一般形式如下：

S1是P，

S2是P，

……

Sn是P，

S1，S2，…Sn是S类的全部对象，

所以，所有S都是P。

在实际应用中可以省略成分，如上边那种形式可变成：高尔基、华罗庚、张海迪不都是自学成才的吗？

归纳推理可分为完全归纳推理和不完全归纳推理。不完全归纳推理又可分为简单枚举归纳推理、科学归纳推理、概率预测推理和统计推理。除完全归纳推理之外，其余的全是前提与结论之间没有蕴含关系的或然性推理。

归纳思维的训练

训练一：完全归纳推理

完全归纳推理，又称完全归纳法。它是通过考察某一类事物中每一个对象的情况，从而概括出关于该类事物情况的一般性结论的推理。

德国数学家弗里德里希·高斯，在10岁时曾迅速而准确地得出老师出的一道算术题的答案。这道题是这样的：

1＋2＋3＋…＋98＋99＋100＝？

这道题如果用普通加法算，得好多时间，而且容易出错。高斯发现，从1到100这些数，两头对称的两个数相加得数都是101。而两头对称的数，在1到100中共有50对。于是他把101×50便得出5050这一答案。在这里，高斯就是用完全归纳推理的方法得出"两头相加为101"这一结论的。

完全归纳推理有很大的局限性。它要求对一类事物的全部分子都进行考察，才能得以推出结论。

训练二：不完全归纳推理

亦称"简单归纳法"或"简单枚举归纳推理"。这是只根据部分对象个体具有的某种属性而作出概括的推理方法。具体地说，就是通过对某类事物部分对象的考察，以及列举若干经验事例，发现某一属性在一些同类对象中不断重复，而又没有遇到与此相矛盾的情况，从而得出该类事物都具有某种属性的一般性结论。

简单枚举的特点是没有列举全部或无法列举全部事例，把仅属于部分对象个体的性质当做全体对象一般属性做出判断，而且又未通过理论证明，因此结论不一定是可靠的，是非确定性的结论，也就是说，结论可能为真，也可能为假。虽然如此，它在人们的认识过程中仍然具有重要作用。

因为它可以对事物进行初步的概括，提出尚待进一步证实的假设，为人们的科学研究活动指出了一定的方向、提供了一定的线索，促进人们进一步开展研究工作，或者充实初步的假设或者推翻它，这对每一门科学的研究和发展都是必不可少的。

提高简单枚举归纳推理结论的可靠程度的重要方法，就是要搜集大量的能够证实这一结论的事实材料。事实越多，根据越充分，结论的可靠程度就越高。

例如，在19世纪，人们注意到铜、铁、锡、铅等一些金属能导电，而在实践中又未发现不导电的金属，于是，人们便得出了结论：所有金属都能导电。这一结论就是用简单枚举法推出的。

简单枚举归纳推理得出的结论具有或然性。因此，在应用简单枚举法时，要注意寻找反面事例。如果发现有与所得结论相矛盾的事例，结论就要被推翻。例如，在很长一段时间里，人们看到的天鹅是白色的，鱼是用鳃呼吸的，金属是沉于水的，于是通过简单枚举归纳推理得出结论："所有天鹅都是白色的""鱼都是用鳃呼吸的""金属都沉于水"。后来，人们在澳洲发现了黑色的天鹅，在南美洲发现了不用鳃呼吸的肺鱼，在科学实验中发现了不沉于水的金属（钠、锂），因而，上述结论就被否定了。

训练三：科学归纳推理

科学归纳推理，又叫科学归纳法。它是通过考察某类事物中的部分对象，并掌握对象和某种属性的必然联系，特别是事物之间的因果联系，从而概括出关于该类事物一般性结论的不完全归纳推理。

金鸡纳霜的发明就是科学归纳推理的结果。

当年在厄瓜多尔居住的印第安人中流行一种叫疟疾的急性传染病。患者感觉一阵冷一阵热，热后大量出汗，头痛、口渴、全身无力。当时无药可用。有一天，一位患者在路上发病，因为口渴难挨，便爬到一个死水坑边喝了那里的水，结果病奇迹般地好了。于是他把经历告诉别人，其他患者也都去那里喝水，病也纷纷好了。后来经科学家考察发现，那水坑的水中含有奎宁。原来在那水坑边上长有金鸡纳树，有的树倾覆在水坑里，树皮里含的奎宁溶解在水中了。正是奎宁杀死了患者体内的疟原虫，治好了他们的病。明白了这一科学道理之后，科学家们便发明了治疗疟疾的特效药奎宁，将其命名为金鸡纳霜。

科学归纳推理是在简单枚举归纳推理的基础上发展起来的。简单枚举归纳推理是知其然不知其所以然，而科学归纳推理是既知其然又知其所以然。因而科学归纳推理比简单枚举归纳推理的可靠性大一些。

科学归纳推理是以发现客观事物间的必然联系为依据的。因果联系是客观世界普遍联系的一种重要形式，因而，在进行科学归纳推理时，常常要通过确定事物或现象间的因果联系来实现。

思维风暴

1.miscalculate算错

misunderstanding误解

misleading误导

misdescription错误报道

misread读错

mistake弄错

mistaught教错

misrepresent误传

"mis"是什么意思？

答案：错误

2.一位老师傅带着两个徒弟,他想考考他们,看看谁更聪明一些。他把两个徒弟叫到面前说:"给你俩每人一筐箩花生去剥皮,看看每一粒花生仁是不是都有粉衣包着,看谁能先回答我的问题。"

大徒弟一听,端起筐箩就快步流星地往家跑,到家后饭也没顾不得吃,连忙剥起来,急得出了一身汗。

二徒弟却不慌不忙地端着筐箩走回家去,他先对着花生端详了一阵,思索了一下,然后把肥的、瘦的、熟了的、没有熟的、一个仁儿的、两个仁儿的、三个仁儿的都打开,结果发现都有粉衣包着。他想:不用全剥了,我都知道了。

大徒弟从早晨一直剥到傍晚,才把一筐箩花生剥完。他急忙去向师傅报告。到那里一看,师弟早已在那里了。

师傅见两个徒弟都来了,就说:"二徒弟先到的,先回答我的问题吧!"

二徒弟回答说:"我剥了几粒花生,就知道所有的花生仁都有粉衣包着。"

大徒弟听了,恍然大悟地说:"还是师弟比我聪明呀。"

请问:这两个徒弟各用什么思维方法获得结论的呢?

答案:在上述练习中,大徒弟使用的是完全归纳推理,他剥了一筐箩里的每一颗花生,才得出"所有花生仁都有粉衣包着"的结论。二徒弟用的是不完全归纳推理中的科学归纳推理,他只剥了一小部分花生就得出了同样的结论。

第三十课 全世界聪明人都在用的创意方法

贝尔那曾经说过：良好的方法能使我们更好地发挥运用天赋的才能。《伊索寓言》里有一个小故事：

在一个暴风雨的日子，一个乞丐到富人家去讨饭。仆人说："走开！不要来打搅我们。"乞丐说："我只想进去在你们的火炉上烤干衣服就行了。"仆人心想这并不需要花费什么，于是就把乞丐放进去了。乞丐走进了厨房，向厨娘请求借给他一个锅用一下，这样他就可以"煮点石头汤喝"。"石头汤？"厨娘感到很奇怪，心想：我倒是要看看你怎么能用石头做成汤。于是她就把锅借给了乞丐。乞丐真的到路上拣了块石头，把它洗干净然后放在锅里煮。"可是，你总需要放些盐吧。"厨娘说，于是她给了乞丐一些盐，后来又给了他一些豌豆、香菜、薄荷等作为配料。最后，厨娘又把能够收拾到的碎肉末也给了乞丐让他放进了汤里。故事的结果就是，那个乞丐后来偷偷地把汤里的石头捞出来扔掉了，然后饱饱地喝了一锅美味的肉汤。设想一下，如果这个乞丐一开始就对仆人说："行行好吧，给我一锅肉汤喝。"那结果很可能就是他什么也得不到。因此，这个小故事的结尾处写道："使用正确的方法，并且坚持下去，你就能成功。"

由此可见，创意的关键就在于找出新的正确改进方法，创意是人们运用创意思维能力，以不同于常规的眼界，从全新的角度去观察和思考问题，进而提出解决问题的新方法的思维方式。创意思维所要解决的是实践中不断出现的新情况和新问题，因此要求创意主体要独具慧眼，能够提出新的见解，不断有新的发现，实现新的突破。始终相信任何事情都是有可能做到的，你的大脑就会想方设法帮助你找出各种方法。

因为创意思维的特点是突破，所以面对实践中层出不穷的新情况、新问题，并没有一成不变的成功经验可以用来借鉴，也没有绝对有效的方法可以套用。在此，只是列举出一些比较常见的创意方法，希望能够起到抛砖引玉的作用。

头脑风暴法

头脑风暴法是一种从心理上激励群体创意活动的最通用的方法，是美国企业家、创意学家奥斯本于1938年创立的。

头脑风暴原是精神病理学的一个术语，是指精神病人在失控状态下的胡思乱想。奥斯本借用过来以形容创意思维的自由奔放、创意设想如暴风骤雨般地激烈涌现的情形。

在我国，头脑风暴法也译为"智力激励法"、"脑力激荡法"、"BS法"等。该方法在20世纪50年代于美国推广应用，许多大学相继开设头脑风暴法课程。其后，传入西欧、日本、中国等地，并有许多演变和发展，成为创意方法中最重要的方法之一。

该方法的核心是高度充分的自由联想。这种方法一般是举行特殊的小型会议，使与会者毫无顾忌地提出各种想法，彼此激励，相互启发，引起联想，导致创意设想的连锁反应，产生众多的创意，其原理类似于"集思广益"。其具体实施要点如下。

一、头脑风暴法小组的组成

1. 设立两个小组

每组成员各为4~15人，最佳构成为6~12人。

第一组为"设想发生器"组,简称设想组。其任务是举行头脑风暴会议,提出各种设想。第二组为评判组,或称"专家"组。其任务是对所提出设想的价值做出判断,进行优选。

2. 主持人的人选

两个小组的主持人,尤其是头脑风暴法会议的主持人对于头脑风暴法是否成功是至关重要的。主持人要有民主作风,做到平易近人、反应机敏、有幽默感,在会议中既能坚持头脑风暴法会议的原则,又能调动与会者的积极性,使会议的气氛活跃。

主持人的知识面要广,对讨论的问题要有明确和比较深刻的理解,以便在会议期间能善于启发和引导,把讨论引向深入。

3. 组员的人选

设想组的成员应具有抽象思维的能力、恣意幻想的能力和自由联想的能力,最好预先对组员进行创意方法的培训。评判组成员以有分析和评价头脑的人为宜。两组成员的专业构成要合理。应保证大多数组员都是精通该问题或该问题某一方面的专家或内行。同时也要有少数外行参加,以便突破专业习惯思路的束缚。应注意组员的知识水准、职务、资历、级别等应尽可能大致相同。高级干部或学术权威的参加,往往会出现对他们意见的趋同或是一般组员不敢"自由地"提出设想的不利情况。

二、头脑风暴会议的原则

1. 自由畅想原则

要求与会者自由畅谈、任意想象、尽情发挥。不受熟知的常识和已知的规律束缚。想法越新奇越好,因为设想越不现实,就越能对下一步设想的产生起更大的启发作用。错误的设想是催化剂,没有它们就不能产生正确的设想。

2. 严禁评判原则

对别人提出的任何设想,即便是幼稚的、错误的、荒诞的都不许批评。

不仅不允许公开的口头批评,就连以怀疑的笑容、神态、手势等形式的隐蔽的批评也不例外。

这一原则也要求与会者不能进行肯定的判断，比如，"某某的设想简直棒极了！"因为这样会使其他与会者产生受冷落感，也容易造成一种"已找到圆满答案而不值得再深思下去"的错觉，从而影响创意的发挥。

3．谋求数量原则

会议强调在有限时间内提出设想的数量越多越好。会议过程中设想应源源不断地提出来，为了更多地提出设想，可以限定提出每个设想的时间不超过两分钟。当出现冷场时，主持人要及时地启发、提示或是自己提出一个幻想性设想使会场重新活跃起来。

4．借题发挥原则

会议鼓励与会者利用别人的设想开拓自己的思路，提出更新奇的设想，或是补充他人的设想，或是将他人的若干设想综合起来提出新的设想。

三、头脑风暴法的实施步骤

1．准备阶段

准备阶段包括产生问题、组建头脑风暴法小组、培训主持人和组员及通知会议的内容、时间和地点。

2．热身活动

为了使头脑风暴法会议能形成热烈和轻松的气氛，使与会者的思维活跃起来，可以做一些智力游戏，如猜谜语、讲幽默小故事等，或者出一些简单的练习题，如花生壳有什么用途？

3．明确问题

由主持人向大家介绍所要解决的问题。问题要提得简单、明了、具体。对一般性的问题要把它分成几个具体的问题。比如"怎样引进一种新型的合成纤维"的问题很不具体，这一问题至少应该分成三个小问题：第一，提出把新型纤维引入到纺织厂的方法。第二，提出把新型纤维引进到服装店的设想。第三，提出把新型纤维引进到零售商店的设想。

4. 自由畅谈

由与会者自由地提出设想。主持人要坚持原则，尤其要坚持严禁评判的原则。对违反原则的与会者要及时制止。如坚持不改可劝其退场。会议秘书要对与会者提出的每个设想予以记录或是作现场录音。

5. 会后收集设想

在会议的第二天再向组员收集设想，这时得到的设想往往更富有创见。

6. 如问题未能解决，可重复上述过程

仍用原班人马时，要从另一个侧面用最广义的表述来讨论课题，这样才能变已知任务为未知任务，使与会者思路轨迹改变。

7. 评判组会议

对头脑风暴法会议所产生的设想进行评价与优选应慎重行事。务必要详尽细致地思考所有设想，即使是不严肃的、不现实的或荒诞无稽的设想亦应认真对待。

那么，怎样开好"头脑风暴"会议呢？根据人们多年来积累的经验，总结了十条诀窍：

（1）讨论题的确定很重要。要具体、明确，不宜过大或过小，也不宜限制性太强；题目宜专一，不要同时将两个或两个以上问题混淆讨论；会议之始，主持人可先提出简单问题作演习；会议题目应着眼于能收集大量的设想。

（2）会议要有节奏，巧妙运用"行—停"的方法：3分钟提出设想，5分钟进行考虑，再3分钟提出设想……反复交替，形成良好高效的节奏。

（3）按顺序"一个接一个"轮流发表构想。如轮到的人当时无新构想，可以跳到下一个。在如此循环下，新想法便一一出现。

（4）会上不允许私下交谈。以免干扰别人的思维活动。

（5）参加会议的人员应定期轮换，应有不同部门、不同领域的人参加，以便集思广益。

（6）参加会议者应有男有女，以增强竞争意识和好胜心。

（7）领导或权威在场，常常不利于与会者"自由"地提出设想。只有在充分民主气氛形成的局面下，才宜有领导或权威参加。

（8）为使会议气氛轻松自然、自由愉快，可先热身活动一番：比如说说笑话、吃点东西、猜个谜语、听段音乐等。

（9）主持人应按每条设想提出的顺序编出顺序号，以随时掌握提出设想的数量，并提出一些数量指标，鼓励多提新设想。

（10）会后要及时归纳分类，再组织一次小组会评价和筛选，以形成最佳的创意。

下面介绍一个头脑风暴法会议的例子。

主持人：我们的任务是砸核桃，要求砸得多、快、好，大家有什么好办法？

甲：平常在家里是用牙咬、用手掰、用门掩、用榔头砸、用钳子夹。

主持人：几十个核桃可以用这些办法，但核桃多了怎么办？

乙：应该把核桃按大小分类，各类核桃分别放在压力机上砸。

丙：可以把核桃粘上某种物质，使它们变成一般大的圆球，放在压力机上砸，用不着分类。

主持人：大家再想一想，用什么样的力才能把核桃砸开，用什么办法才能得到这些力？

甲：需要加一个集中挤压力，用某种东西冲击核桃，就能产生这种力；或者，相反，用核桃冲击某种东西。

乙：可用气动机枪往墙上射核桃，比如说可以用装泡沫塑料弹的儿童气枪射。

丙：当核桃落地时，可以利用重力。

丁：核桃壳很硬，应该先用溶剂加工，使它们软化、溶解……或者使它们变得较脆……要使核桃变脆，可以冷冻。

主持人：鸟儿用嘴啄……或者飞得高高的，把核桃扔到硬地上。我们应该将核桃装在袋子里，从高处，例如在气球上，直升机上，电梯上等，往硬的物体（例如水泥板）上扔，然后把摔碎的核桃拾起来。

甲：应该掘口深井，井底放一块钢板，在核桃树与深井之间开几道槽沟。核桃自己从树上摔下来，顺着槽沟滚到井里，摔在钢板上就会破裂。

乙：可以把核桃放在液体容器里，借助电，用水力冲击把它们破开。

主持人：如果我们运用逆向思维来解决问题，又会怎样？

丙：不应该从外面，应该从里面把核桃破开。把核桃钻个小孔，往里面加压打气。

丁：可以把核桃放在空气室里，往里加高压打气，然后使空气室里压力锐减，因为内部压力不能立即降低，这时，内部气压使核桃破裂。或者使空气里的压力交替地剧增与锐减，使核桃壳处于变负荷状态下。

……

在头脑风暴法会议进程中，只用10分钟就得到了40个设想，其中一个方案（在空气压力超过大气压力并随即降到大气压力以下时，核桃壳破裂，核桃仁保持完好）获发明专利。

头脑风暴法是一种依靠集体的智慧提出新设想的创意方法。科学发现、技术发明、技术革新、文艺创作、合理化建议等创意活动都可以运用。

人们在运用头脑风暴法的过程中，确实收到了很好的效果。

中国机械冶金工会举办了一次合理化建议和技术革新工作研讨班，运用智力激励法思考"未来的电风扇"，36人在半小时内提出173条新设想。其中典型的设想有：带负离子发生器的电扇、全遥控电扇、智能电扇、理疗电扇、驱蚊虫电扇、激光幻影式电扇、催眠电扇、变形金刚式电扇、熊猫型儿童电扇、老寿星电扇、解忧愁录音电扇、恋爱气氛电扇、去潮湿电扇、衣服烘干电扇、美容电扇、木叶片仿自然风电扇、解酒电扇、吸尘电扇、笔记本式袖珍电扇、太阳能电扇、床头电扇、台灯电扇等。

日本松下公司运用智力激励法，在1979年内获得17万条新设想，平均每个职工提新设想3条，公司利用全体员工大脑的智慧，使生产经营水平不断提高。

日本创意学家志村文彦将智力激励法用于企业的技术革新，1975年使日本电气公司获得58项专利，降低产品成本达210亿日元。

检核表法

为了使发明创意的目标和方向性更为明确，促进设想的形成，奥斯本还提出了检核表法。检核表法指的是在考虑某个问题时，根据需要解决的问题，先列出与之有关的问题，制成一览表然后逐项进行检查、讨论、研究，以避免有所遗漏，从而获得解决问题的办法和创意的设想。

通过运用检核表法，人们可以根据检查项目，从各个方面逐一地思考分析问题，这样，会使人的思维更有条理性，有利于比较系统和周密的思考问题，也有利于人们更为深入的分析问题，进而有针对性地提出更多的有价值设想。

目前，人们已经创意出许多各具特色的检核表法，但应用最广泛的还是奥斯本的检核表法。检核表法主要包括以下九个内容：

（1）现有的东西有没有其他的用途？

（2）能否从别处得到启发？能否有其他的设想？

（3）现有的东西是否可以作某些改变？

（4）现有的东西是否可以扩大使用范围，增加一些东西等。

（5）现有的东西能否缩小或省略？

（6）可否用别的东西代替？

（7）从调换的角度考虑问题。

（8）从相反的方向考虑问题。

（9）从综合角度分析问题。

据说在第二次世界大战期间，美国军队在兵工厂的工作中就运用了这种检核表法，他们先提出要解决的问题，然后，根据要解决的问题，提出了有关的一系列问题，比如，这为什么是必要的，应该在什么时候完成，应该在哪里完成，应该由谁完成，到底应该做些什么，应该怎样去做等。通过列举出问题，再逐一进行分析和解决，兵工厂的工作得到了很大程度的改善。

检核表法促使人们从多个角度出发来考虑问题，不要把视线局限在个别问题上或一个问题的个别方面，这种方法对我们是有很大启发意义的。在美国，许多企业将检核表法运用于管理领域，比如，为提高员工的创意，通用汽车公司给职工制作了检核单，其内容有：

（1）为了提高工作效率，可以利用其他适当的机械吗？
（2）现有的设备有没有改进的可能呢？
（3）改变滑轮、传送装置等搬运设备的位置或顺序，能否改善操作呢？
（4）为了同时进行各种操作，能否利用某些特殊的工具？
（5）变换操作顺序能否提高零部件的质量？
（6）能用成本更低的材料取代现有的材料吗？
（7）改变材料的切削方法是否能更经济的利用材料？
（8）能使操作方法更安全吗？
（9）能否去掉无用的形式？
（10）现在的操作不能再简化些吗？

特性列举法

特性列举法是由美国创意学家克拉福德教授在1954年提出的一种著名的创意思维策略。它要求使用者在创意过程中通过对发明对象的特性进行观察和分析，然后将其属性逐一列举出来，最后针对每种特性提出改良或改变的方法。这种方法比较适合具体事物的创意和革新。

一般来说，要解决或革新的问题越小越容易获得成功。比如，要革新一辆汽车，即便采用头脑风暴法，也很难得出新的设想，因为它涉及的方面太广泛了，很难一下子就把问题握住，但是如果将汽车分成各个不同的部分，如汽缸、轮胎、车身、内燃机等，这样就会比较容易提出新的构想，进而找到解决问题或进行改革的办法。

特性列举法的一般步骤是这样的：

第一步，选择一个目标比较明确的发明或革新课题，课题最好比较小，如果是一个比较大的课题，可以分成若干小课题来进行。

第二步，确定课题以后，再列举出发明或革新对象的各种特征。

第三步，从各个特性出发，通过提问，引发出各种可能的创意设想。在这种情况下，也可以采用头脑风暴法，以便能够产生更多的想法和方案，然后再通过审核、评价，挑选出具有价值的、实用性强的设想。

在运用特性列举法时，对事物的特性分析得越详细越好，并且尽量从各个角度提出问题，以便能够得到更多的启发。例如，围绕水壶的特性，就可以提出以下问题：冒出的蒸汽怎样才会不烫手，蒸汽孔能否移到别处；焊接的地方是否能采用其他的办法来连接；除了铝之外，是否还可以使用更廉价的材料等。目前市场上生产的鸣笛壶，它的蒸汽口是设计在壶口的，当水烧开的时候，它会自动鸣笛，蒸汽不经过手柄，所以提壶的时候也就不会烫手。水壶外壳也可改成倒过来冲压成型，再焊上壶底，这样的水壶不仅外形美观，而且省去了壶盖，水开了又会自动鸣笛，还可以节省能源。

气动保温瓶的发明过程就是从改变保温瓶的特性来进行的。一方面，从改变保温瓶的名词特性——"功能"来改进传统保温瓶使它不仅有装水、倒水两种功能，还具有自动出水的功能。另一方面，从改变保温瓶的形容词特性——"美观"来改变它的造型、色泽，使它不仅具有实用价值，而且还有装饰的作用。

从上述的事例中也可以看出，特性列举法的主要思路是通过对事物的特性进行分析，并逐一列举出来，然后探讨其是否能够进行改进，进而找出实现事物改进的办法。所以这种思考法也称之为分开分析思考法。

希望点列举法

希望点列举法是一种根据不断提出"希望"、"怎样才能更好"等的理想和愿望，进而寻求解决问题和改善对策的方法。它是从创意主体的愿望出发，提出各种新设想，不受事物原有属性的束缚，所以，它是一种积极主动的创意方法。

希望点列举法的具体做法是：召开希望点列举会议，每次会议可以有5~10人参加，会议进行以前由会议主持人选择一件需要改进的事情确定为主题，然后，发动与会者围绕所确定的主题列出需要改进的希望点，用小卡片写出，同时公布在小黑板上，并在与会者之间传阅。

一般情况下，会议可以举行1~2小时，产生50~100个希望点，即可以结束会议。会后将提出的各种希望进行整理，选出主要的希望点，然后根据选择出来的主要希望点进行研究，进而找出具体的改善方法和改进方案。

现以改进椅子作为例子来说明希望点列举法。

首先，确定改进椅子为本次会议的主题。其次，列举出有关改进椅子的希望点。比如，希望椅子可以旋转、可调节高度等。再次，选出所列举的有关改进椅子的主要希望点。最后，根据选出的十个希望点来考虑改善方法。结果，就设想出一个既可以旋转又可以调节高度的椅子。

由于发明创意的本质就是要有所突破，因此，许多创意方法看起来往往是不合常理的。希望点列举法也如此，它要求人们把各种可能的希望、联想以及瞬间的突发奇想都列举出来。比如，在日本有过这样一个例子，许多人正在挖莲藕，其中一个人放了个屁，于是大家都嘲笑起来："这样的响屁如果对池底多来几个，那莲藕岂不是都会自己翻出来了吗？"正在大家大笑不已之际，一个人突发奇想：如果用气筒把压缩空气吹入池底，是不是有可能把莲藕翻上来呢？于是他就从这种想法出发，大胆地开始试验，经过多次尝试与改进，终于通过用水给气筒加压，然后喷入池底，把莲藕完整而干净地冲上来了。结果他发明了新式的挖藕技术，并得到了广泛的应用。

缺点列举法

这种方法是不断地针对一项事物，列举出它的各种缺点，然后在此基础上，找出主要缺点加以改进，进而找到解决问题的办法和改进事物的对策。

日本有个叫鬼冢八郎的人，一次他听朋友说："今后体育大发展，运动鞋是不可缺少的。"别人听起来很普通的话，却引起了鬼冢八郎的思考，经过深入思考，他决定加入生产运动鞋的行业。他考虑，如果要在运动鞋制造的行业中获得成功，就必须要做出其他生产厂家所没有的新型运动鞋。

但是由于是刚刚起步，他没有研究人员，又缺乏资金，所以他不可能像实力雄厚的企业那样投入大量的人力和资金去开发研制新产品。但是他没有灰心，而是考虑所有的商品都不是完美无缺的，如果能抓住哪怕是很小的缺点，进行改革，也一定能研制出新的商品来。

于是，他真的选了一种篮球运动鞋来进行研究。他先访问优秀的篮球运动员，让他们谈谈目前篮球鞋存在的缺点。几乎所有的篮球运动员都说:"现在的球鞋容易打滑,走路不稳,这样对投篮的准确性有很大的影响。"而且,他还和运动员一起打篮球,对大家说的这一缺点有了亲身的体会,然后他开始围绕篮球运动鞋容易打滑这一缺点进行改进。

一天,他在吃鱿鱼时,忽然看到鱿鱼的触足上长着一个个吸盘,他灵机一动:如果把运动鞋底做成吸盘状,不就可以防止打滑了吗?于是按照这种想法,他把运动鞋原来的平底改成凹底。

试验结果证明:这种凹底篮球鞋比平底的在走路时要稳得多。后来,鬼冢发明的这种新型凹底篮球鞋问世了,得到了市场上消费者的认可,并逐渐排挤了其他厂家生产的平底篮球鞋,成为独树一帜的新产品。

鬼冢的这种创意发明方法,就是缺点列举法。

当然,列举缺点并不是一件容易的事情,因为每一种事物的设计,最初也总是考虑到要避免种种可能的缺点。因此对一种事物的缺点进行列举,首先要对这种事物的某些特性、功用、性能等,用一种挑剔的眼光去看待它。但是另一方面,虽然每种事物客观上的确存在种种缺点,可是人们往往有一种惰性,对于司空见惯的东西,除非有很大的缺点,以致妨碍人们的正常使用或者在发展过程中发生某种损害性后果,这样人们才会认识到某种事物的不足之处。

一般情况下,人们往往不肯主动去发现事物的缺点,因此无形中就会丧失每个人本来具有的创意机会,从而不能实现创意。而与此相反,能对习以为常的事物"吹毛求疵",勇于提出事物的缺点,这样的话,情况显然就会不一样了。其实任何东西总会或多或少的存在某些缺点,找出了缺点,就容易找出克服缺点的办法,然后采用新方案进行革新,就能够创意出新成果来。

缺点列举法的具体做法是:召开一次缺点列举会议,会议一般由5~10人参加,会前首先由主管部门针对某项事物,选择一个需要改进的主题,然后在会上发动与会者围绕这一主题尽量列举出各种缺点,数量越多越好。另外让一个人将所提出的缺点逐一编号,记在一张张小卡片上，然后从中挑选出主要的缺点，最后根据这些缺点制定出改进的方案。每次开会在一两个小时之内为宜，讨论的主题宜小不宜大，如果是比较大的课题，应该想办法将它分解成若干小的课题，然后分组解决，这样就不会使缺点有遗漏。

每开一次这样的会议，与会者的"自我突破"能力就能够得到一次提高，并且，由于这种会有要突破的目标，所以与会者的积极性通常会比较高，会议效果就会很好。

缺点列举法的应用非常广泛，它不仅有助于改进某种具体产品，而且还可以应用于体制改革、企业管理、文艺创作等。

模仿创意法

模仿创意法就是指通过模仿来进行创意发明的方法。它根据模仿的形式和内容的不同又可分为：

第一，机械式模仿。指的是把别人成功的经验和先进生产方式直接吸收过来加以借用的一种方法。进行这种模仿的要求是：模仿对象和被模仿者具有相同的条件、相同的要求。

第二，启发式模仿。指不是在二者相等的条件下进行，而是在其他对象的启发下，加以借用，从而作出新创意的一种模仿。这种方法可以使人们在不同领域中，把对自己有用的东西纳入自己的应用领域，以便创造出自己领域中还没有的东西。

第三，突破式模仿，也叫综合性模仿。即按照自己的创意成果的结构和系统，从多方面去进行模仿，使被模仿的东西发生质的变化，从而成为一种独特的东西。

在人类创意发明的历史长河中，模仿创意占有很重要的地位。日本物理哲学研究所所长薮内宪雄曾经把人的创意活动分为两个阶段：

第一阶段称为初期创意活动，这个阶段的创意主要依赖于模仿，因此称为模仿创意阶段；第二阶段称为后期创意活动，这种创意活动是在模仿创意的前提下进行再创意。这类创意往往会突破模仿，因此，人们只要稍微留意自己身边的事物，勤于思考，就可能通过模仿来做出创意发明。

在日本横滨有一个妇女，她的儿子因生病住进了医院。有一次她在给儿子喂牛奶的时候，发觉孩子坐起来喝奶时非常困难，这时，她的脑海里闪过一个想法："为什么不能让他躺着喝牛奶呢？"从此，她一有时间就考虑这个问题。开始时，她买了一根橡胶管来做吸管。橡胶管虽然可以随意弯曲，但是有异味，而且使用后不容易清洗。于是她又开始思索其他的办法。有一天，她在用自来水的时候，水龙头上的一种可以随意弯曲的蛇形管触动了她：为什么不用它来做吸管呢？有了这个念头，她于是立刻取出纸和笔，绘制了一幅蛇形吸管的草图。后来，这种蛇形吸管由一家工厂生产出来，并且投入了市场，很快就成为一种畅销产品。

又如，著名作曲家贝多芬创作的《第九交响曲》，其中第四乐章《欢乐颂》的合唱，就是在法国作曲家卡比尼创作的歌曲基础上进行再加工而谱成的。首先，是思想方面的模仿。贝多芬生活在德国，他通过康德、席勒等人，对卢梭的法兰西共和思想十分憧憬与向往，所以，在他创作的《第十交响曲》中，这种共和思想得到了充分的体现。其次是音乐方面的模仿，贝多芬在进行《第九交响曲》的作曲过程中，广泛收集了与卡比尼风格相近的法国音乐家缪尔的作品，并且将他们的好多风格融入到自己的创作作品中去。最后是作曲技法方面的模仿。在第4章《欢乐颂》的合唱中，模仿了卡比尼和缪尔的作曲技法，我们从曲谱的比较中可以找寻出贝多芬模仿的痕迹。

总之，在古今中外的艺术史上，模仿的例子是很多的。现代著名画家毕加索，以独创、突变的艺术风格著称于世，但是我们从毕加索的早期绘画作品中，可以发现，他是通过模仿法国后期印象派画家塞尚等起步的。

综摄法

综摄法是由美国麻省理工学院的戈登教授在1944年提出的。综摄法是指以外部事物或已有的发明成果为媒介，并将它们分成若干要素，对其中的要素进行讨论研究，综合利用激发出来的灵感来发明新事物或解决问题的方法。因为人类的知识已庞大到惊人的地步，这就驱使人们去开发各种高效率的利用知识的方法。因此，综摄法是一种旨在开发人的潜在创意力的思考方法。

一、综摄法的两大思考原则

1.异质同化

异质同化原则是指把看不习惯的事物当成早已习惯的熟悉事物。在发明没有成功以前或问题没有解决以前，这些事物对我们来说都是陌生的，异质同化原则就是要求我们在碰到一个完全陌生的事物或问题时，要运用所具有的经验、知识来分析、比较这类事物或问题，并根据分析的结果，以很容易处理或很老练的态势，了解事物或解决问题。

2.同质异化

所谓同质异化就是站对某些早已熟悉的事物，根据人们的需要，从全新的角度或运用新知识进行观察和分析，以便能够摆脱那些陈旧落后的看法，进而产生出新的创意想法。

二、综摄法的实施要点

（1）讨论时最好先不公布议题，到有人提及时再提出来，以有利于与会者灵感的相互激发。

（2）这种方法不追求设想的数量，看重设想的质量和可行性。

（3）人格性的模拟一般不易做到，因此必须集中精力。

（4）想象性和象征性的模拟方式。

三、综摄法的模拟技巧

1.人格性的模拟

这是一种感情移入式的思考方法。先假设自己变成该事物以后，再考虑自己会有什么感觉，又如何去行动，然后再寻找解决问题的方案。

2.直接性的模拟

它是指以作为模拟的事物为范本，直接把研究对象范本联系起来进行思考，提出处理问题的方案。

3.想象性的模拟

它是指充分利用人类的想象能力，通过童话、小说、幻想、谚语等来寻找灵感，以获取解决问题的方案。

4.象征性的模拟

它是指把问题想象成物质性的，即非人格化的，然后借此激励脑力，开发创造潜力，以获取解决问题的方法。

四、综摄法的具体操作方法

（1）确定会议室和会议召开的时间。

（2）确定约10名人员为与会者，参加者可以为不同专业的研究人员，但必须是内行。

（3）指导员应具备使用本方法的一切常识及细节问题，如思考原则、实施要点、模拟技巧等。

（4）主持人向与会者介绍本方法的大意及实施概要、思考原则、模拟技巧等。

（5）主持人先不公开议题，而介绍与研究课题有关的广泛资料，引导与会者进行讨论，启发他们的灵感。

（6）当讨论涉及解决问题时，主持人再明确提出来，并要求参加者按两条原则和四种模拟法积极考虑解决问题的方案。

（7）整理综合各种方案，从中寻找出最佳方案。

日本南极探险队首次准备在南极过冬，当时南极越冬队队员正在想方设法用输送船把汽油运到越冬基地。因为是第一次在南极过冬，实地操作时才发现输送管的长度根本不够，当时又没有备用的管子。这下难住了所有队员,大家都不知该如何办才好。这时,队长西堀荣三郎突然提出了一个很奇特的想法,他说:"我们用冰来做管子吧!"其实,他的这个设想并不是凭空想出来的,因为南极非常冷,水一碰到外界空气就会变成冰,真可以说是滴水成冰。

但问题的关键是怎样使冰做成管子的形状,而且在中途不会断裂。西堀队长很快又有了想法。我们不是有医疗用的绷带吗?就把它缠在铁管上,上面淋上水再让它结冰,然后拔出铁管,不就成了冰管子了吗?用这种方法做成的冰管子,再把它们一截一截连接起来,要多长就有多长。

在西堀队长的整个设想中,首先是想到用冰管来代替输油管,其次是将绷带能够绑敷的功能用在包缠铁管上。西堀队长的聪明在于通过已有的东西作为媒介,将一些看似毫无关联的事物结合起来,也就是摄取各种事物的长处,把它们综合在一起,进而制造出新产品。

这位西堀队长运用的方法,就是综摄法。运用这种方法,使他找到了解决问题的突破点,使越冬输油管的难题得到了解决,并且使自己潜在的创意力得到了发挥。

事实证明,我们的不少发明创意、不少文学作品的灵感都是来源于日常生活事物的启发。这种事物,从自然界的高山流水,飞禽走兽,到各种社会现象,比比皆是,范围及其广泛。因此这种可以利用外物来启发思考、激发灵感、解决问题的综摄法对我们进行创意活动是有很大帮助的。

德尔菲法

德尔菲法是一种重要的预测决策方法,也是一种重要的群体创意方法。

一、德尔菲法的特点

1.匿名性

在德尔菲法的实施过程中,专家间彼此互不相知,这样既不会受权威意见的影响,也不会使应答者在改变自己意见时顾虑是否会影响自己的威信,各种不同论点都可以得到充分的发表。

2.信息反馈沟通

专家从反馈回来的问题调查表上了解到发表意见的状况,以及同意或反对各个观点的理由,并依次各自做出新的判断,从而构成专家之间的匿名相互影响。专家们不会受没有根据的判断的影响,反对的意见也不会受到压制。

3.对问题作定量处理

对预测时间、数量等问题可直接由数目表示,再按程序处理,对规划决策问题可采取评分的方法,把定性的问题转化为定量的问题。

二、德尔菲法的实施步骤

1.制订征询调查表

征询调查表是运用德尔菲法向专家征询意见的主要工具,它制订得好坏,将直接关系着征询结果的优劣。在制订调查表时,须注意以下几点:

(1)对德尔菲法做出简要说明。为使专家全面了解情况,调查表一般都应有前言,用以简要说明征询的目的与任务,以及专家应答的作用。同时对德尔菲法的程序、规则和作用做出简要说明。

(2)问题要集中。问题要集中,有针对性,不要过于分散。各个问题要按等级由浅入深地排列,这样易引起专家应答的兴趣。

(3)避免组合问题。如果一个问题包括两个方面,一个方面是专家同意的,而另一方面又是专家不同意的,这时专家就难以做出回答。因而应避免提出"一种技术的实现是建立在另一种方法的基础上"这类组合问题。

(4)用词要确切。所列问题应该明确,含义不能模糊。例如:"到哪一年,家庭里远距离通道的电子计算机终端设备将被普遍使用。"这一问题中的"普遍使用"词组的含义不明确，是指60%还是指90%？专家对这个词组有不同的理解就会有完全不同的评价。所以，在问题的陈述上要避免使用含义不明确的词汇。

（5）调查表要简化。调查表应有助于专家做出评价，应使专家把主要精力用于思考问题而不是用在理解复杂和混乱的调查表上。在调查表的简化上花费一定的工夫，将得到事半功倍的效果。

（6）要限制问题的数量。如果对问题只要求做出简单回答，问题的数量可适当多些。如果问题比较复杂，则数量可以少些。严格的界限是没有的，一般认为，问题的数量的上限以25个为宜。

2. 选择专家

在征询调查表拟定后，就要据此选择专家。在选择专家时，不仅要注意选择那些精通本学科领域、有一定名望、有学派代表性的专家，同时还要注意选择边缘学科、社会学和经济学等方面的专家。要考虑选择的专家是否有充分的时间认真填写调查表。经验表明，一个身居要职的专家匆忙填写的调查表，往往不如一般专家经过深思熟虑认真填写的调查表更有价值。专家小组的人数一般以10~50人为宜，最佳人数为15人左右。为了保证人数的稳定，预选人数要多于规定人数。在确定专家人选前，应发函征求专家本人意见，是否能坚持参加这项活动，以避免出现拒绝填表或中途退出等情况。

3. 征询调查

运用德尔菲法，通常经过四轮的征询调查。

第一轮向专家小组成员发出询问调查表，允许任意回答。调查表统一回收后由领导小组进行综合整理，用准确的术语提出一个"征询意见一览表"。

第二轮把征询意见一览表再发给专家小组成员。要求他们对表中所列意见作出评价，并相应地提出其评价的理由。领导小组根据返回的一览表进行综合整理后，再反馈给专家组成员。

第三轮、第四轮基本照此办理。

4. 确定结论

在经过四轮征询后，通常专家小组的意见都表现出明显的趋势，逐渐地趋于一致。领导小组可以据此得出最后结论。

移植创意法

"他山之石，可以攻玉。"在创意实践中，运用移植可以实现新的创意。相应的创意方法，就是移植创意法。

一、方法概述

据报载，免缝拉链于1999年首次进入武汉市外科领域。担心术后缝合出现疤痕的病人可以放心大胆地接受手术了。经过武汉地区几家医院的试用，我国已正式批准一种免缝拉链进入医疗单位使用。医院的外科医生演示了这种名为美肤外科免缝拉链的用法，拉链长度为6～50厘米，形同普通拉链，在术后完成皮下内缝合的基础上，将已消毒的拉链贴在刀口两侧的皮肤上，轻轻拉上即可。据介绍，开始贴上时可承受1000千克的拉力，随后逐日递减，在第九天时轻轻即可揭去。对病人而言，使用这种拉链的好处首先是美观，避免出现缝合线拆除后常见的"蜈蚣脚"状疤痕，妇产科剖宫产、头颈部手术均适用。同时，由于没有缝线的牵拉，对外伤性裂口无须麻醉，此外，还有疼痛轻、利于伤口愈合、减少感染的优点。它几乎适用于所有外科领域。把拉链用于外科领域，被称为外科缝合史上的一次变革。

在知识创意中，人们常常运用移植创意法探索新方法或新理论。某种学科方法的横向移植可以产生出新学科方法。例如，数学方法不但在自然科学领域得到广泛的运用，而且日益向社会科学移植，形成了计量经济学、算法语言学、计量历史学、定量社会学等。

不同学科的理论和方法的移植，有产生新的交叉学科或边缘学科的可能。如把物理学的理论和方法移植于化学领域，产生了物理化学，使化学研究从定性走向定量。生物学和心理学相互渗透，产生了生物心理学。用社会学理论和方法研究文化、教育、政治、经济、法律等问题，出现了一大批社会学分支学科，如文化社会学、教育社会学、政治社会学、经济社会学、法律社会学等。

多门学科的理论知识和研究方法相互渗透和移植，可以产生新的综合学科。如城市科学是城市经济学、城市社会学、城市地理学、城市规划学、城市管理学等学科相互渗透、移植的结晶。环境科学是环境物理学、环境法学、环境地学、环境生物学、环境经济学、环境工程学、环境管理学等学科相互移植、渗透的产物。又如海洋科学、空间科学等也是多学科综合、移植的结果。

移植创意的实例举不胜举。

移植思维源于植物学。在植物栽培过程中，人们为了某种需要，常把植物从一处移植到另一处。后来，移植一词有了更广泛的含义，人们把某一事物、学科或系统已发现的原理、方法、技术有意识地转用到其他有关事物、学科或系统中。为创意发明或解决问题提供启示和借鉴的创意活动称为移植。它在人类的早期创意活动中曾起过重大作用，在现代科学技术和创意发明中，它仍扮演着不可或缺的角色，并向更广、更深的方向发展。英国学者贝弗里奇指出："移植是科学发展的一种主要方法……重大成果有时来自移植。"创意心理学家鲁克认为："运用解决一个问题时获得的本领去解决另外一个问题的能力极为重要。"鲁克所推崇的这种能力就是移植能力。

现代科学技术的发展，使得学科与学科之间的概念、理论、方法等相互渗透、相互转移，从而为移植法的应用带来了广阔的前景。当我们在创意过程中需要解决问题时，就可以思考能否运用其他领域已成熟的技术，这比局限在自己所处的领域里冥思苦想要好得多。因为移植法的"拿来主义"和"为我所用"的基本原理和特征，更容易使我们绕过重复思考、重复研制的泥坑，实现以"他山之石，攻己之玉"的目的。因此，移植法的实质是借用已有的创意成果进行新目标下的再创意，是使已有成果在新的条件下进一步延续、发挥和拓展的重要方法。

二、方法运用艺术

1. 方法运用程序

移植创意法的基本程序是：始于问题，通过移植对象的选择、移植方式的选择、技术方案设计，最终可获得创意成果。

2. 方法运用要领

（1）移植对象的选择。移植对象的选择是指移植"供体"与"受体"的确定，即将谁移植？移向何处？创意中的移植过程，就是移植对象由供体推及受体的过程。这里的供体和受体是相对的，与移植目的有关。

如果移植目的是为了推广转移科技成果，即主动地将已有的科技成果向其他领域拓展延伸，则移植的供体就是该项"科技成果"，受体为"其他领域"。在这种移植中，首先要搞清该项科技成果的基本原理及适用范围，然后思考这一科技成果在移植受体领域能否产生新的成果。

如果移植目的是为了解决某一创意问题，即为了用他山之石攻玉，则待解决的问题是移植受体，而引入的其他技术为移植供体。对于这种移植，首先要分析问题的关键所在，即搞清创意目的与创意手段之间的不协调、不适应问题，然后借助联想、类比手段，找到移植对象。

进行移植创意时，要注意移植供体与受体之间的统一性、层次性和具体性。

移植不是把某一事物的原理、方法、技术等简单地搬用到另一事物上去，而是要掌握二者间的共性。移植成功的关键，正是这种统一性，否则就可能导致"机械论"和"还原论"。西方早期社会学家提出的"社会有机论"，把复杂的社会现象简单地比附为生物现象，就犯了这样的错误。移植受体与供体之间缺少必要的统一性，必然导致移植失败，或移植对象变异。

事物、理论、技术等的移植，不能在任何层次上随意进行，应注意移植供体和受体的层次性。事物、理论、技术等在同一层次上的相似点或相同点越多，移植成功的可能性越大。第二次世界大战以后，航空技术迅猛发展，喷气式发动机迅速取代螺旋桨发动机，但工程技术人员并没有轻易放弃螺旋桨发动机这一技术成果，而是把它移植到高速快艇上，结果取得了成功。有时，移植的受体和供体似乎风马牛不相及，但它一定在某一层次或某一方面隐含着与供体的相关性，就可以移植。

移植的供体和受体之间既有共同性，也有特殊性。唯有共同性，移植对象才能从供体转移到受体；唯有特殊性，受体接受移植对象后，才能为自己开辟创意的道路。掌握供体和受体的具体特性，是移植创意的又一关键。"具体问题具体分析"的方法，应受到特别推崇。

运用移植创意时，要注意邻近学科的研究情况，以便发现"他山之石"。学科中的"门户之见"是影响移植的最大障碍。有的学者认为，在科学研究活动中，运用移植法的最大困难在于科学研究工作者有时不能够理解其他领域内的新发现对于自己工作的意义，这是很有见地的。

（2）移植方式的选择。实施移植创意通常采用直接移植、间接移植和推测移植等运作方式。

直接移植是把一个领域的技术、原理直接"搬"到另一个领域，如拉链的发明源于取代鞋带，后来人们将拉链直接移植到衣、帽、书包等上面；将家用吸尘器的工作原理直接移植到汽车用吸尘器的设计上；将国外企业的全面质量管理技术直接移植到我国企业的经营管理上。这类移植比较接近于类比，它的创意程度相对较低。

间接移植是把一事物的结构、方法、原理，加以某种改造，再扩散到其他事物或领域，以创意出新事物、开发出新领域。如有人把面包的发酵技术移植到橡胶工业中，发明出海绵橡胶，如果将此原理或技术移植到混凝土构件或玻璃制品的制造工艺中人们又会得到什么新东西呢？

在创意的过程中，由于技术水平或其他条件的局限，人们对研究对象的认识受到一定的限制，但对它的基本原理却有一定的认识，在这种情况下，可以根据基本原理和已获得的少量信息，从其他领域的事物寻求启发，进行推测移植，以创意出新事物。如在对引进的国外先进机电产品进行反求设计时，需要推测其中的关键技术，以开发同类新产品，这时就用到推测移植。

无论哪种方式的移植，在实施中都要对被移植的技术要素（如原理、方法、结构等）进行分析，以便在技术层面上异域走马。因此，在移植技术方式中又有所谓原理移植、方法移植和结构移植等。

原理移植是将某种科学技术原理或方法向新的研究领域类推和外延。二进制计数原理已在电子学中获得广泛应用，能否将其向机械学中移植，创意出二进制式的机械产品呢？事实上，人们已在这方面获得了许多新成果，如二进制液压油缸，二进制工位识别器，二进制凸轮传动等。这些新成果已广泛应用于各种自动化机械中。

方法移植是指具体的操作手段或工艺方面的移植。例如将金属电镀方法移植到塑料电镀上来，将自然科学的研究方法，如定量研究，移植到社会科学里来，形成计量史学等。

结构移植是将某种事物的结构形式或结构特征向另一事物移植。比如，人们将积木玩具的结构方式移植到机床领域，创意了组合机床、模块化机床。又如，常见的机床导轨为滑动摩擦导轨，如果在摩擦面间安置滚子，则得到滚动摩擦导轨。与普通滑动导轨相比，滚动导轨具有运动灵敏度高、定位精度高、牵引力小、润滑系统简单、维修方便（只需换滚动体）等优点，从创意思路上分析，可认为这种新型导轨是平面滚动轴承结构方式的一种移植。

三、移植与类比的协同

在应用移植法时，往往要借助类比法的启示，或直接以类比法的应用为前提。要将某一研究对象的已知东西，移植应用到有些属性尚不清楚的其他研究对象上，就必须设法找出这两个看起来仿佛不相干的对象之间的某些共同点或相似点。两者之间的共同点或相似点越多，移植的客观基础越坚实。在一定观察实验的基础上，类比法可以满足移植法的这种要求。因为类比法能够根据两个不同对象之间的某些属性的相似，推出其他方面可能隐含的共同点或相似点。这样，通过类比推理，把一个研究对象的某种概念、原理或方法应用于另一研究对象的相似方面，正好为沟通两个研究对象，创意地应用移植架设一座桥梁。

但是，由于类比是一种由特殊到特殊的推理，难免带有某些想象、猜测的成分，使得类推的结果难免带有偶然性。这样，借助类比的启示和沟通所实现的移植，又决定了移植法在很大程度上是一种试探性方法。创意和试探性的统一，是移植法的一个突出特点。因此，应用移植法时要注意对移植对象和需要对象有充分的了解，并准确把握移植的限度。比如，打算将方便面的制造技术移植到方便米粉的开发上来，就应当对"面"与"粉"的制造特性有所了解，因为小麦与大米的属性毕竟是有差别的，简单地照搬方便面的工艺流程到方便米粉的制造上，可能会难以如愿。

再如，人的心脏运动虽然像听筒一样，包含有简单的力学原理。心肌活动伴有生物电的变化，并受到神经系统的支配。因此，将力学原理移植到人工心脏的研究开发上，就不那么容易实现"拿来主义"。即是说，移植法的适应范围是会受到一定客观基础与主观认识的限制的。移植的跨度越大，这种限制表现得越突出。因此，准确地把握移植的限度，是运用移植创意法必须注意的问题。

逻辑推理法

逻辑推理法这种创意方法使人具有一种预见能力，这就保证我们能事先对某个设想或课题进行严密的思考，使我们具有一种更深刻、更为完善的认识能力。

"请允许我以为2乘以2可以等于5。我也将证明从炉子的烟囱里可以飞出女妖来。"德国大数学家大卫·希尔伯特用上面这种幽默的口吻表达了科学逻辑所具有的必然性。的确,科学的美妙在于严谨性和千丝万缕的逻辑关联。认识这种严谨性和复杂性,就需要我们具有"步步为营"式的逻辑推理,这便是人类"分析思维"(又称逻辑思维)的功能。

分析思维同直觉思维是截然不同的。分析思维是一种以某个确定的"程序"逐步展开的(而不是"跃进"的),每一个思维环节之间都有一种确切的、可供分析的逻辑递进关系;分析思维的过程自始至终都是被思维者所清晰地意识到,并且可以用语言向别人传输的。正是人类具有分析思维能力,才能建立起庞大严密的科学体系,并且使人的认识活动具有极大的预见性。关于分析思维和直觉思维的相互关系问题,哈佛大学认知心理学家布鲁纳作了比较正确的论述,他说,关于问题的解决"一旦用直觉方法获得可能的话就应当用分析方法进行检验",因此,他强调"应该承认直觉思维和分析思维的相互补充的性质"。实际情况也的确如此。一位科学家的直觉只能使他产生一个新奇大胆的设想,并且对这个设想充满着自信心,但对这个设想的证实,就离不开分析思维的活动。分析思维的欠缺,往往使人抱憾终生。

1846年,法拉第提出:电力线和磁力线的振动可以产生光和其他辐射现象,但他的分析思维不足,并且基本上不懂数学。他一生研究电学的总结性著作《电学实验研究》是一本巨著,却找不到一条数学公式。因此,他不能将他自己关于光的电磁理论的思想精确地表达出来,并上升到理论的高度。好在比法拉第小40岁的麦克斯韦分析思维过人,擅长于理论概括,他继承了法拉第的想法,用惊人的才能,建立了电磁场的基本数学方程式,把电荷、电流、电场和磁场间的普遍联系完全统一起来。

实践与理论是密不可分的。而从实践上升到理论却需要经过人类的思维进行总结、分析，去粗以精，去伪存真，最终得出正确的、科学的理论。

卡尔·马克思所写的鸿篇巨制《资本论》在思维方法上为我们提供了一个运用逻辑分析推理光辉典范。《资本论》的思维上的特点就是根据事物的抽象形态来考察事物，从抽象到具体，也即最初暂时撇开各种复杂的次要因素，从论述对象的最一般的本质和规律出发来把握事物，然后随着分析的深入，再逐渐地把一些具体的因素加进去考察。这种依次递进的思维方式对于我们理解事物本质是很有裨益的。正如马克思本人所指出的："只要知道了剩余价值的各个规律，利润率是容易理解的。如果走相反的道路，则既不能了解前者，也不能了解后者。"

我们不妨分析一下《资本论》的逻辑结构，从中我们可以得到许多有益的启迪。从整个《资本论》三大卷的思路从结构上来看，第一卷是最为抽象的，它撇开流通过程，在纯粹的形态下，从最简单、最基本、最抽象的环节着手来揭示资本主义生产。例如，该卷第一卷首先是从商品的价值谈起，在此以后，从该卷第二篇开始直到第三卷第六篇，所有的论述始终是在价值理论基础上加上别的规定性来阐明资本主义经济关系是什么样的经济关系。

在《资本论》第二卷中，则是从资本的内部关系转到它的外部关系研究上，加进了产业资本的流通因素，将生产过程和流通过程统一起来考察，采取了比较具体一点儿的形态进行研究，更加接近资本主义商品生产的实际情况。例如，该卷第一篇加进流通因素，对第一卷中概括出来的产业资本的总运动公式又充实了许多新的规定。第二篇则进一步说明了产业资本的增值运动，提出了比剩余价值率更具体、更复杂的"年剩余价值率"问题。第三篇又进一步分析整个产业资本所生产出来的商品如何才能实现（卖掉）的问题。

第三卷的第一篇到第三篇，补充了各产业部门的不等利润以及部门竞争而导致了的平均利润规律。这是对价值规律的第一个发展和补充。第四篇讲商业资本及其两个亚种商品经营资本和货币经营资本的运动规律。第五篇在分析过的产业资本和商业资本的运动规律基础上进一步说明了生息资本（借贷资本——银行资本）的特殊运动规律。第六篇深入地讲到级差地租和绝对地租。第七篇则是全书的总结。

《资本论》庞大而又严谨的思维进程用简单明了的逻辑行程来表示，它实际上是由范畴运动的抽象到具体以及规律运动的抽象到具体两条路线交叉结合而进行的。从范畴运动来看就是：商品——货币——资本（剩余价值）——利润——利息——地租，通过对这些范畴内在的多种规定性的分析和综合而实现着从这一范畴向另一范畴的上升和转化。从规律运动来看就是：价值规律——剩余价值规律——平均利润规律和利润下降规律——利息规律——地租规律。这一行程实质上是从最基本最一般的规律出发，然后把各种具体规律逐步交错结合起来，实现规律的转化。

从上面的详细介绍中，我们可以看到马克思惊人的逻辑思维能力，这是高度娴熟运用了逻辑推理的技巧的结果。

逻辑推的技巧大致有以下几条途径。

一、三段论

"三段论"是一种逻辑推理方法，是由一个共同概念联系着两个前提推出结论的这样一种方法。

三段论由大前提、小前提和结论三部分组成。每一部分都是一个直言判断。三段论法可再进一步分成两种：直言三段论和假言三段论。前者是根据大前提和小前提所断定的含属关系以及断定范围之间的关系而获得的，即，凡对一类对象肯定具有某一属性，则该类对象中的每一个对象也都具有这一属性；相反，凡对一类对象否定它具有某一属性，则该类对象中的每一个对象也就不具有这一属性。例如，所有的人都是生物（大前提），杰克是人（小前提），所以，杰克也是生物（结论）。

假言三段论是反映因果以及事物相互之间的联系所具有的规律性，一般在论证中运用得比较多。假言三段论和直言三段论的区别在于：前者的大前提是一个假言判断，其他的都一样。假言三段论的例子如：如果我们坚持锻炼身体，就一定会有健壮的体质。假言判断：现在，我们每天去锻炼，所以我们的身体十分强壮。

三段论推理在科学发现中有着广泛的运用。

二、简化法

逻辑推理的目的在于揭示出隐蔽在事物表面形象内部的深层特征，它们随着一些非本质的、繁杂而累赘的特征的不断被淘汰而日益显露出来，并且具有简洁明快的形式。对于科学家们来说，"简化法"是科学研究的基本功。

爱因斯坦把光怪陆离的大千世界"简化"成只是空间曲度的半径同物质密度的联系，即 $E=mC^2$。麦克斯韦方程则很紧凑地包含了各种电磁现象的全部信息。所以，我们在日常生活中也可以运用"简化法"，经常尝试着对周围的一些事物、现象作一番"简化"的努力，"剥"出它们最基本的核心。作为一种辅助，我们也可以经常在数学的王国里耕耘，多多练习一些"简化"之类的运算，培养自己一种精益求精的学习习惯。

三、层层逼近法

所谓"层层逼近法"就是我们最初认识的仅仅是问题的表层（表面），因此也是很肤浅的东西，然后层层地分析，向问题的核心（实质）一步一步地"逼近"。

讲得具体一点便是，我们先是对问题有一个一般的认识，产生某种印象，并且领悟到解决问题可能的方向（这大多是在直觉的干预下产生的）；然后，深入一"层"，进一步认识到对象所具有的各种功能，把认识活动集中在功能的确定上；最后，再进一步将功能特殊化，也就是将对象所具有的各种功能"特殊化"成某一个具体的、实实在在的东西，它触及问题的本质。这种"层层逼近法"对我们分析问题、研究问题来说，是相当有用的一种方法。

四、淘汰法

我们常常碰到许许多多的复杂事情，乍一看，千头万绪，不知从何处下手为好。这时候就可以用"淘汰法"。所谓"淘汰法"就是从复杂的事物现象中理出一个"头绪"进行推敲和分析；不行的话，否定这个线索，再找另外一个，依然推敲分析，这样逐条逐个地分析、淘汰，最后我们就能把握住该事物的关键所在。

　　例如，现在有一个问题，甲、乙、丙、丁四个孩子在院子里踢足球，不留神将一户人家的玻璃给打破了。四个人都很恐慌。在房主人问是谁把球踢到窗户上去的时候，他们谁也不承认是自己打碎的。房主人问甲，甲说："是丙打的。"丙反驳道："甲说的不符合事实。"房主人又问乙，乙说："不是我打的。"再问丁，丁说："是甲打的。"好心人告诉房主人，这四个孩子中只有一个比较老实，不会说假话，其余三个人都说了假话。这样一来众人感到不解了，犹如一个"无头案"。但利用"淘汰法"这个问题可迎刃而解。其方法如下：假如甲说的是真话，那么乙说的也是真话了，两个孩子都说真话不符合实际上所了解的情况，故玻璃不会是丙打破的；同样的理由，丁说的也不是真话，所以玻璃也不是甲打破的；剩下的人只有乙和丁了，如果是丁打破玻璃，那么，乙和丙说的就是真话了，这也不符合实情，故也不是丁打破的。于是，打破玻璃的只能是乙了。

五、内插法和外推法

　　内插法是在一系列已确定的事实之间填补空白。外推法则是根据某一趋势会延续下去的假设推广到一系列已有的观测事实之外的一种方法。

　　普朗克提出著名的辐射公式就是利用了内插法的结果。在他之前，瑞利和金斯提出过一个计算物体热辐射强度随频率及温度的函数变化关系的公式，但只适用于低频（长波）范围。后来，维恩又提出一个新的分布律，克服了瑞利-金斯公式的缺陷，但是后来卢梅尔和普村舍姆所作的改进测量中，发现与维恩的分布定律有明显的偏差。而普朗克认为，这些人的做法都没有把计算公式和辐射的能量、频率和熵之间的关系明确地联结起来。维恩的分布定律对应于一种这样的关系，瑞利-金斯公式对应于另一种关系，他就把这两个旧的分布公式作为两"极"，在它们之间建立了一个公式，从而取得巨大的成功。由此可见,"内插法"是一种严密的思维创意活动,并且在科学上有着广泛的运用。

"外推法"也是一种对"深层"特征的认识方法。受这种方法影响最深刻的是未来学领域,该学科有一种叫"趋势外推法"的研究方法,其原理是根据历史的和现有的资料来研究发展趋势,从而推测出未来的发展情况。据说,有80%的技术预测都是运用此法进行的。